高等职业教育新形态系列教材

PLC 可编程控制器技术与应用

主　编　刘树艳　周传颂
副主编　孙　瑜　徐琳博　高晓霞
主　审　翟国军

PLC 可编程控制器技术
与应用课程介绍

北京理工大学出版社
BEIJING INSTITUTE OF TECHNOLOGY PRESS

图书在版编目(CIP)数据

PLC可编程控制器技术与应用／刘树艳，周传颂主编. -- 北京：北京理工大学出版社，2023.11
ISBN 978-7-5763-3174-5

Ⅰ. ①P… Ⅱ. ①刘… ②周… Ⅲ. ①可编程序控制器-高等职业教育-教材 Ⅳ. ①TP332.3

中国国家版本馆CIP数据核字(2023)第233054号

责任编辑：钟　博　　文案编辑：钟　博
责任校对：周瑞红　　责任印制：李志强

出版发行／北京理工大学出版社有限责任公司
社　　址／北京市丰台区四合庄路6号
邮　　编／100070
电　　话／(010) 68914026（教材售后服务热线）
　　　　　(010) 68944437（课件资源服务热线）
网　　址／http://www.bitpress.com.cn

版 印 次／2023年11月第1版第1次印刷
印　　刷／河北盛世彩捷印刷有限公司
开　　本／787 mm×1092 mm　1/16
印　　张／11
彩　　插／1
字　　数／293千字
定　　价／55.00元

前　言

本书认真贯彻落实党的二十大精神，以“立德树人”为根本任务，依据“以就业为导向”的育人宗旨，根据由教育部新一轮职业教育教学改革成果最新研发的“PLC 可编程控制器技术与应用”核心课程标准，并参照相关国家职业标准及有关行业职业技能鉴定规范编写而成。本书打破了原来各学科体系的框架，将各学科的内容按“项目”进行合理整合。本书采用综合化、项目化的编写思路，以实践活动为主线，将理论知识和技能训练有机结合，突出对综合职业能力的培养。

本书采用项目驱动的方式，以西门子 S7－1200 PLC 和 TIA 博途软件为核心，全面系统地介绍 S7－1200 的硬件系统及硬件组态、软件系统的安装及使用、编程语言、指令、程序结构、程序设计方法。辅助本书所有的实例都进行了仿真与联机调试，易于进行工程移植，扫描二维码即可下载全部实例的源程序，扫描书中的二维码可以观看项目任务的讲解视频，给学生提供了更快捷的自学资源以及更多独立的思考空间，培养学生的自主学习能力。

本书采用项目任务书的形式，选择了工程和生活实际中的 6 个典型项目。基于工作过程系统化，每个项目均由若干个具体的典型工作任务组成，每个工作任务均将相关知识和实践过程有机结合，力求体现理论、实践一体化的教学理念。本书在内容选择上，突出实际应用，注重培养学生的应用能力和解决问题的实际工作能力；在内容组织形式上，强调学生的主体性，在每个项目实施前，先提出任务目标，使学生在学习之初就明确学习的具体任务和要求，便于学生的自学和自评；学习过程就是项目完成过程，这既符合学生的认知规律和职业技能成长规律，又兼顾学生的可持续发展。本书在项目中融入思政育人目标，培养学生积极进取、努力钻研技术、努力提升技能的素养，为促进祖国科学技术的发展添砖加瓦。

本书可作为职业院校（含五年制高职）数控技术专业、机电一体化专业、电气自动化专业、工业机器人专业等相关专业的教学用书，也可以作为相关行业培训教材及有关人员自学用书。

本书由延边职业技术学院副教授刘树艳、长春汽车工业高等专科学校周传颂担任主编，孙瑜、徐琳博、高晓霞担任副主编。延边龙川机械包装有限公司高级工程师王晓东，吉林烟草工业有限责任公司高级技师、工程师陈冬参与编写。延边职业技术学院教授翟国军主审。其中，刘树艳负责项目一、项目四的编写及全书统稿；周传颂负责项目五、项目六的编写；孙瑜、徐琳博负责项目二的编写；高晓霞负责项目三的编写；王晓东负责为全书提供企业应用素材，并参与项目内容提炼，同时编写了项目一～项目三的部分内容；陈冬负责书中电路的规范性校对及程序的合理化修订，并参与项目四～项目六的部分内容编写。本书配套资源由延边职业技术学院智能制造与控制技术特色专业群建设的教师团队与超星集团共同完成。

由于编者水平有限，书中不足之处在所难免，恳切地希望广大读者对本书提出宝贵意见和建议，在此表示衷心的感谢！

编　者

“PLC 可编程控制器技术与应用”课程思政教学设计方案

本书对应高职机电一体化、工业机器人、电气自动化等智能制造相关专业的专业核心课程“可编程控制器技术应用”，课程内容紧跟智能制造发展前沿，授课时间长，因此，本课程对学生的职业生涯规划、价值观念树立等都有着潜移默化的影响。为此，编者在本书编写过程中设计了课程思政内容。本方案将与本课程相关的思政元素进行罗列，形成了“可编程控制器技术应用”课程思政设计案例。希望教师能够将思政内容与教学内容结合，将“工匠精神、创新精神、理想信念、社会主义核心价值观”等落实、落细、落微于任务教学过程中，使学生在学习“可编程控制器技术应用”课程的过程中，能够塑造劳动品格，在学习和实操过程中领悟细节决定成败的意识，养成以精益求精、严谨专注、持续创新等为核心的工匠精神，成为实现社会主义现代化强国和民族复兴人才大军中的一员。

一 、课程思政重点关注学生职业素养的培养

在各个教学环节无缝融入课程思政元素，重点培养学生的以下职业素养。

(1) 热爱学习，养成终身学习习惯，具有奉献精神；

(2) 爱岗敬业，有责任心，明确认识相关岗位工作的任务和职责；

(3) 认识到安全无小事，增强安全观念，遵守组织纪律；

(4) 具有吃苦耐劳、精益求精，追求产品完美品质的工匠精神；

(5) 具有积极动手、动脑和守正创新的主动性和竞争能力；

(6) 具有耐心、专注、自律，持之以恒的意志力；

(7) 具有安全与环保责任意识；

(8) 具有严谨求实、认真负责、踏实敬业、共同协作的工作态度；

(9) 具有文化自信和爱国情怀。

二、融入课程思政教学内容

丰富任务实施的教学形式，确保实践教学与思政育人目标相得益彰。以“讲案例”“看视频”“主题研讨”等形式来促进与学生的深度互动和思政体验。根据思政目标，将思政培养分为三个部分。

第一部分：要求培养学生热爱学习电气、机电专业知识技能，通过学习成就自己，报效祖国。

第二部分：要求培养学生爱岗敬业、吃苦耐劳、持之以恒、精益求精、守正创新的工匠精神和意志品质。

第三部分：要求培养学生诚实守信、追求精益求精的产品品质的精神。

根据思政目标，将思政案例融入到课程内容，全书共六个项目，每个项目分别引入一个案例、一个视频、一个主题讨论。教师可以根据教学引入环节找到合适的案例，不宜展示过多案例、视频和行进过多讨论，重在入脑入心，落到行动上，通过上述教学活动激发学生的学习积极性、主动性，培育工匠精神。

1. 讲案例——引入工匠精神

序号	思政目标	工匠精神案例内容	备注
【案例1】	思政目标：本案例放在项目一中，通过大国工匠的案例，激励学生不断学习，终身学习，不断提高技能；认识到只有祖国强大，才能有自己施展才能的平台，因此学习即成就自己，也是为国家发展做贡献	李斌，上海电气液压气动有限公司总工艺师、中华技能大奖全国技术能手——做人要有一颗匠心，学习成就未来，技能成就人生！是国家的快速发展给了我成长成才的机会和创新奉献的力量！	
【案例2】	本案例放在项目二中，通过大国工匠的案例，培养学生建立爱岗敬业、持之以恒的品质意识	徐骏，上海首席技师、上海电气高级技师，在电气领域扎根一线，摸爬滚打数十年，一腔热血都倾注到自己热爱的工作中，他痴迷自己的专业，忠于自己的岗位，因此，在工作中，取得了斐然的成绩	
【案例3】	本案例放在项目三中，通过大国工匠的案例，让学生意识到做事情要有精益求精、精雕细琢、追求完美的精神品质	李云鹤，敦煌研究院修复大师，在文物修复保护第一线工作坚守了一辈子，被誉为我国“文物修复界泰斗”。他是国内石窟整体异地搬迁复原成功的第一人，也是国内运用金属骨架修复保护壁画获得成功的第一人。在自己的工作中，他吃苦耐劳、精益求精、精雕细琢、追求完美品质，是工匠精神的典型代表	
【案例4】	本案例放在项目四中，通过大国工匠的案例，让学生意识到做事情要有持之以恒、吃苦耐劳、守正创新的精神品质，平凡的岗位上，只要用心做，也会拥有不平凡的精彩人生	祝平辉，每天面对的是一堵单调得不能再单调的墙，但他耐得住了寂寞，潜心钻研专业技术，他总结提出的一系列技术工艺被广泛采用，带动了整个建筑行业质量的提升，在全国建筑业“抹灰工”职业技能大赛中夺得一等奖，他也从劳动成果中收获了人生的快乐和幸福，他的劳动价值得到了高度的认同	
【案例5】	本案例放在项目五中，通过德国工匠精神的案例，让学生意识到只有保证产品质量，做有诚信的企业和企业人，才能建立良好的口碑，才能使品牌长久发展	有人问德国的菲仕乐锅具负责人：“你们德国人造的锅说要用100年，卖出一口锅，也就失去了一位顾客，因为没多少人能活100年。你们把产品的使用期搞短一点，顾客就得经常来买，不是可以赚更多钱吗？”这位负责人回答说：“正因为所有买了我们锅的人都不用再买第二次，所以产品质量才有口碑，才会吸引更多人来买。”	

续表

序号	思政目标	工匠精神案例内容	备注
【案例6】	本案例放在项目六中，通过本案例，让学生意识到做一件事要有持之以恒、精益求精的精神品质	英国航海钟发明者约翰·哈里森（John Harrison，1693—1776年）费时40余年，先后造出了5台航海钟，其中以1759年完工的“哈氏4号”最为突出，航行了64天，只慢了5秒，远比当时相关法案规定的最小误差（2分钟）还小，完美解决了航海经度定位问题	

思政视频

序号	工匠精神视频名称	视频案例二维码	备注
1	高凤林——焊接第一人		项目一
2	魏元元——电力检修专责		项目二
3	马蓉——人民币凹板雕刻		项目三
4	徐立平——雕刻火药		项目四
5	马宇——兵马俑修复第一人		项目五
6	向阳生长——中建铁投集团		项目六

2. 挖掘历史文化，建立文化自信和爱国情怀

选取素材，展示我国古代在手工制造领域的先进人物和案例，建立学生的文化自信。

1）文献巨著

《考工记》保留先秦大量的手工业生产技术、工艺美术资料。直至唐宋时期，中国的

制造业水平一直是周边国家学习的榜样。北宋主管皇家工匠的将作监李诫编纂的

《营造法式》将零件标准化。此外，相关文献巨著还有《齐民要术》《天工开物》等记录制造工艺的书籍。

2）历史人物

（1）世界级科学巨匠——“科圣”墨子。

《墨经》代表着当时中国甚至世界科技发展的最高水平，墨子是科学史上首位在力学、光学、数学、物理学、天文学等自然科学以及军事技术、机械、土木工程等诸多方面都取得精深造诣的人。他在自然科学方面所取得的成就足以使当时世界上的所有科学家望尘莫及。

（2）人类发明巨匠——鲁班。

鲁班是我国古代劳动人民智慧的象征。鲁班一生的创造发明很多，既有锯、刨、锛、锉、凿、钻、铲、曲尺、墨斗等工用器具，又有碾、磨、风箱等生活器具，还有木鹊飞鸢、鲁班锁、起吊器械、木人木马等仿生机械以及云梯、钩强等军用器具。这些都是他通过对木材的研究和实践创造出来的。鲁班创造发明的斗拱、鲁班锁等早已成为中华民族智慧的象征。2010 年上海世博会中国主题馆建筑“中国红”使用的就是斗拱造型。

3. 开展课程思政主题研讨

每个项目中，在 6 个主题中选取 1 个主题研讨在实现《中国制造 2025》和中华民族伟大复兴的强国梦的征程上新时代青年的使命与担当。

主题 1：学习专业知识和技能的重要性和持续性（结合典型的人物、事件和案例进行说明）。

要求如下。

（1）激发学生学习专业知识与技能的热情，通过榜样人物培养学生的爱国情怀、民族意识、职业精神。

（2）正确引导学生的职业认知与职业选择，塑造精益求精、追求卓越的理想。

主题 2：《中国制造 2025》呼唤大国工匠。

要求如下。

（1）精选《大国重器》《大国工匠》片段推送观看。

（2）展现中国制造的实力，让学生了解装备制造的重大意义。

（3）以大国工匠为引领，激发学生的学习兴趣，培养学生精益求精的工匠精神。

主题 3：智能制造时代中守正创新的含义。

要求如下。

（1）解惑，引发学生主动思考：坚守传统工艺、基础底蕴和与时俱进如何协调？

（2）结合国家发展、行业应用等现实情况进行归纳总结。

（3）接受和认可手工技能的重要性及其在高尖技术领域的不可替代性。

主题 4：结合“企业和个人诚实守信与产品质量的关系”，探讨我们应该做些什么。

要求如下。

（1）结合项目实施中的所得、所学、所感，谈谈未来能做的事情。

（2）结合项目实施过程的要求与训练，谈谈自己思想转变的情况。

主题5：作为一名×××工作者，新时代青年的使命和担当是什么？

要求如下。

(1) 结合项目实施中的所得、所学、所感，谈谈未来能做的事情。

(2) 作为青年人，如何在中华民族伟大复兴之路上做出自己的共献？

主题6：安全与责任意识教育——化工厂火灾和游轮爆炸事故讨论。

(1) 分析责任缺失、忽略细节造成事故的原因。

(2) 对于安全与责任意识，如何从自身做起？

目　　录

学习笔记

项目一　单灯双控电路系统设计与调试

项目描述

通过完成基于 PLC 的单灯双控电路系统，初识 SIMATIC S7 - 1200 PLC 的 CPU 构成；了解 PLC 控制系统相关设备的元器件选用、接线、安装，程序设计，调试和仿真等。需要了解 PLC 的相关基本知识和技能才能完成一个简单 PLC 项目，为此一个初级技术人员需要完成以下学习目标。

项目目标

(1) 了解 SIMATIC S7 - 1200 PLC 的基本知识和基本工作原理。
(2) 掌握 SIMATIC S7 - 1200 PLC 的外部元器件选用和接线。
(3) 了解 TIA 博途 V16 软件对计算机的硬件要求及安装方法。
(4) 初步掌握 TIA 博途 V16 软件的编程、调试和仿真的方法。
(5) 培养踏实肯干、吃苦耐劳、积极进取、大胆创新的职业素养。
(6) 培养爱岗敬业、认真负责、严谨细致的工作态度。
(7) 培养团队意识和自信心，自觉服从规章制度，促进科学技术的发展。

任务一　认识单灯双控电路系统的硬件与软件

任务描述

某大型商场要设计一个 PLC 控制单灯双控电路系统。要进行 PLC 设备的选择，作为技术人员，需要清楚 PLC 型号，CPU 性能，I/O 点数量，拓展模块的型号、参数和价格等。本任务的主要内容是认识 S7 - 1200 PLC 的硬件组成，对 S7 - 1200 PLC 进行安装及合理选用，学会安装 TIA 博途 V16 软件。

任务目标

如果你是技术人员，你需要具备哪些相关知识和技能呢？以下是本任务的学习目标。

（1）认识 S7－1200 PLC 的硬件系统组成、拓展模块。
（2）了解 S7－1200 PLC 的外部结构及相关元器件的性能、型号、参数、价格等。
（3）掌握安装 TIA 博途 V16 软件的方法和步骤。
（4）在完成工作任务时具有严谨、积极的工作态度。
（5）与团队成员团结协作，充分发挥自己的优势，与团队成员共同完成工作任务。

任务实施

活动 1：认识 S7－1200 PLC 的硬件系统组成、扩展模块

S7－1200 硬件组成、扩展模块

一、S7－1200 PLC 的硬件系统组成

SIMATIC S7－1200 简称 S7－1200，是西门子公司新一代的模块化小型 PLC。S7－1200 PLC 具有功能强大的指令集，可以完成简单逻辑控制、高级逻辑控制、HMI（人机界面）和网络通信等任务，这些特点的组合使它成为控制各种应用的完美解决方案。

S7－1200 PLC 主要由 CPU 模块（简称 CPU）、信号模块、信号板、通信模块和编程软件组成（图 1.1），各种模块安装在标准导轨上。S7－1200 PLC 的硬件组成具有高度的灵活性，用户可以根据自身需求确定模块组成，系统扩展十分方便。同时 S7－1200 PLC 具有集成的 PROFINET 接口，为实现各种设备之间的通信提供了解决方案。

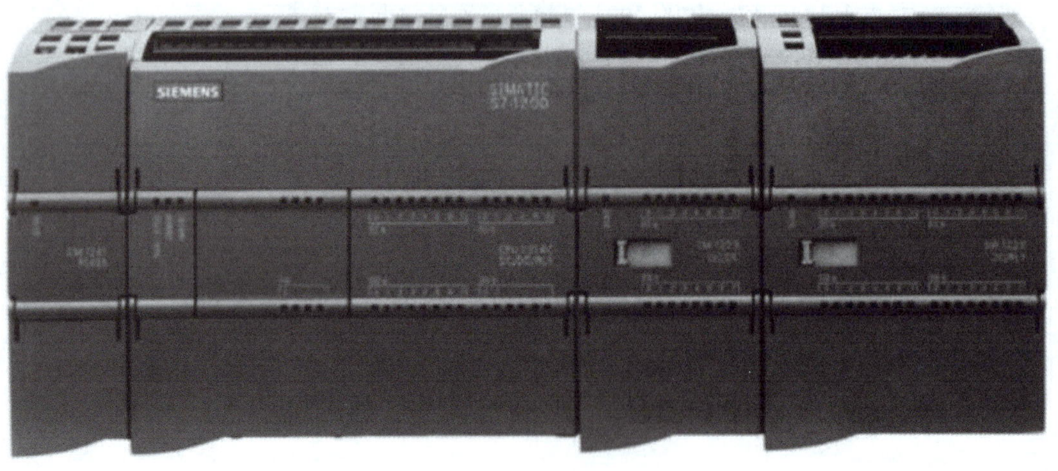

图 1.1　S7－1200 PLC

1. CPU 模块

目前 S7－1200 PLC 主要有 8 种型号的 CPU 模块：CPU 1211C、CPU 1212C、CPU 1214C、CPU 1215C、CPU 1217C、CPU 1212FC、CPU 1214FC、CPU 1215FC。

S7－1200 PLC 的 CPU 模块（图 1.2）将微处理器、电源、数字量输入/输出电路、模拟量输入/输出电路、PROFINET 接口、高速运动控制功能组合到一个设计紧凑的外壳上。

每块 CPU 可以外接一块信号板，安装以后不会改变 CPU 的安装位置。PLC 的 CPU 相当于人的大脑和心脏，它不断地采集输入信号，执行用户程序，刷新系统的输出，存储器用来储存程序和数据。

图 1.2　CPU 模块

S7－1200 PLC 集成的 PROFINET 接口用于与编程计算机、HMI、其他 PLC 或其他设备通信。此外它还通过开放的以太网协议支持与第三方设备的通信。

S7－1200 PLC 是西门子公司于 2009 年推出的面向离散自动化系统和独立自动化系统的紧凑型自动化产品，是目前 PLC 领域中应用非常广泛的小型机。表 1.1 所示为 S7－1200 PLC 的 CPU 性能指标。

表 1.1　S7－1200 PLC 的 CPU 性能指标

型号	CPU 1211C	CPU 1212C	CPU 1214C	CPU 1215C	CPU 1217C
3 种版本	DC/DC/DC，DC/DC/RLY，AC/DC/RLY				DC/DC/DC
物理尺寸/mm	90×100×75		110×100×75	130×100×75	150×100×75
工作存储器/KB	50	75	100	125	150
装载存储器/MB	1	1	4	4	4
保持性存储器/KB	10	10	10	10	10
集成数字量 I/O	6 路输入/4 路输出	8 路输入/6 路输出	14 路输入/10 路输出	14 路输入/10 路输出	
集成模拟量 I/O	2 路输入/2 路输出	2 路输入/2 路输出	2 路输入/2 路输出	2 路输入/2 路输出	
过程映象存储器/B	1 024（输入）和 1 024（输出）				
位存储器/MB	4 096		8 192		
信号板数量	1				
信号模块扩展数量	无	2（右侧扩展）	8（右侧扩展）		
通信模块数量	3（左侧扩展）				

学习笔记

续表

型号	CPU 1211C	CPU 1212C	CPU 1214C	CPU 1215C	CPU 1217C
最大本地 I/O－数字量	14	82	284		
最大本地 I/O－模拟量	3	19	67	69	
存储卡	SIMATIC 存储卡（选件）				
实数时间保存	通常为 20 天，40 ℃时最少 12 天				
PROFINET 接口/个	1			2	
实数数学运算执行速度/（μs·指令$^{-1}$）	2.3				
布尔运算执行速度/（μs·指令$^{-1}$）	0.08				

S7－1200 PLC CPU 的 3 种版本见表 1.2。

表 1.2　S7－1200 PLC CPU 的 3 种版本

版本	电源电压/V	DI 输入电压/V	DO 输出电压/V	DO 输出电流/A
DC/DC/DC	DC 24	DC 24	DC 24	0.5，MOSFET
DC/DC/RLY	DC 24	DC 24	DC 5～30，AC 5～250	2，DC 30 W/AC 200 W
AC/DC/RLY	AC 85～264	DC 24	DC 5～30，AC 5～250	2，DC 30 W/AC 200 W

2. 信号模块和信号板

1）信号模块

输入（Input）模块和输出（Output）模块简称 I/O 模块，数字量（又称为开关量）输入模块和数字量输出模块简称 DI 模块和 DO 模块，模拟量输入模块和模拟量输出模块简称 AI 模块和 AO 模块，它们统称为信号模块（图 1.3），简称 SM。

图 1.3　信号模块

信号模块安装在 CPU 模块的右边，S7－1200 PLC 的 CPU 最多可以扩展 8 个信号模块。信号板可以增加数字量和模拟量输入/输出点数。

S7－1200 PLC 信号模块的型号见表 1.3。

学习笔记

表 1.3　S7－1200 PLC 信号模块的型号

型号	说明	型号	说明
SM 1221	8 输入，DC 24 V	SM1222	8 继电器切换输出，2 A
SM 1221	16 输入，DC 24 V	SM 1223	8 输入，DC 24 V/8 继电器输出，2 A
SM 1222	8 继电器输出，2 A	SM 1223	8 输入，DC 24 V/16 继电器输出，2 A
SM 1222	16 继电器输出，2 A	SM 1223	8 输入，DC 24 V/8 输出，DC 24 V，0.5 A
SM 1222	8 输出，DC 24 V，0.5 A	SM 1223	8 输入，DC 24 V/16 输出，DC24 V 漏型，0.5 A
SM 1222	16 输出，DC 24 V 漏型，0.5 A	SM 1223	8 输入，AC 230 V/8 继电器输出，2 A

信号模块是系统的眼、耳、手、脚，是联系外部现场设备和 CPU 的桥梁。

输入模块用来接收和采集输入信号。

数字量输入模块用来接收按钮、选择开关、数字拨码开关、限位开关、接近开关、光电开关、压力继电器等的数字量输入信号。

模拟量输入模块用来接收电位器、测速发电机和各种变送器提供的连续变化的模拟量电流、电压信号，或者直接接收热电阻、热电偶提供的温度模拟信号。

数字量输出模块用来控制接触器、电磁阀、电磁铁、指示灯、数字显示装置和报警装置等输出设备。

模拟量输出模块用来控制电动调节阀、变频器等执行器。

CPU 模块内部的工作电压一般是 DC 5 V，而 PLC 的外部输入/输出信号电压一般较高，例如 DC 24 V 或 AC 220 V。从外部引入的尖峰电压和干扰噪声可能损坏 CPU 中的元器件，或使 PLC 不能正常工作。在信号模块中，用光耦合器、光敏晶闸管、小型继电器等器件来隔离 PLC 的内部电路和外部的输入、输出电路。信号模块除了传递信号外，还有电平转换与隔离的作用。

2）信号板

信号板（图 1.4）可以增加少量的 I/O 点数，安装在 CPU 模块的正面，既不增加硬件的安装空间，又很方便更换。信号板的安装如图 1.5 所示。

图 1.4　信号板

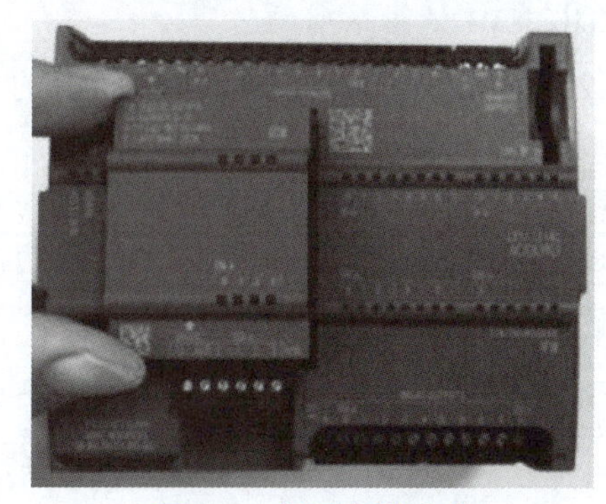

图 1.5　信号板的安装

目前市场上的 S7－1200 PLC 的信号板主要包括数字量输入、数字量输出、数字量输入/输出、模拟量输入和模拟量输出等类型，见表 1.4。

表 1.4　S7－1200 PLC 的信号板

<table>
<tr><th>SB 1221 DC
数字量输入</th><th>SB 1222 DC
数字量输出</th><th>SB 1223 DC
数字量输入/输出</th><th>SB 1231 DC
模拟量输入</th><th>SB 1232 DC
模拟量输出</th></tr>
<tr><td>DI 4×24 V DC</td><td>DQ 4×24 V DC</td><td>DI 4×24 V DC/
DQ 4×24 V DC</td><td>AI 1×12 bit
2.5 V、5 V、10 V
0～20 mA</td><td>AQ 1×12 bit ±
10 V/0～20 mA</td></tr>
<tr><td rowspan="2">DI 4×5 V DC</td><td rowspan="2">DQ 4×5 V DC</td><td rowspan="2">DI 4×24 V DC/
DQ 4×24 V DC</td><td>AI 1×BTD</td><td rowspan="2"></td></tr>
<tr><td>AI 1×TC</td></tr>
</table>

3. 通信模块

通信模块（图 1.6）安装在 CPU 模块的左边，最多可以添加 3 块通信模块和 1 个通信板（图 1.7），可以使用点对点通信模块、PROFIBUS 通信模块、工业远程通信模块、AS－i 接口模块和 I/O－Link 模块。

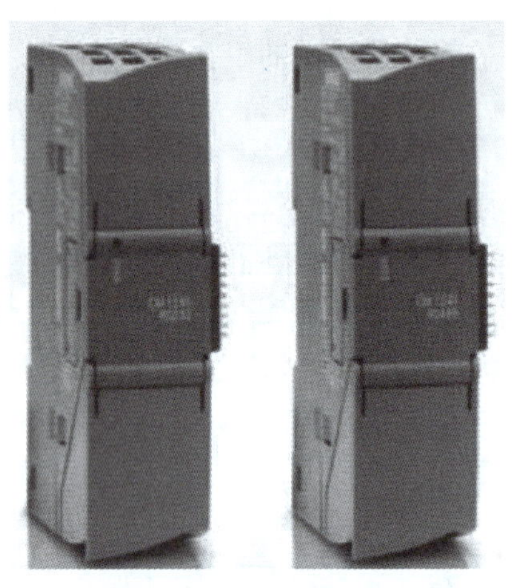

图 1.6　通信模块

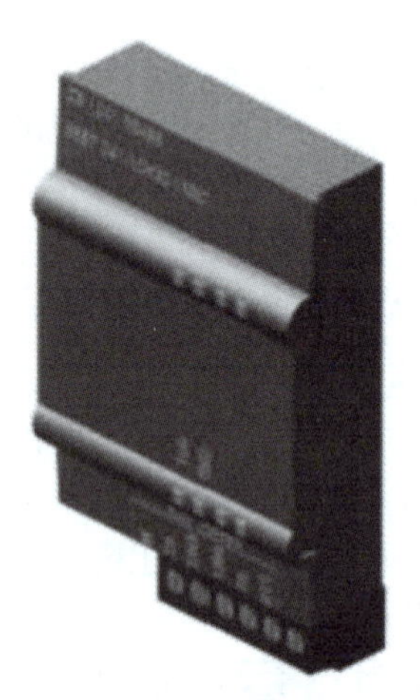

图 1.7　通信板

4. SIMATIC HMI 精简系列面板

与 S7－1200 PLC 配套的第二代精简面板的 64K 色高分辨率宽屏显示器的尺寸有 4.3 in[①]、7 in、9 in 和 12 in 这 4 种，支持垂直安装，用 TIA 博途软件中的 WinCC 组态。它们有一个 RS－422/RS－485 接口或一个 RJ－45 以太网接口，还有一个 USB 2.0 接口。USB 2.0 接口可连接键盘、鼠标或条形码扫描仪，可用 U 盘实现数据记录。

5. 编程软件

TIA 是 Totally Integrated Automation（全集成自动化）的简称，TIA 博途（TIA Portal）是西门子自动化的全新工程设计软件平台。本书采用 SIMATIC STEP7 Prof

① 1 in＝0.025 4 m。

WinCC Pro V16 为例进行介绍。

二、S7－1200 PLC 的拓展模块

S7－1200 PLC 的扩展模块包括 3 类：信号模块、信号板和通信模块。信号模块扩展在 CPU 的右侧，信号板扩展在 CPU 的正上方，通信模块扩展在 CPU 的左侧。下面简单介绍 S7－1200 PLC 的拓展模块。

1. 信号模块

信号模块可以为 CPU 补充集成的 I/O 口，信号模块型号名称一般以 SM 开头。信号模块连接在 CPU 的右侧，包括数字量 I/O、模拟量 I/O、热电阻和热电偶、SM 1278 I/O－Link 主站等模块。注意：CPU1211C 不支持扩展信号模块，CPU1212C 支持最多扩展 2 个信号模块，其他型号 CPU 都可以最多扩展 8 个信号模块。

数字量 I/O 模块包括了以下几种：SM1221 数字量输入模块、SM1222 数字量输出模块、SM 1223 数字量直流输入/输出模块、SM1223 数字量交流输入/输出模块。总结来说，从 I/O 点数来看，有 8 个点的，也有 16 个点的；从输入的电源类型来看，有直流的，也有交流的；从输出类型来看，有晶体管输出和继电器输出的。

模拟量 I/O 模块包括以下几种：SM1231 模拟量输入模块、SM 1232 模拟量输出模块、SM 1231 热电偶和热电阻模拟量输入模块、SM1234 模拟量输入和输出混合模块。SM1231、SM 1232 和 SM1234 用于接收或输出标准的电压信号和电流信号，SM1231 用于连接热电阻或热电偶进行温度数据采集。

2. 信号板

CPU 支持扩展信号板。信号板使用嵌入式安装方式，安装在 CPU 的正上方，不占用导轨空间。需要扩展少量 I/O 点的时候，可以选择扩展数字量 I/O 的信号板。除了数字量 I/O 的信号板，还有模拟量 I/O 的信号板，这些信号板的型号一般以 SB 开头。此外，还有通信板 CB，可以为 CPU 增加其他通信接口。电池板 BB 可提供长期的实时时钟备份。

3. 通信模块

通信相关的模块包括通信模块（CM）和通信处理器（CP），用于增加 CPU 的通信接口，例如利用通信模块可以支持 PROFIBUS、RS－232/RS－485（支持 PtP 通信、MODBUS 通信或 USS 通信）或 AS－i 主站通信。利用通信处理器可以提供其他通信类型的功能，例如通过 GPRS、IEC、DNP3 或 WDC 网络连接到 CPU。S7－1200 PLC CPU 的通信模块或通信处理器扩展在 CPU 的左侧（或连接到另一通信模块或通信处理器的左侧），而且最多支持 3 个通信模块或通信处理器的扩展。

通信模块包括 CM1241 通信模块、CM1243－5 PROFIBUS－DP 主站模块、CM1242－5 PROFIBUS－DP 从站模块，通信处理器包括 CP1242－7GPRS 通信处理器、CP1243－1 以太网通信处理器。

以 CM1241 通信模块为例，它用于扩展 RS－232 接口或 RS－485 接口进行串行通信，这个模块可以支持 ASCII 协议、MODBUS 协议、USS 协议。当然除了该模块可以扩展 RS－232 或 RS－485 接口之外，还可以使用前面所说的通信板，这样就有了多个选择。

活动2：认识S7－1200 PLC的I/O接口及外部设备

一、I/O接口

S7－1200 的 IO 接口及外部设备

S7－1200 PLC的I/O接口如图1.8所示，包括以下6种。

（1）电源接口：用于向CPU模块供电的接口，有直流和交流两种接线供电方式。

（2）存储卡插槽：位于保护盖下面，用于安装SIMATIC存储卡。

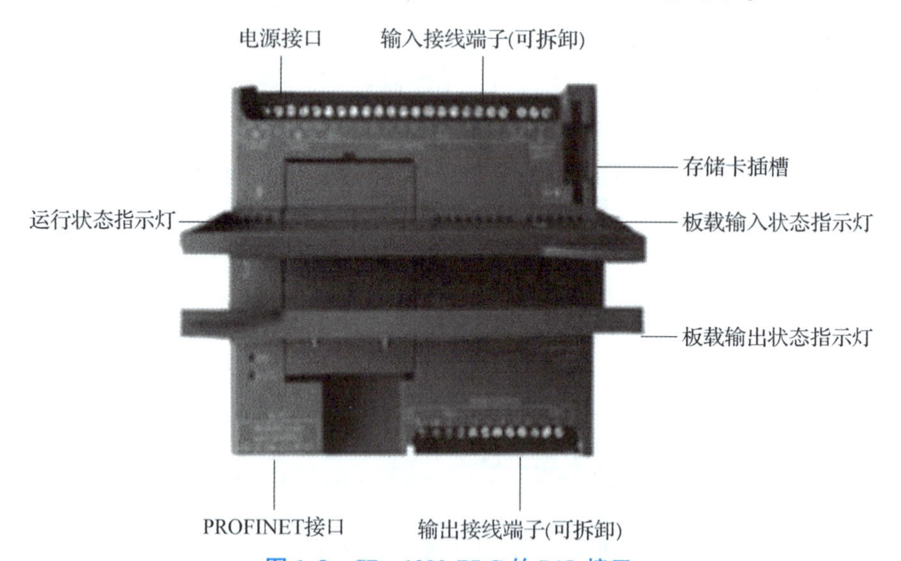

图1.8　S7－1200 PLC的I/O接口

（3）接线连接器：也称接线端子，包括输入和输出接线端子，位于保护盖下面，可拆卸，更换CPU模块时不需要重新接线，便于CPU模块的安装与维护。

（4）集成以太网接口（PROFINET接口）：采用RJ－45连接器，位于CPU的底部，用于程序下载、设备组网，使程序下载更加快捷方便，节省了购买专用通信电缆的费用。

（5）板载I/O状态指示灯：板载I/O状态指示灯（绿色）的点亮和熄灭，指示各输入或输出的有和无。

（6）运行状态指示灯：包括STOP/RUN指示灯、ERROR指示灯、MAINT指示灯，用于提供CPU模块的运行状态信息。

二、S7－1200 PLC的接线方法

CPU 1214C AC/DC/RLY的外部接线如图1.9所示。其电源电压为AC 220 V，输出回路为继电器输出。输入回路一般使用图中标有①的CPU内置的DC 24 V传感器电源，漏型输入时需要去除图中标有②的外接DC电源，将输入回路的1 M端子与DC 24 V传感器电源的M端子连接起来，将内置的DC 24 V电源的L＋端子接到外接触点的公共端。源型输入时将DC 24 V传感器电源的L＋端子连接到1 M端子。

CPU 1214C DC/DC/DC的外部接线如图1.10所示，其电源电压、输入回路电压和输出回路电压均为DC 24 V，输入回路电源也可以使用CPU内置的DV 24 V电源。

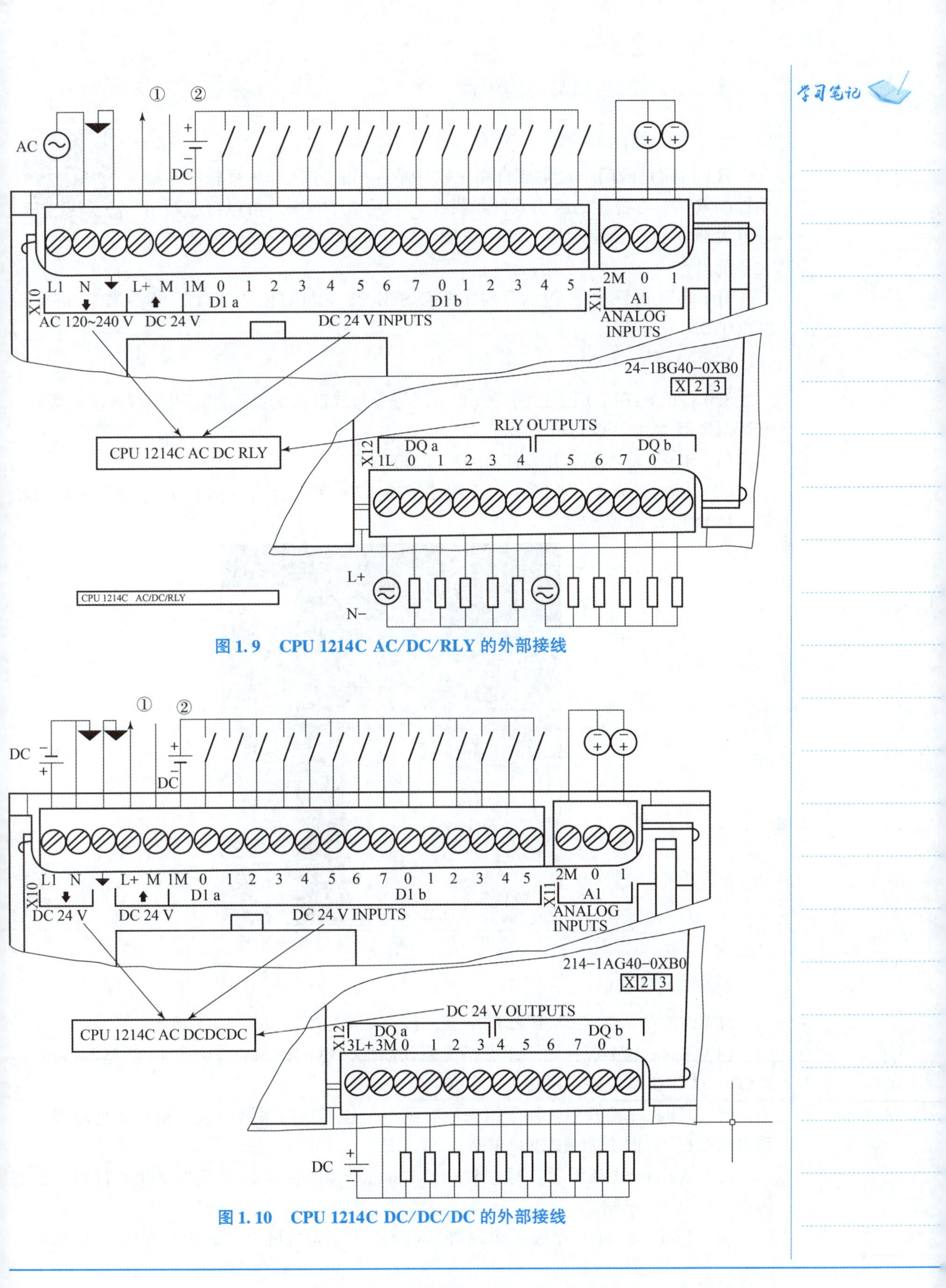

图 1.9　CPU 1214C AC/DC/RLY 的外部接线

图 1.10　CPU 1214C DC/DC/DC 的外部接线

活动 3：安装 TIA 博途软件

一、TIA 博途软件简介

TIA（博途）软件的安装

TIA 博途是西门子全集成自动化软件平台，它将 PLC 编程软件、运动控制软件、可视化的组态软件集成在一个开发环境中，可以组态西门子绝大部分 PLC 和驱动器，使用户能够快速、直观地开发和调试自动化系统。

TIA 博途软件平台包含：SIMATIC STEP7、SIMATIC WinCC、SIMATIC Surdrive、SIMOTION Scout 等。

1. SIMATIC STEP 7

SIMATIC STEP7 用于控制器（PLC）与分布式设备的组态和编程，包含基本版和专业版两个版本，如图 1.11 所示。

（1）Basic 基本版：用于组态 S7－1200 PLC。

（2）Professional 专业版：用于组态 S7－1200 PLC、S7－300 PLC、S7－400 PLC、S7－1500 PLC 和 WinAC。

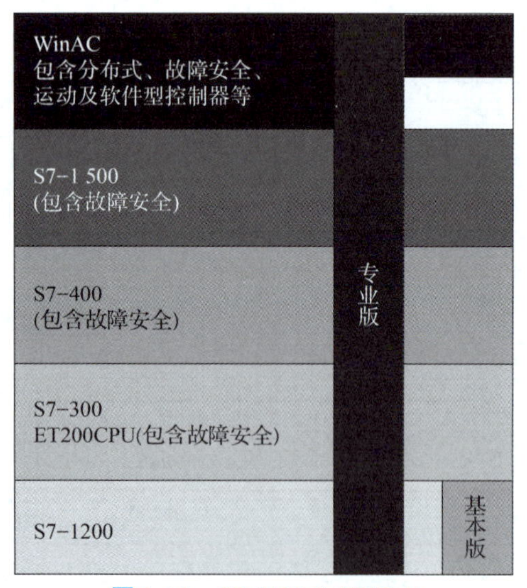

图 1.11　SIMATIC STEP 7

2. SIMATIC WinCC

SIMATIC WinCC 用于 HMI 的组态，包含 4 个版本，如图 1.12 所示。

（1）Basic 基本版：用于组态精简系列面板，包含在 SIMATIC STEP 7 基本版或 SIMATIC STEP 7 专业版产品中。

（2）Comfort 精智版：用于组态所有面板（包括精简系列面板、精智系列面板和移动系列面板），但不能组态 PC 单站。

（3）Advanced 高级版：通过 WinCC Runtime Advanced 高级版可视化软件可以组态所有面板及 PC 单站。

（4）Professional 专业版：SIMATIC WinCC 专业版也可以组态所有面板、PC 单站及

SCADA 系统。SIMATIC WinCC Runlime 专业版用于运行单站系统或多站系统（包括标准客户端或 Web 客户端）的 SCADA 系统。

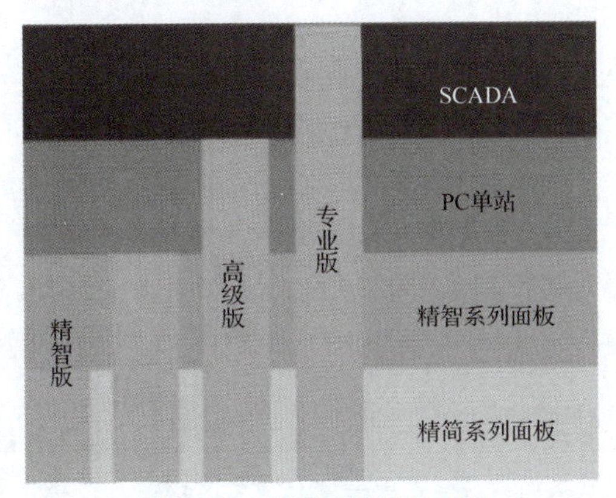

图 1.12　SIMATIC WinCC

3. SIMATIC Startdrive

SIMATIC Startdrive 适用于所有驱动装置和控制器的工程组态平台，能够直观地将 SINAMICS 变频器集成到自动化环境中。由于具有相同的操作概念，所以它消除了接口瓶颈，并且具有较高的用户友好性。

4. SIMOTION Scout

SIMOTION Scout 用于运动控制系统的组态、参数设置、编程调试和诊断，支持 ST、LAD、FBD 等编程语言，支持 PROFIBUS - DP、PROFINET 等通信方式。

二、TIA 博途软件的安装

1. 硬件要求

本书以 TIA 博途 V16 版本为例进行讲述，该版本软件推荐使用的计算机硬件配置如下。

（1）处理器：Core i5 - 6440EQ 3.4 GHz 或者相当。

（2）内存：8 GB 以上。

（3）硬盘：最好是 SSD，配备 50 GB 以上的存储空间。

（4）图形分辨率最低为 1 920 像素 ×1 080 像素。

（5）显示器：15.6″宽屏显示。

注：上述硬件配置并不绝对，对于需要使用该软件的用户来说，在低一些配置的条件下也可以安装，但是会影响运行速度。

2. 支持的操作系统

（1）Windows 7 操作系统（64 位）；

（2）Windows 10 操作系统（64 位）；

（3）Windows Server 操作系统（64 位）。

注：不支持 Windows XP 操作系统，安装 TIA 博途软件需要管理员权限。

3. 安装顺序

（1）安装 STEP 7 Professional V16；

（2）安装 WinCC Professional V16；

（3）安装 SIMATIC STEP7_PLCSIM V16；

（4）进行工具授权；

（5）Startdrive_V16 如果不使用可以不安装。

4. 安装过程中的常见问题

（1）安装前一定要关闭杀毒软件，否则无法保证安装成功或者安装完成后不能够正常使用。

（2）安装提示需要更新程序 KB3033929。该程序为“基于 X64 的 Windows 操作系统安全更新程序”，到微软官网下载并安装即可。需要安装 Microsoft. NET Framework 3. 5 组件。

（3）安装过程中要求反复重新启动计算机。如果重新启动计算机后仍然提示重新启动，则在 Windows 操作系统下按“Win + R”组合键，输入“regedit”，打开注册表编辑器，删除“\HKEY_LOCAL_MACHINE\SYSTEM\ControlSet001\Control\Session Manager\FileRenameOperations”下的“PendingFileRenameOperations”键值。删除后不需要重新启动计算机，继续安装便可。

三、TIA 博途软件的视图

TIA 博途 V16 软件为用户提供两种不同的工具视图，即基于任务的 Portal（门户）视图和基于项目的项目视图，两种视图可以切换，用户可以在两种不同的视图中选择一种最合适的视图。

1. Portal 视图

安装好 TIA 博途软件后，双击桌面上的图标，打开启动画面，即进入 Portal 视图，如图 1. 13 所示。在 Portal 视图中，可以概览自动化项目的所有任务。初学者可以借助面向任务的用户指南（向导操作）一步步进行相应的选择，以及选择最适合其自动化任务的编辑器进行工程组态。

选择不同的“入口任务”，可处理启动、设备与网络、PLC 编程、运动控制、可视化、在线与诊断等各种工作任务。在已经选择的任务入口中可以找到相应的操作，例如选择“启动”任务后，可进行“打开现有项目”“创建新项目”“关闭项目”等操作。

2. 项目视图

启动 TIA 博途软件，单击 Portal 视图界面中左下角的“项目视图”按钮，将切换到项目视图，如图 1. 14 所示。在项目视图中整个项目按多层结构显示在项目树中，可以直接访问所有编辑器、参数和数据，并进行高效的工程组态和编程。本书主要使用项目视图。

项目视图界面类似 Windows 操作系统界面，包括标题栏、菜单栏、工具栏、编辑栏和状态栏等。

1）菜单栏和工具栏

项目视图中①所示区域即菜单栏和工具栏。菜单栏和工具栏是大型软件应用的基础，初学者可以通过菜单栏和工具栏进行操作，从而了解菜单栏中的各种命令和工具

学习笔记

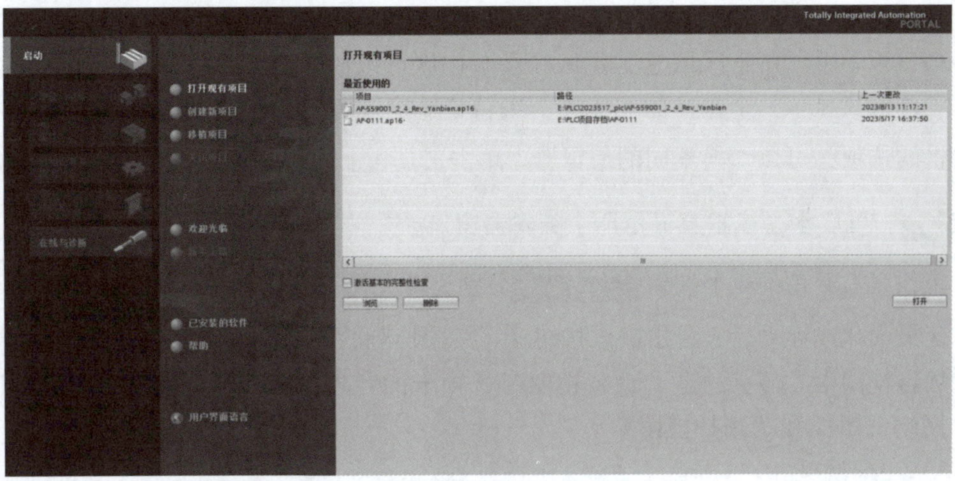

图 1.13　Portal 视图（启动画面）

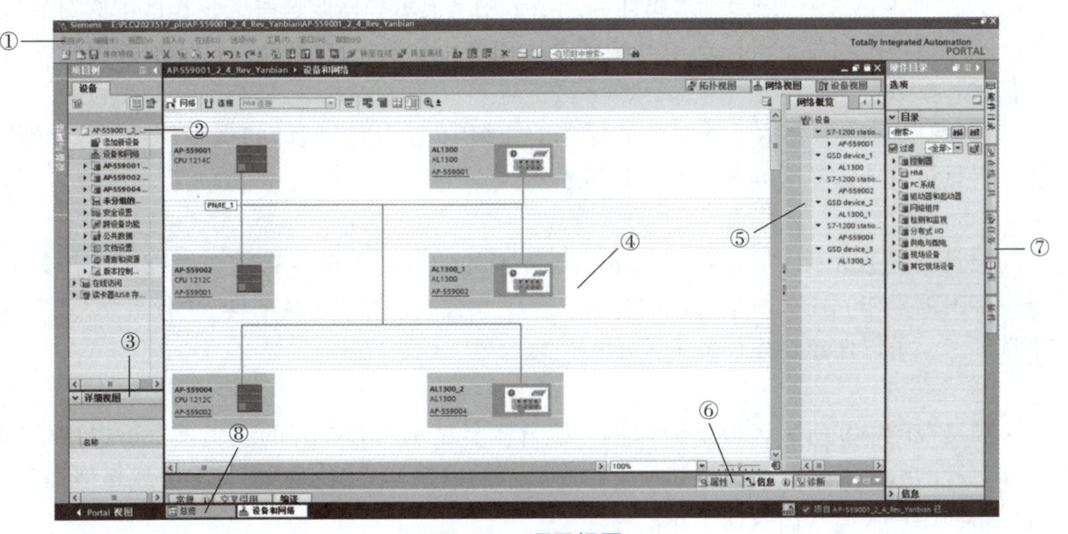

图 1.14　项目视图

栏中各个按钮的使用方法。

2）项目树

项目视图左侧②所示区域即项目树（或项目浏览区），在该区域可以访问所有项目和数据、添加新的设备、编辑已有的设备、打开处理项目数据的编辑器。

单击项目树右上角的折叠按钮，项目树和详细视图消失，单击项目树上的自动折叠按钮，该按钮变成永久展开按钮，这时单击项目树外的任何区域，项目树和项目下面的详细视图消失。单击项目树左边最上端的展开按钮，项目树展开，单击永久展开按钮，该按钮变成自动折叠按钮，自动折叠功能消失。

3）详细视图

项目视图中③所示区域是详细视图。详细视图显示项目树中选中对象的下一级内容。详细视图中若为已打开项目中的变量，可以将此变量直接拖放到梯形图中。

4）工作区

项目视图中④所示区域是工作区，在工作区可以同时打开多个编辑栏窗口，但一般在工作区只显示一个打开的编辑器，编辑栏⑧会高亮显示已经打开的编辑器，单击编辑栏的选项，可以切换不同的编辑器。单击工具栏上的水平拆分按钮 、垂直拆分按钮 ，可以水平或垂直显示两个编辑器窗口。

工作区右上角的4个按钮 分别为最大化、浮动、最小化和关闭按钮。当工作区最大化或浮动后，单击嵌入按钮 ，工作区将恢复原状。

项目视图中⑤显示的是“设备视图”选项卡的对象，可以组态硬件，还可以切换到“网络视图”和“拓扑视图”

5）巡视窗口

项目视图中⑥所示区域是巡视窗口，用于显示工作对象的附件信息，有“属性”“信息”“诊断”3个选项卡。“属性”选项卡用来显示和修改选中的工作区中的对象属性。左边窗口是浏览窗口，选中其中的某个参数组，在右边窗口可以显示和编辑相应的信息和参数。

“信息”选项卡显示已选对象和操作的详细信息，以及编译的报警信息。“诊断”选项卡显示系统诊断时间和组态的报警事件。

6）任务卡

项目视图⑦所示区域是任务卡区，任务卡的功能和编辑器有关，可以通过任务卡进一步附加操作。任务卡最右边的标签，有“硬件目录”“在线工具”“任务”“库”4个选项卡，可以任意切换任务卡显示的信息。

7）编辑栏

项目视图中⑧所示区域是编辑栏，编辑栏会显示所有打开的编辑器，可以用编辑栏在打开的编辑器之间快速地切换工作区显示的编辑器。编辑栏中有多个编辑器标签，可以帮助用户快速和高效地工作。

注意事项如下。

（1）安装TIA博图软件时需要完全退出杀毒软件，否则可能安装失败。

（2）先安装Microsoft. NET Framework 3.5，然后安装SIMATIC STEP7 Prof WinCC Pro V16，最后安装SIMATIC S7－PLCSIM V16。安装后在线升级，最后安装授权文件。

本任务小结

任务二　单灯双控电路系统软件组态和程序设计

单灯双控电路原理及组态设计

任务描述

本任务完成单灯双控电路系统软件组态和程序设计。组态设计（Configure）的含义是“配置”“设定”“设置”等，是指用户通过类似“搭积木”的简单方式完成所需要的软件功能，而不需要编写计算机程序。组态设计有时候也称为“二次开发”，组态软件就称为“二次开发平台”。

本任务是根据单灯双控电路系统的控制要求，在 TIA 博图软件中创建项目并进行组态。

任务目标

如果你是技术人员，完成本任务，你需要具备哪些相关知识和技能？以下是本任务的学习目标。

（1）在 TIA 博图软件中创建一个项目。

（2）完成项目的 CPU 选用及配置。

任务实施

活动 1：分析单灯双控电路原理图

单灯双控电路原理图，如图 1.15 所示。

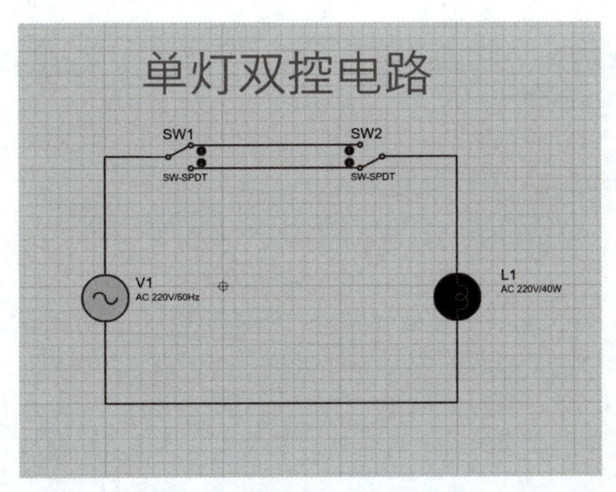

图 1.15　单灯双控电路原理图

单开双控是指两个控制面板上各有一个开关按钮，两个开关按钮同时控制一个电路。“单开双控”从字义上看就是“一个开关，两边控制”。比如装在楼梯上的灯，在

楼梯上可以开或关，在楼梯下也可以开或关。又如进入卧室之前开灯，然后在床头关灯。这些都是单开双控的实例：可以在两个地方控制灯的开与关（图 1.16）。

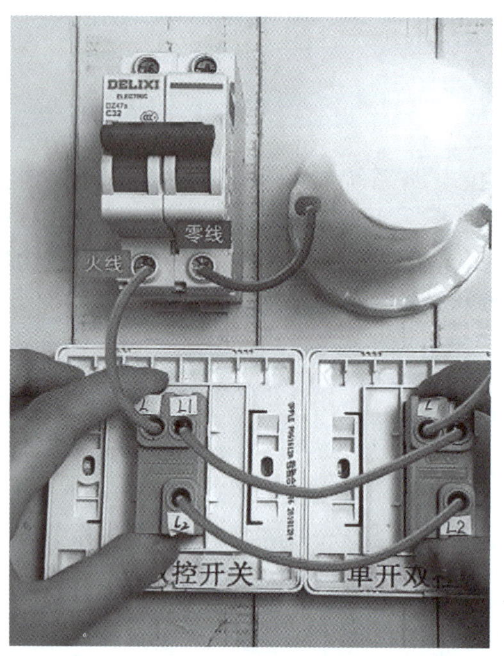

图 1.16　单开双控示意

活动 2：创建项目并组态

一、创建项目

打开 TIA 博途 V16 软件，选择“创建新项目”命令，将项目名称改为“单灯双控电路”，单击“创建”按钮，如图 1.17 所示。

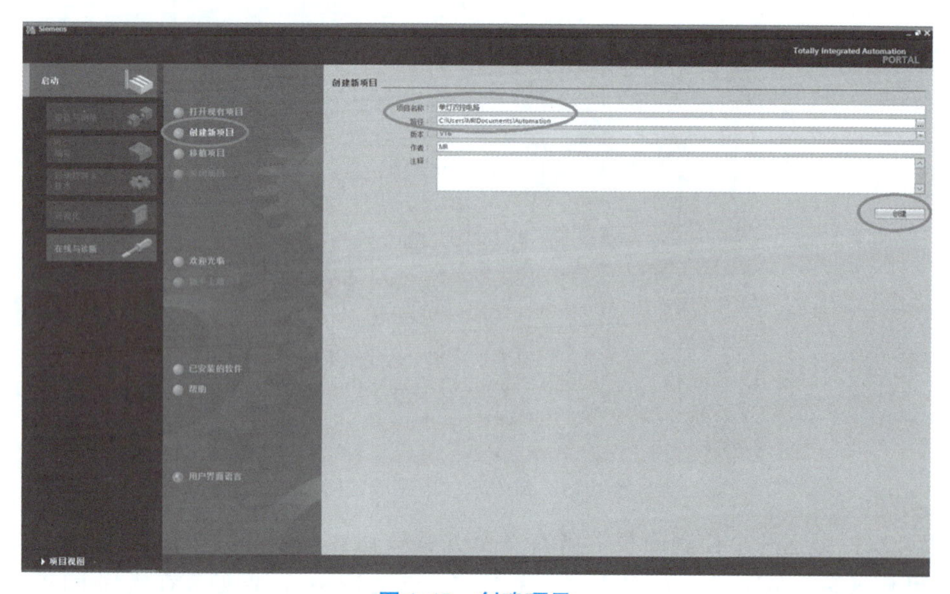

图 1.17　创建项目

二、组态

（1）在项目视图模式下，选择“组态设备”选项，如图 1.18 所示。

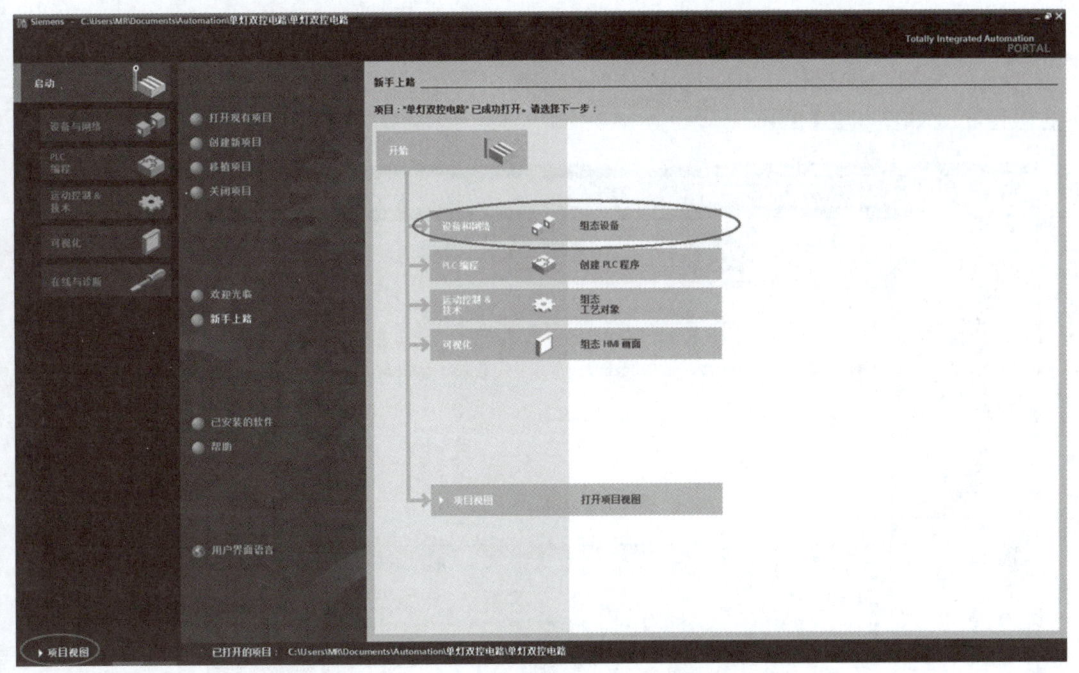

图 1.18　组态（1）

（2）选择“添加新设备”命令，“控制器”选择“CPU 1214C DC/DC/DC”→“6ES7 214－1AG40－0XB0”，单击“添加”按钮，如图 1.19 所示。

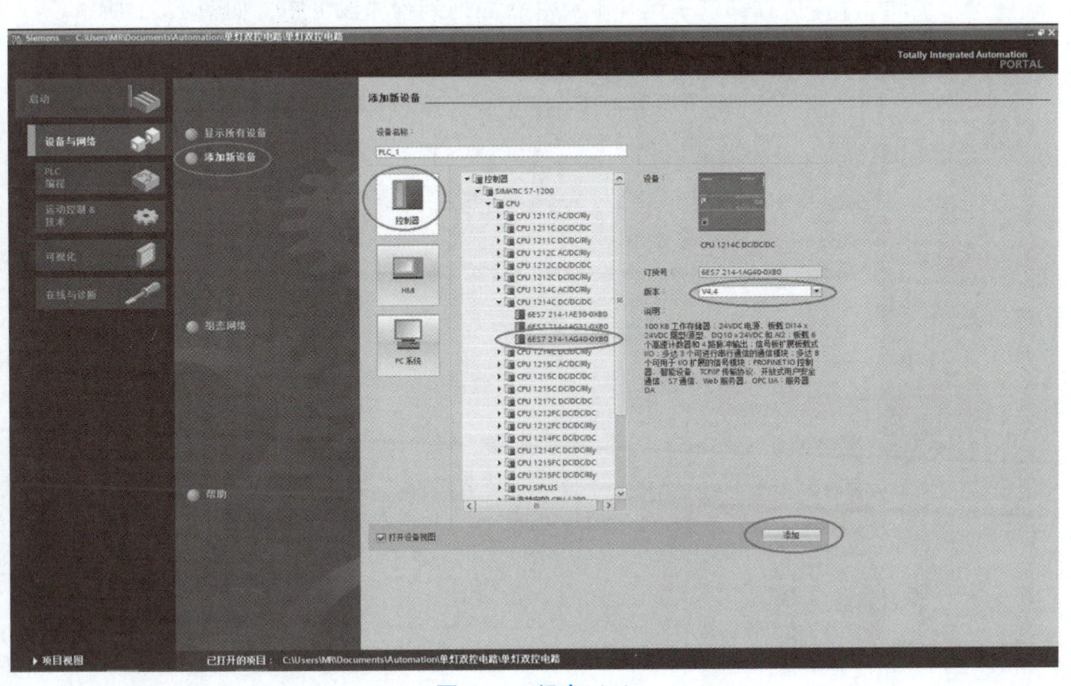

图 1.19　组态（2）

学习笔记

至此便完成了项目的创建和硬件的组态。

活动 3：控制逻辑的程序编写

编写 PLC 程序

（1）左侧“项目树”中，双击“Main［OB1］”，打开 Main［OB1］程序块，开始编写程序，如图 1.20 所示。

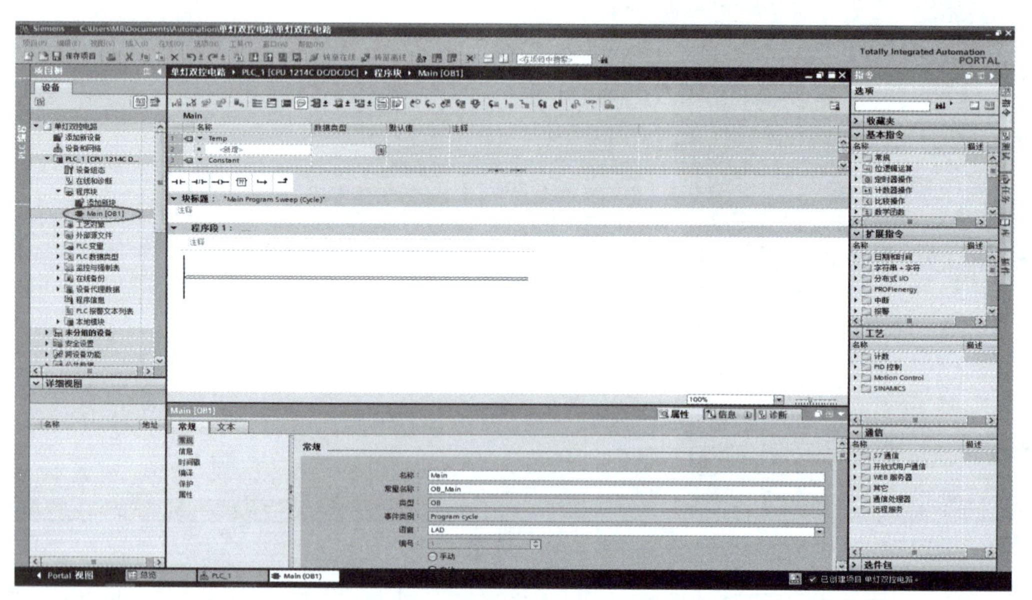

图 1.20　编写 PLC 程序（1）

（2）添加元件，从收藏栏中选择触点和线圈拖到程序段 1 中，如图 1.21 所示。

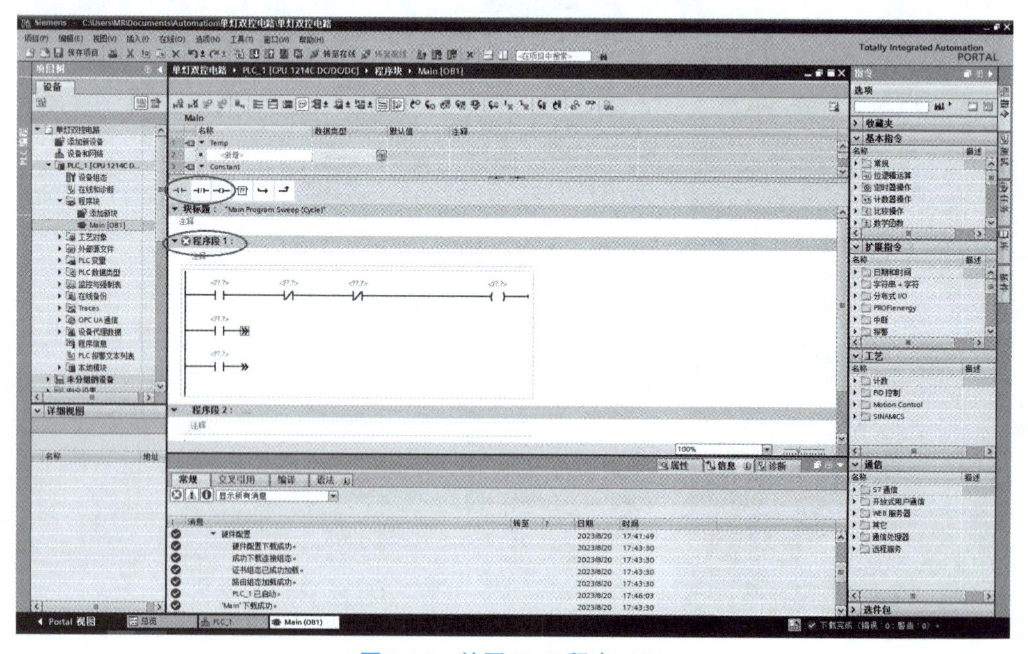

图 1.21　编写 PLC 程序（2）

（3）设置元件存储地址，双击“<?? . ? >”，设置元件存储地址，如图 1.22 所示。

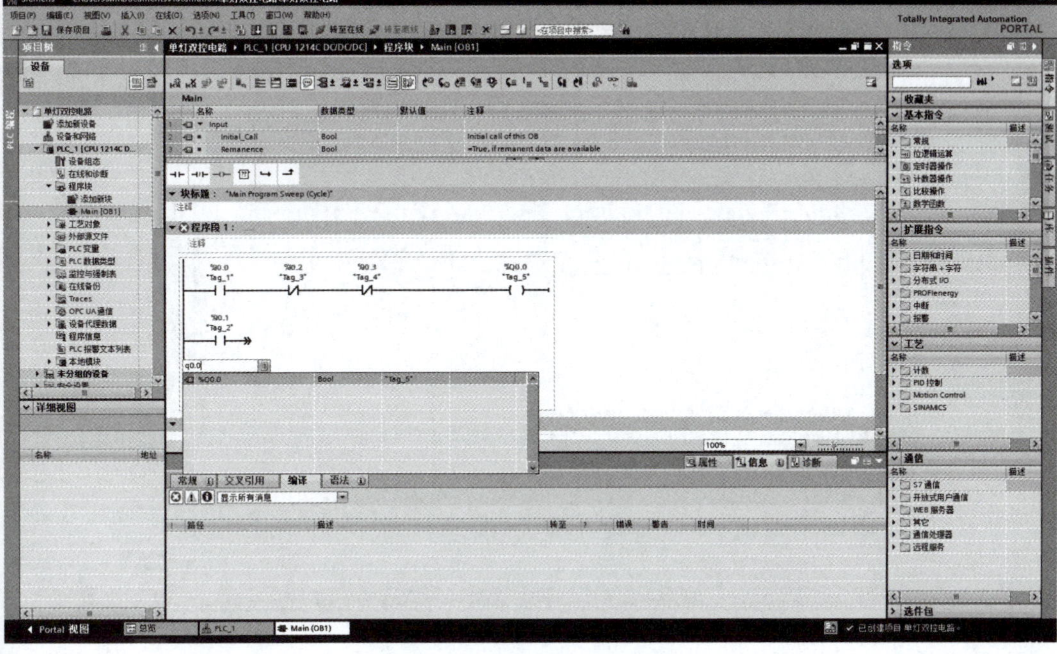

图 1.22　编写 PLC 程序（3）

（4）重新命名变量名，在“Tag_1”等上单击鼠标右键，选择“重命名变量”命令，设置元件变量名，如图 1.23 所示。

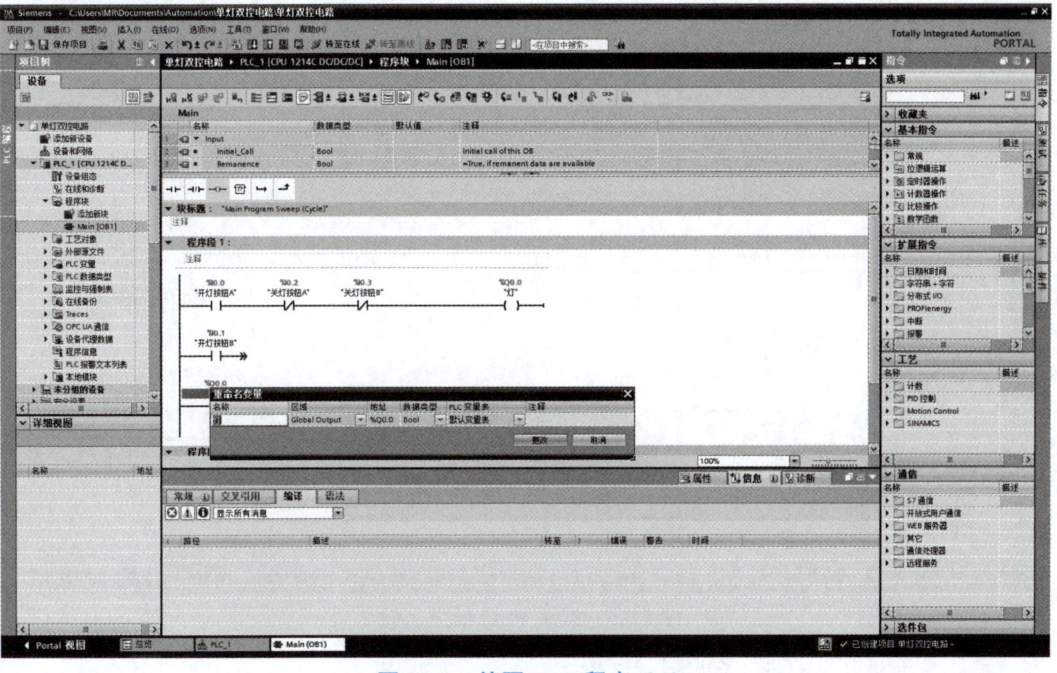

图 1.23　编写 PLC 程序（4）

(5) 按住“开灯按钮 B”右侧箭头向上拖，拖到连接符号上，完成连线，如图 1.24 所示。

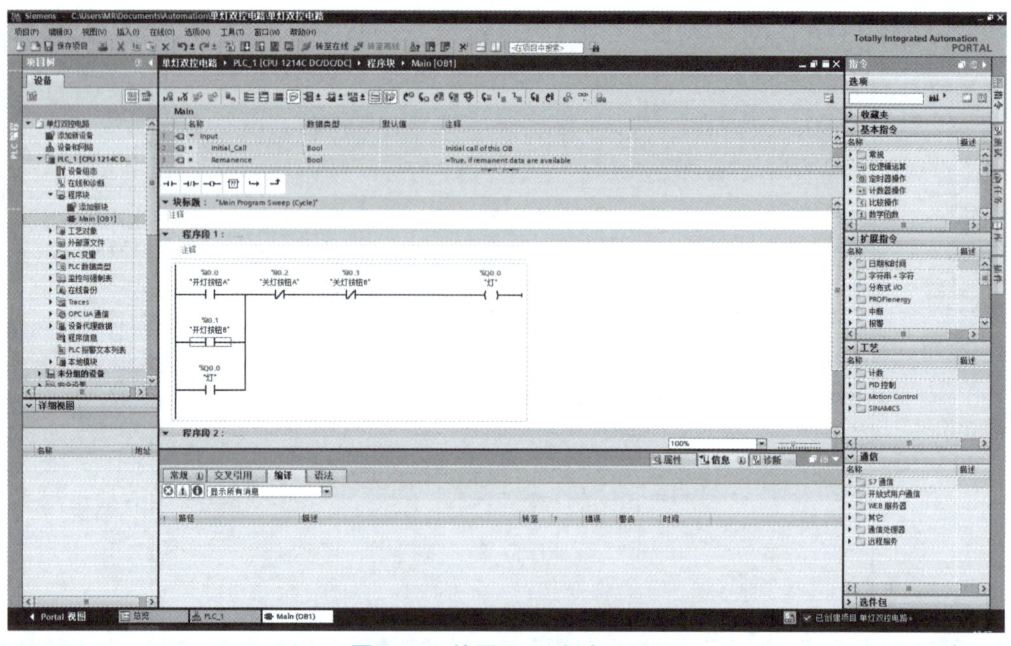

图 1.24　编写 PLC 程序（5）

(6) 单击“编译”按钮，待出现编译 0 错误，说明程序编译完成。如果出现错误，则需要修改 PLC 程序直至编译 0 错误，如图 1.25 所示。

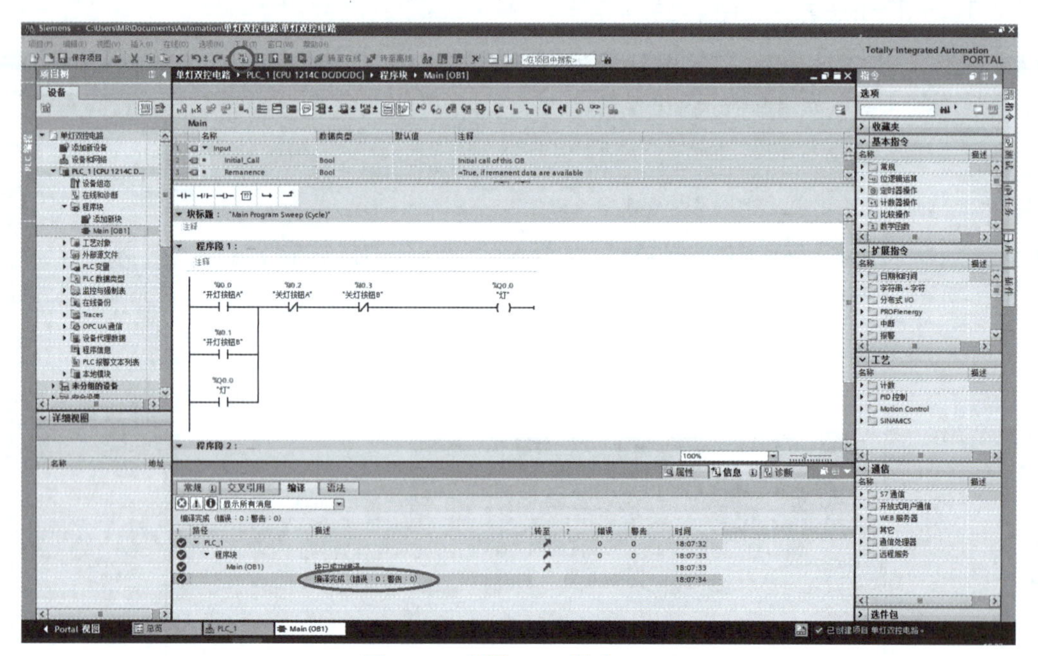

图 1.25　编写 PLC 程序（6）

至此，完成了 PLC 程序的编写。

任务三 单灯双控电路仿真与连接调试

学习笔记

任务描述

PLC 虚拟仿真软件是一种利用计算机模拟技术，将实际的 PLC 硬件与控制逻辑在虚拟环境中进行仿真的工具。它允许工程师在不使用实际硬件的情况下，通过计算机界面编程、调试和测试 PLC 控制逻辑。这为工程师们提供了更加便捷、高效的工作方式，同时也降低了成本和风险。本任务是对单灯双控电路进行硬件仿真、联机调试，同时对项目进行验证。

任务目标

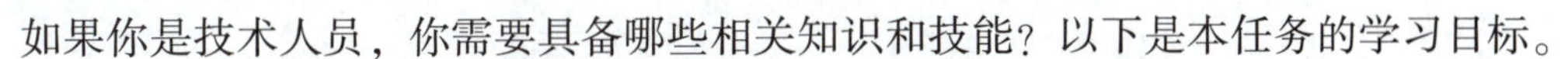

如果你是技术人员，你需要具备哪些相关知识和技能？以下是本任务的学习目标。

（1）了解 SIMATIC S7 - PLCSIM 仿真软件的使用方法。

（2）利用 SIMATIC S7 - PLCSIM 对项目进行仿真。

（3）掌握利用仿真器测试项目的方法。

（4）掌握仿真器的联机调试方法。

任务实施

活动：单灯双控电路仿真模拟、联机调试

单灯双控电路仿真模拟、联机调试的步骤如下。

（1）单击“启动仿真”按钮，出现提示后单击“确定”按钮，如图 1.26 所示。

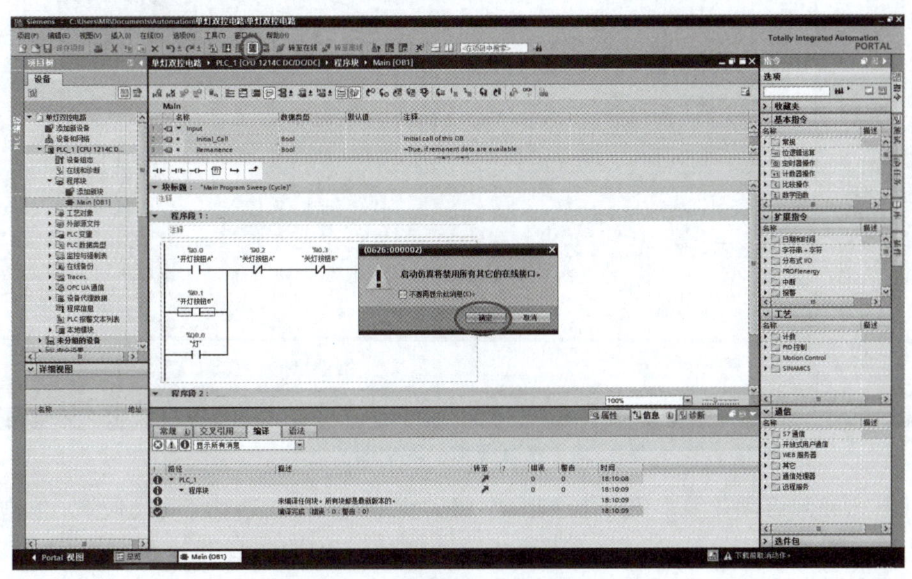

图 1.26 仿真模拟、联机调试（1）

（2）单击“开始搜索”按钮后，单击“下载”和“是”按钮，如图 1.27 所示。

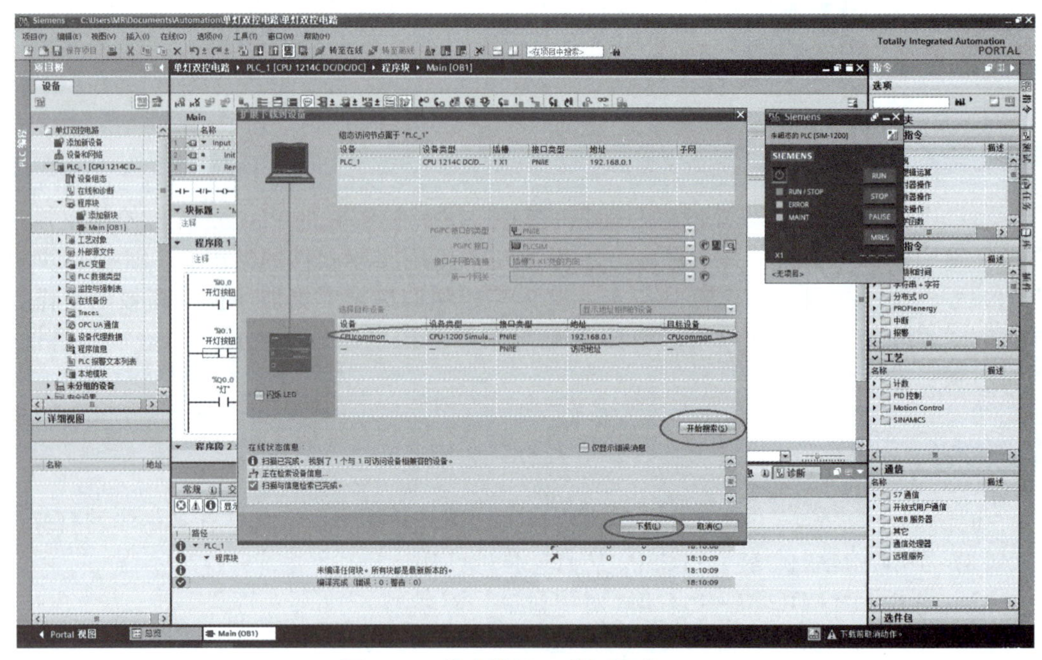

图 1.27　仿真模拟、联机调试（2）

（3）单击“装载”按钮，将硬件组态和软件程序装载到仿真中，如图 1.28 所示。

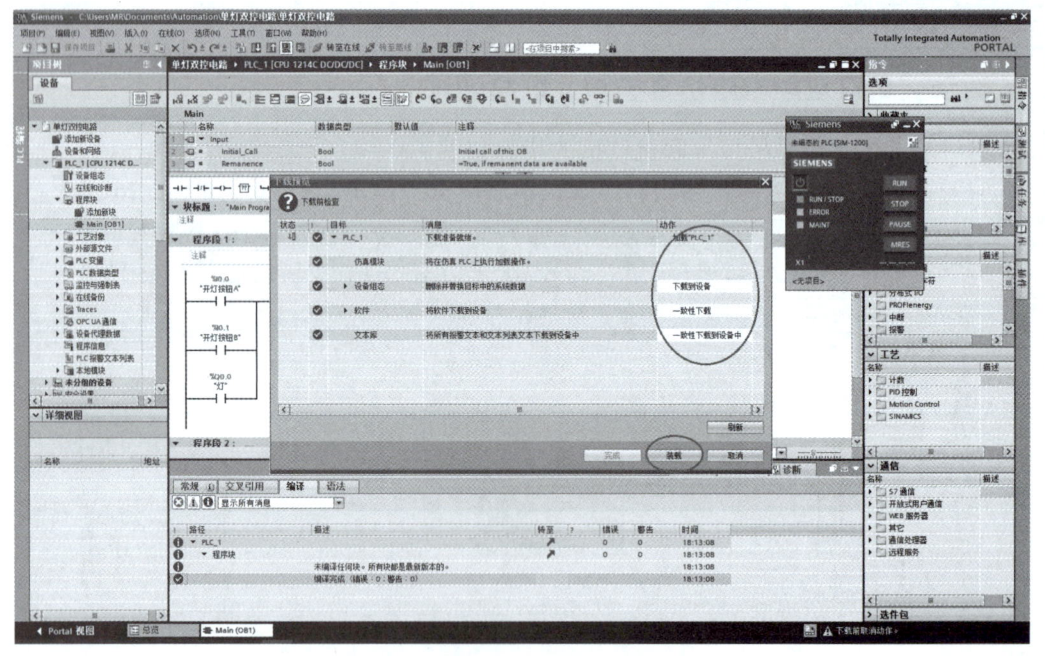

图 1.28　仿真模拟、联机调试（3）

（4）完成并启动仿真，在下拉列表中将“无动作”改成“启动模块”，单击“完成”按钮。待仿真器的 RUN/STOP 指示灯显示绿色，说明仿真器处于运行状态。在仿真器中单击“切换到项目视图”按钮，如图 1.29 所示。

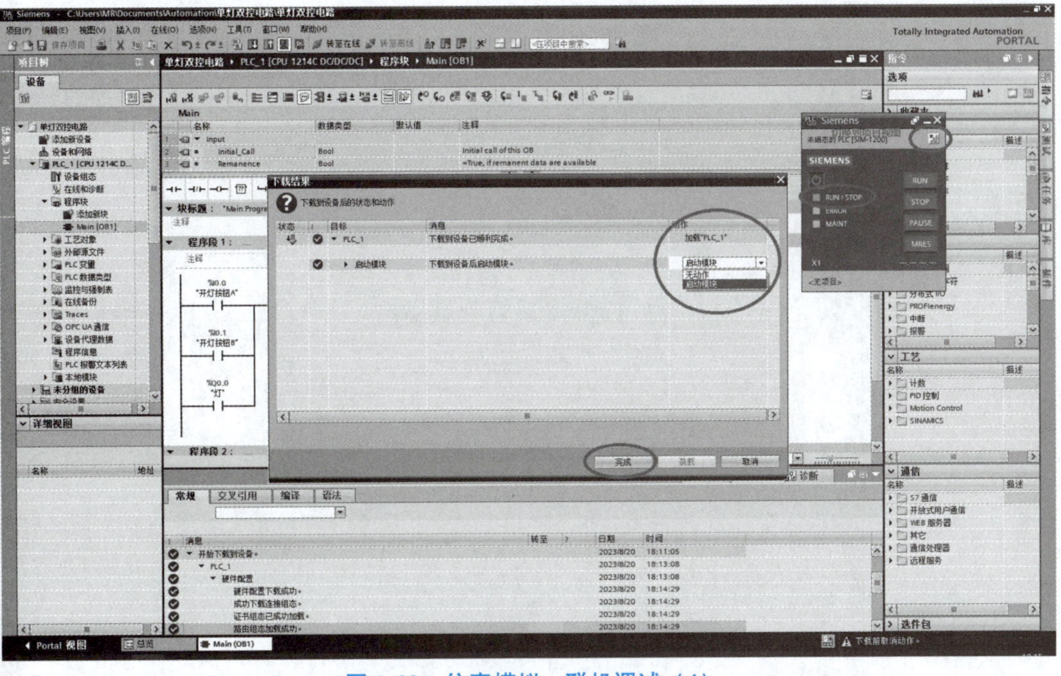

图 1.29　仿真模拟、联机调试（4）

（5）创建仿真器项目。在仿真器菜单中选择“项目”→“新建”命令，如图 1.30 所示。

图 1.30　仿真模拟、联机调试（5）

（6）设置仿真器项目名称和路径，如图1.31所示，单击“创建”按钮，如图1.31所示。

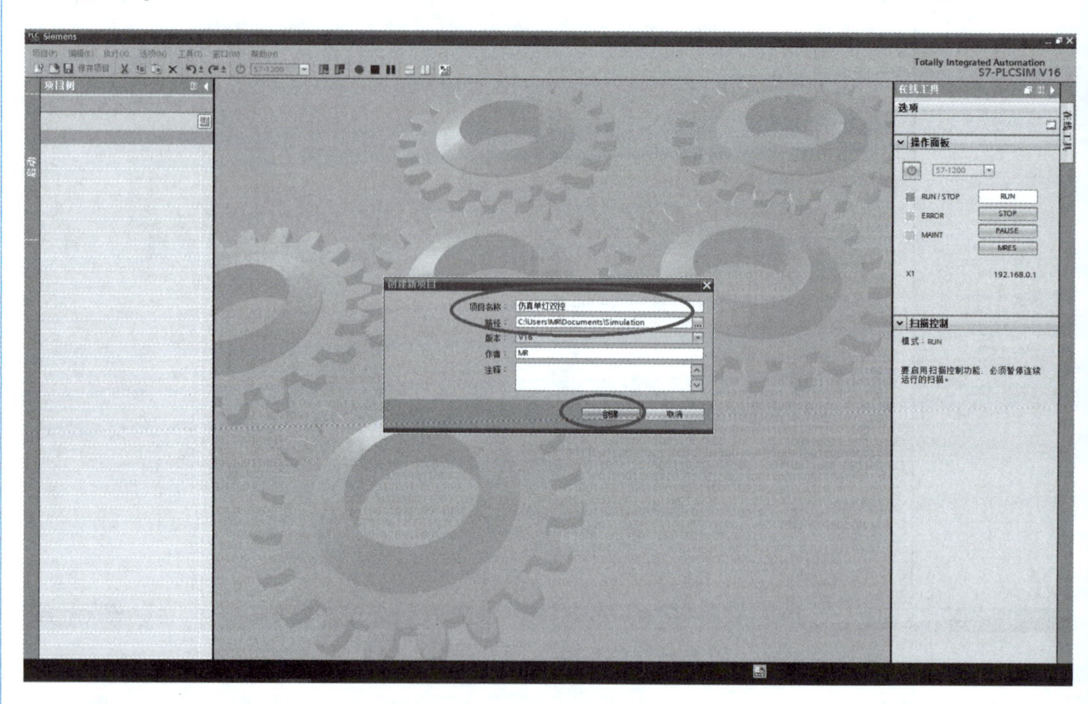

图1.31　仿真模拟、联机调试（6）

（7）编写仿真器SIM表_1，如图1.32所示。

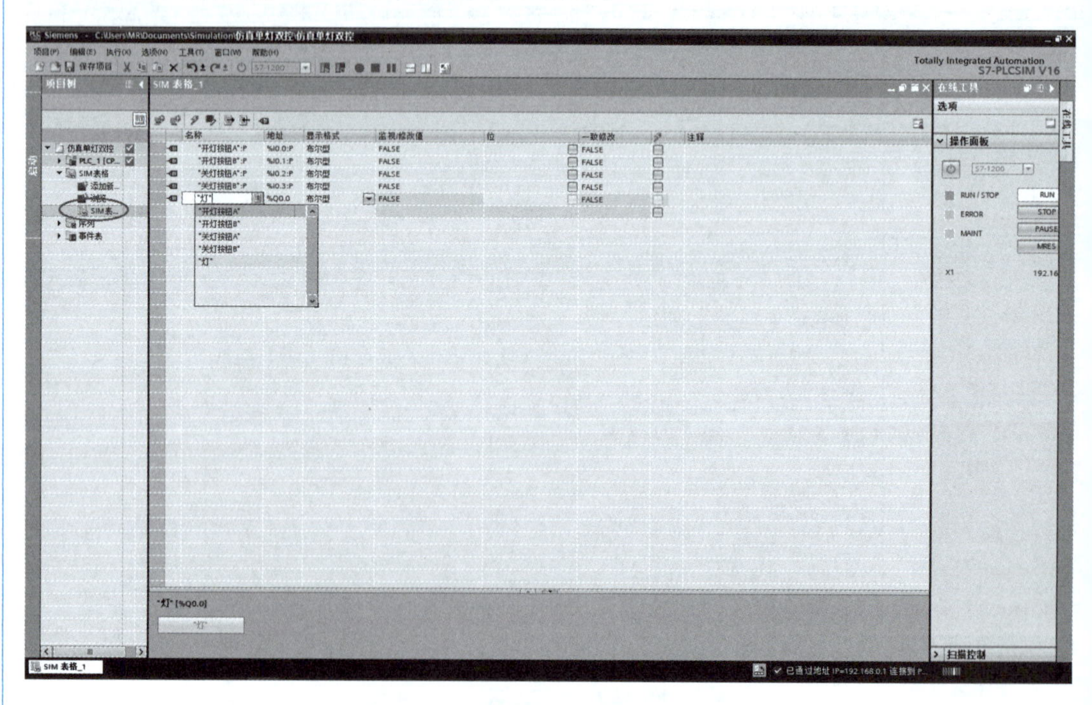

图1.32　仿真模拟、联机调试（7）

（8）在 TIA 博途软件中启用监控，联机监控调试，如图 1.33 所示。

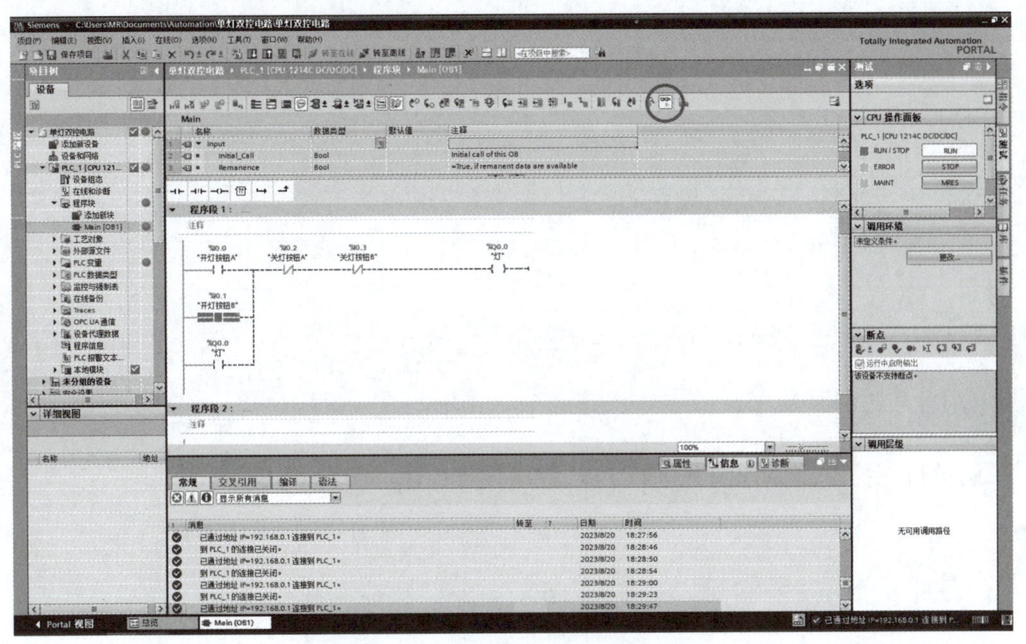

图 1.33　仿真模拟、联机调试（8）

（9）在仿真器中，修改按钮的“位”，可以同步在 TIA 博途软件的梯形图中看到电路的状态。

项目评价

项目一　“单灯双控电路系统设计与调试”评价表

任务	评分标准	评分标准	检查情况	得分
S7－1200 PLC 硬件系统组装	10	是否选用合适的 PLC 模块，模块组建是否正确		
S7－1200 PLC 接线	20	是否能看懂接线图，硬件接线是否规范正确		
TIA 博途软件安装	15	安装的 TIA 博途软件能否正常运行，对 TIA 博途软件的视图界面是否熟悉		
创建项目并组态	20	项目格式是否正确，创建项目的路径是否合理，是否按照条件要求组态硬件		
控制逻辑的程序编写	20	程序编写与编译是否正确		
仿真模拟与联机调试	15	仿真模拟是否顺利执行，联机调试是否顺利执行		

学习笔记

学习笔记

任务总结

知识拓展

画单灯三控电路原理图并进行 PLC 程序设计。

思考与练习

1. 什么是 PLC 的组态？
2. S7－1200 PLC 主要有哪些组成部分？
3. 简要说明 CPU 1211C 的 I/O 接口。
4. CPU 1214C 最多可以扩展________个信号模块，安装在 CPU 的________边；________个通信模块，安装在 CPU 的________边；________个信号板或通信板，安装在 CPU 的________边。
5. 举例说明一个 PLC 项目如何选用合适的 CPU。

学习笔记

项目二　三相异步电动机正反转控制系统设计与调试

项目描述

本项目通过完成三相异步电动机正反转控制系统的硬件组态设计，初识西门子S7－1200 PLC的数据类型、逻辑运算、存储器的数据区与地址，了解PLC程序设计流程，掌握PLC输入/输出地址分配表设置、程序的编写/设计及联机调试操作方法。在已学过电动控制基础知识上，需要了解PLC相关的数据、逻辑运算、存储器相关基础知识，才能完成本项目的设计任务，为此一个技术人员需要完成以下学习目标。

项目目标

（1）了解SIMATIC S7－1200 PLC的数据类型、逻辑运算知识。
（2）了解SIMATIC S7－1200 PLC存储器的数据区与地址。
（3）了解SIMATIC S7－1200 PLC的程序设计流程。
（4）掌握输入/输出地址分配表的设置。
（5）掌握硬件接线方法。
（6）掌握程序编写方法。
（7）掌握利用TIA博途V16编程、调试和仿真的方法。
（8）培养积极进取、大胆创新的职业素养。
（9）培养团队协作能力、责任安全意识。
（10）培养逻辑思维能力。

任务一　三相异步电动机正反转控制系统的硬件组态设计

任务描述

三相异步电动机正反转控制的硬件组态设计要求如下。设计一个电动机正反转控制电路，控制电路中共包含3个按钮：1个正转按钮、1个反转按钮、1个停止按钮。当按下正转按钮时，电动机正转运行。当按下停止按钮时，电动机停止运行。当按下反转按钮时，电动机反转运行。本任务根据电动机正反转控制电路的要求，完成硬件

组态设计。

如果你是技术人员，你需要具备哪些相关知识和技能？以下是本任务的学习目标。

（1）了解数据类型、逻辑运算知识。

（2）了解存储器的数据区与地址。

（3）了解程序设计流程。

（4）根据控制要求设计输入/输出地址分配表。

（5）根据控制要求选择元器件并绘制 PLC 电路接线图。

（6）掌握系统组态的基本结构。

（7）在完成工作任务时具有严谨、积极的工作态度。

（8）培养逻辑思考能力、动手操作能力及团队协作能力。

任务实施

认知数据类型、逻辑运算

活动 1：认知数据类型、逻辑运算

一、S7 – 1200 PLC 的基本数据类型

S7 – 1200 PLC 支持多种数据类型，基本数据类型包括位、字节、字、双字、整数、浮点数、时间和日期，此外字符（String 和 Char、WString 和 WChar）也属于基本数据类型。对这些数据类型的支持使 S7 – 1200 PLC 在处理各种数据方面具有更大的灵活性。

1. 位、字节、字和双字

1）位（Bool）

在 S7 – 1200 PLC 中，位是一种基本数据类型，它是一位二进制数，取值为 0 或 1。在 S7 – 1200 PLC 中，位常用于表示开关状态或逻辑状态，例如：启动/停止、故障/正常等。可以通过逻辑运算（如 AND、OR、XOR 等）来操作位。

2）字节（Byte）

在 S7 – 1200 PLC 中，字节是一种基本数据类型，它是一个 8 位的值，可以表示 0～255 的整数。在 S7 – 1200 PLC 中，字节常用于存储和操作一些状态信息或输入/输出信号等。可以通过移位和掩码操作来处理字节的值。

3）字（Word）

在 S7 – 1200 PLC 中，字是一种基本数据类型，它是一个 16 位的值，可以表示 0～65 535 的整数。在 S7 – 1200 PLC 中，字常用于存储和操作一些状态信息或计数器等。可以通过对字进行读取和写入操作来访问它的值。此外，字还可以用于存储和操作一些 ASCII 字符，例如：设备地址、模块号等。

4）双字（DWord）

在 S7 – 1200 PLC 中，双字是一种基本数据类型，它是一个 32 位的值，可以表示

0~4 294 967 295 的整数。在 S7 - 1200 PLC 中，双字常用于存储和操作一些状态信息或计数器等。可以通过对双字进行读取和写入操作来访问它的值。此外，双字还可以用于存储和操作一些 ASCII 字符串等。

学习笔记

2. 整数

整数有正整数和负整数之分，整数存储器中符号位为 0 表示正整数，符号位为 1 表示负整数。S7 - 1200 PLC 支持 6 种整数数据类型，包括无符号整数和有符号整数两类。SInt、Int、DInt 是有符号整数，USInt、UInt、UDInt 是无符号整数，它们的数值范围有所不同。

（1）有符号整数：短整数型（SInt）、整数型（Int）和双整数型（DInt）。

（2）无符号整数：无符号短整数型（USInt）、无符号整数型（UInt）、无符号双整数型（UDInt）。

所有整数数据类型的表示符号都为 Int，符号 S 表示短整数型，D 表示双整数型，U 表示无符号整数型，符号中不带 S 或 D 的表示整数型，不带 U 的表示有符号整数型。

3. 浮点数

在 S7 - 1200 PLC 中，浮点数是一种基本数据类型，它以 32 位单精度数（Real）或 64 位双精度数（LReal）表示。在 S7 - 1200 PLC 中，浮点数常用于存储和操作一些需要高精度计算的数值，例如：温度、压力、速度等。可以通过数学运算（如加、减、乘、除等）来操作浮点数的值。此外，浮点数还可以用于存储和操作一些复杂的数据结构，例如数组、矩阵等。

4. 时间和日期

时间和日期数据类型包括 Time、Date、TOD（Time_of_Day）这 3 种。S7 - 200/200 SMART PLC 不支持这几种数据类型，但是 S7 - 1200PLC 支持这几种数据类型。

（1）Time 数据作为有符号双整数存储，基本单位为毫秒（ms）。可以选择性使用日期（d）、小时（h）、分钟（m）、秒（s）和毫秒（ms）作为单位。

（2）Date 数据作为无符号整数存储，用以获取指定日期。

（3）TOD 数据作为无符号双整数存储，为自指定日期的凌晨算起的毫秒数。

5. 字符

字符数据类型包括 String 和 Char、WString 和 WChar。WString 和 WChar 在 S7 - 200/200 SMART PLC 中是被不支持的。其中 Char 数据类型在 S7 - 200/200 SMART PLC 中属于 ASCII 数据类型，只是它在 S7 - 1200 PLC 中叫作 Char 数据类型，只是名称有所不同。

（1）Char 数据类型为字符，它将单个字符存储为 ASCII 编码形式。每个字符占用空间为 1 字节。

（2）String 数据类型为字符串，操作数可存储多个字符，最多可包括 254 个字符。例如："abcdefg" 叫作字符串，其中的每个元素叫作字符。

（3）WChar 数据类型称为宽字符，占用 2 B 的内存。它将单个字符保存为 UFT - 16 编码形式。

（4）WString 数据类型称为宽字符串，用于在一个字符串中存储多个数据类型为

Wchar 的 Unicode 字符。如果未指定长度，则字符串的长度为预置的 254 个字。

二、S7－1200 PLC 的逻辑运算

S7－1200 PLC 中的逻辑运算指令包括逻辑与、逻辑或、逻辑异或、逻辑取反。

逻辑与（AND）：当参与运算的所有数中对应的位都是 1 时，结果为 1。

逻辑或（OR）：当参与运算的所有数中对应的位有 1 时，结果为 1。

逻辑异或（XOR）：当参与运算的所有数中对应的位相同时，结果为 0；不同时结果为 1。

逻辑取反（INV）：对输入的数按二进制位取反，即 0 变成 1，1 变成 0。

逻辑与、逻辑或、逻辑异或运算指令如图 2.1 所示，其中，问号处可选择的数据类型为字节、字、双字。IN1、IN2 和 OUT 必须具有相同的数据类型。指令执行时，将输入参数 IN1、IN2 的对应位分别进行逻辑与、逻辑或、逻辑异或运算，将结果送到输出参数 OUT 中。

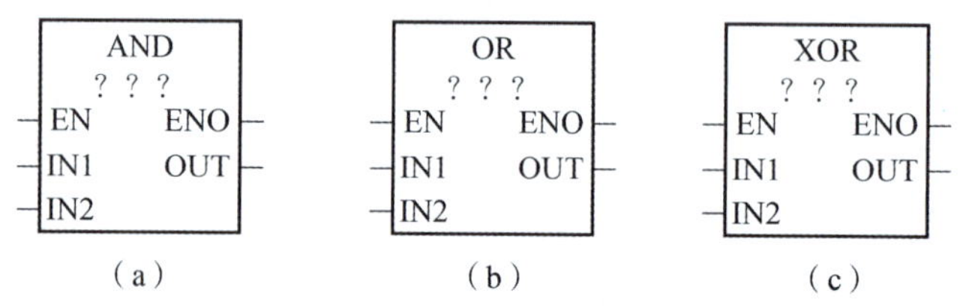

图 2.1　逻辑与、逻辑或、逻辑异或运算指令

（a）逻辑与；（b）逻辑或；（c）逻辑异或

取反运算指令如图 2.2 所示，其中，问号处可选的数据类型为各种整数、字节、字、双字。IN 和 OUT 必须具有相同的数据类型。指令执行时，将输入参数 IN 各二进制位的值取反，也就是将 0 变成 1，将 1 变成 0，将结果送到输出参数 OUT 中。

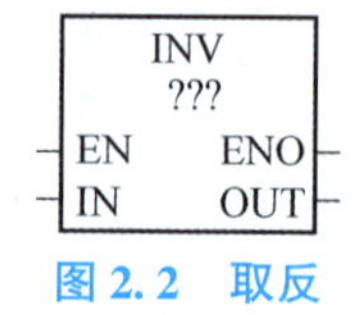

图 2.2　取反运算指令

除了逻辑运算指令，S7－1200 PLC 还支持其他类型的运算指令，如编码与解码指令、选择指令、多路复用与多路分用指令等（图 2.3）。在处理数据时，需要选择合适的指令和数据类型来满足实际需求。

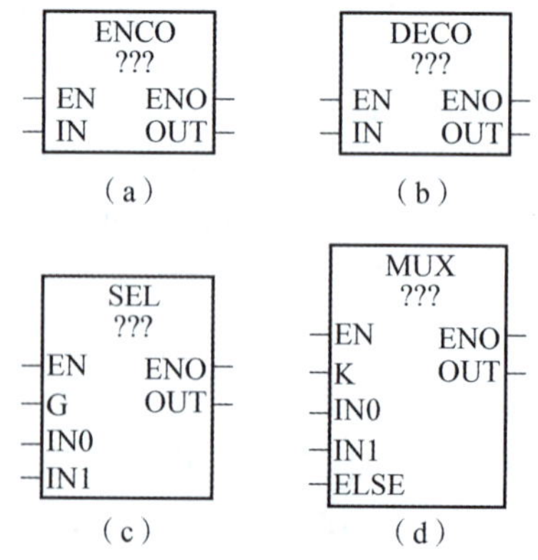

图 2.3　编码、解码、选择、多路利用运算指令

（a）编码；（b）解码；（c）选择；（d）多路复用

活动2：认知存储器的数据区与地址

学习笔记

一、S7－1200 PLC存储器的数据区

认知存储器的数据区与地址

S7－1200 PLC存储器的数据区主要分为以下几个部分。

（1）数据块（Data Block，DB）：这是用于存储程序数据的区域。数据块是S7－1200 PLC的主要数据存储区，可以用于存储结构化数据（例如数组、记录、结构等）以及非结构化数据。

（2）输入/输出（I/O）块：这是用于映射到PLC的物理输入和输出地址的区域，也是处理模拟输入和输出以及数字输入和输出的区域。

（3）系统块：系统块包含与设备有关的特定配置和设置的信息。这些信息包括设备名称、设备序列号、固件版本等。

（4）特殊块：特殊块是为特定应用保留的块，例如计数、计时、数学运算等应用。

在S7－1200 PLC中，存储器是CPU为用户提供的存储数据组件，它被划分为若干个地址区域。

二、S7－1200 PLC存储器的地址

1. S7－1200 PLC存储器的地址

S7－1200 PLC存储器的地址见表2.1。

表2.1　S7－1200 PLC存储器的地址

存储器的数据区	描述	强制	保持
过程映象输入区（I）	在程序扫描循环中，CPU将外部输入电路的状态读取并存入过程映象输入区，待下一个循环扫描时，用户程序可以访问过程映象输入区。例如：I0.0、IB1、IW2、ID4	√	×
物理输入区（I：P）	通过该区域立即读物理输入，而不是从过程映象输入区读取，这种访问也称为“立即读”访问。例如：I0.0：P	×	×
过程映象输出区（Q）	在程序扫描循环中，用户将程序计算输出值存入过程映象输出区，待下一个循环扫描时，将过程映象存储区的内容写入输出块。例如：Q0.0、QB1、QW2、QD4	×	×
物理输出区（Q：P）	通过该区域立即写物理输出，而不是从过程映象输出区读取，这种访问也称为“立即写”访问。例如：Q0.0：P	×	×
位存储区（M）	用于存储用户程序的中间运算结果，可以用位、字节、字或双字来读/写位存储区。例如：M0.0、MB2、MW4、MD6	×	—
临时局部存储区（L）	用于存储临时局部数据，功能类似位存储区，区别在于位存储区是全局的，临时存储区是局部的	×	×
数据块（DB）	数据存储区与函数块（FB）的参数存储区	×	—

2. S7－1200 PLC的寻址

程序在执行的过程中需要读写数据，而读写数据的第一步就是寻址（址：数据的

地址，PLC 中所有能访问的数据都有地址，就像每个人都有身份证一样），寻址方式分为：按位寻址、按字节寻址、按字寻址和按双字寻址。

下面以 8 字节的位存储区为例，讲解寻址类型。

1）按位寻址

按位寻址就是一次访问一个存储单元的存储值，图 2.4 中黑色存储单元在 Byte2 字节的 bit2 位处，那么对它的寻址（访问）方式就是 M2.2，“M”是位存储区的标识符，第一个“2”表示字节号，第二个“2”表示位号。

2）按字节寻址

按字节寻址（图 2.5）就是一次访问或者读写一个字节大小（8 个 bit 位）的存储区，图 2.5 中黑色区域为 Byte3，对它的寻址就是 MB3，“M”是位存储区的标识符，“B”表示按字节寻址，“3”表示字节号。

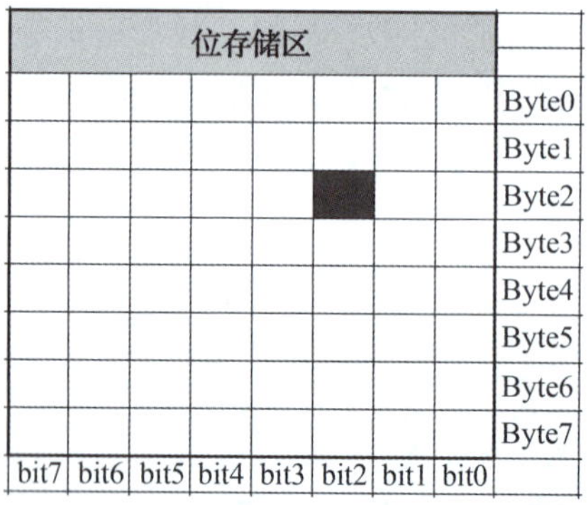

图 2.4　按位寻址

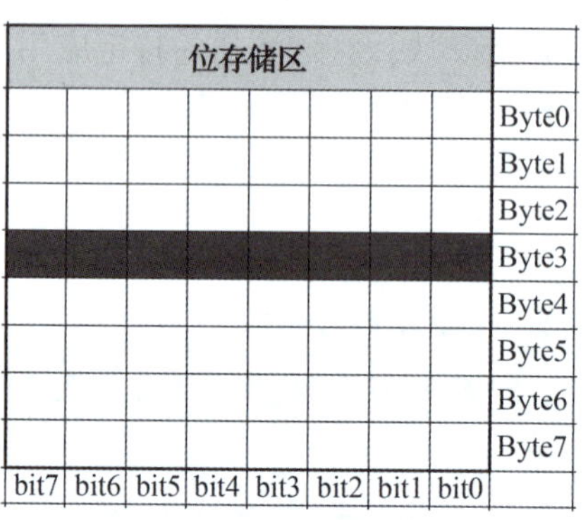

图 2.5　按字节寻址

3）按字寻址

按字寻址（图 2.6）就是一次访问或者读写 2 个字节（16 个 bit 位），图 2.6 中绿色和蓝色存储区的寻址方式分别为 MW1 和 MW5，“M”是位存储区的标识符，“W”表示按字寻址，“1”和“5”表示字节号。

4）按双字寻址

按双字寻址（图 2.7）就是一次访问或者读写 4 个字节（32 个 bit 位）的数据，图 2.7 中绿色和蓝色区域的寻址方式分别为 MD0 和 MD4，“M”是位存储区的标识符，“D”表示按双字寻址，“0”和“4”表示字节号。

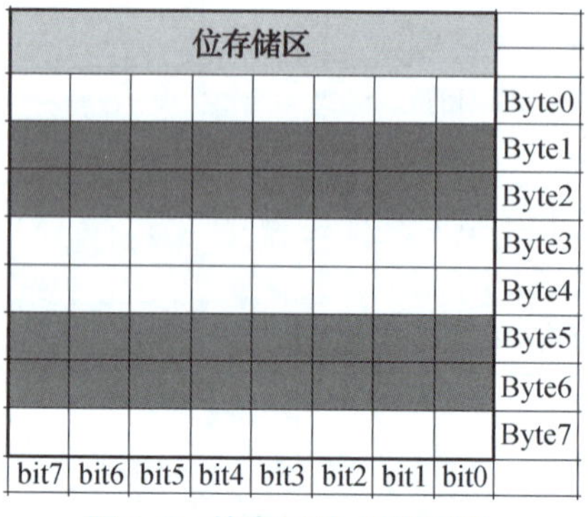

图 2.6　按字寻址（附彩插）

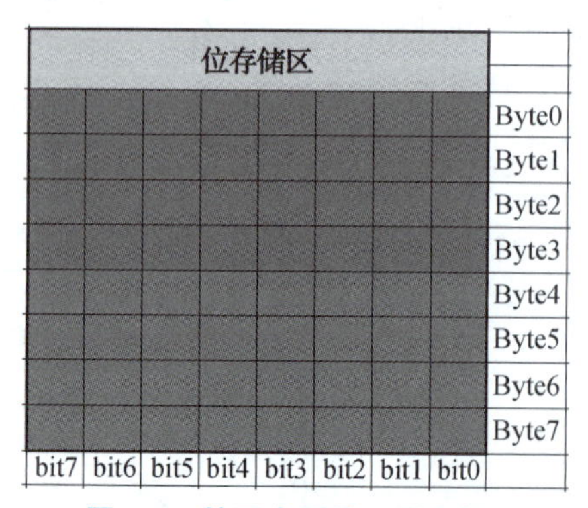

图 2.7　按双字寻址（附彩插）

活动 3：设计输入/输出地址分配表

根据任务描述中的控制要求，三相异步电动机正反转控制的硬件组态设计需要的元器件有：1 个正转按钮 SB1、1 个反转按钮 SB2、1 个停止按钮 SB3 及电动机硬件控制电路。本系统输入有 3 个，输出有 2 个。表 2. 2 所示为输入/输出地址分配表。

电动机正反转原理、地址分配及接线

表 2. 2　输入/输出地址分配表

输入		输出	
正转按钮 SB1	I0. 0	正转线圈 KM1	Q0. 0
反转按钮 SB2	I0. 1	反转线圈 KM2	Q0. 1
停止按钮 SB3	I0. 2	—	—

活动 4：绘制 PLC 电路接线图

根据任务描述中的控制要求，画出 PLC 电路接线图，如图 2. 8 所示。

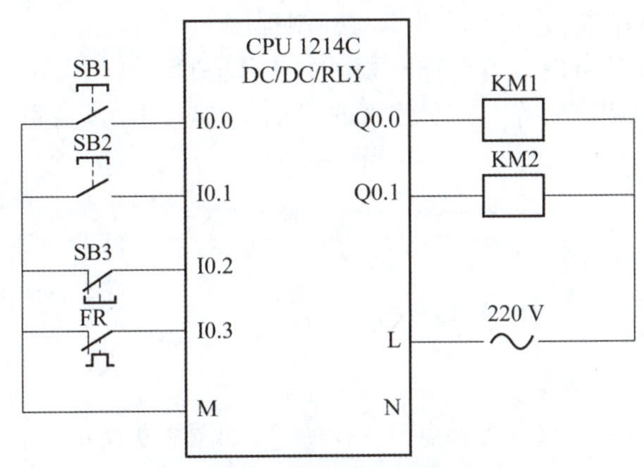

图 2. 8　PLC 电路接线图

学习笔记

任务二　三相异步电动机正反转控制系统的软件组态和程序设计

任务描述

要实现三相异步电动机正反转控制，作为技术人员，需要掌握基本的位逻辑指令、PLC 变量表和实现正反转功能的编程方法。本任务是使用 TIA 博途 V16 软件完成组态，PLC 变量表、控制程序的编写及监控程序的编译。

任务目标

如果你是技术人员，你需要具备哪些相关知识和技能？以下是本任务的学习目标。

（1）认识 S7－1200 PLC 的基本位逻辑指令。

（2）能够使用 TIA 博途 V16 软件完成组态。

（3）能够编写 PLC 变量表。

（4）认识 TIA 博途 V16 软件的工作界面、工具栏等。

（5）能够使用 TIA 博途 V16 软件编写控制程序。

（6）在完成工作任务时具有严谨、积极的工作态度。

（7）与团队成员团结协作，充分发挥自己的优势，与团队成员共同完成工作任务。

任务实施

活动 1：认知位逻辑指令

一、常开触点与常闭触点

常开触点（—| |—）与常闭触点（—|/|—）如图 2.9 所示。

常开触点在指定的位为状态“1”（ON）时闭合，为状态“0”（OFF）时断开。其操作数有：I、Q、M、D、L。

常闭触点在指定的位为状态“1”时断开，为状态“0”时闭合。其操作数有：I、Q、M、D、L。

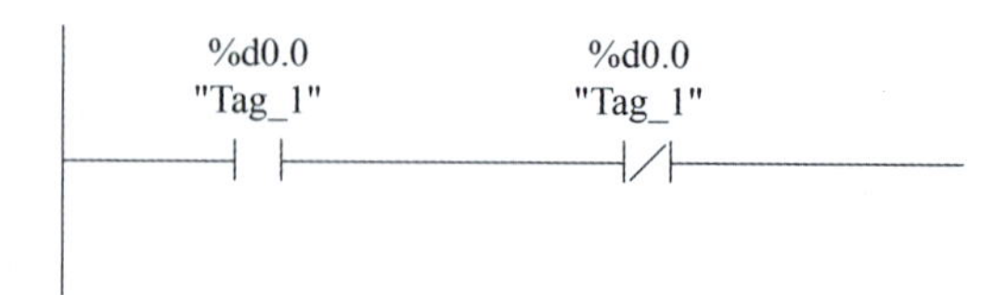

图 2.9　常开触点与常闭触点

二、取反触点

取反触点（—|NOT|—）如图 2.10 所示。

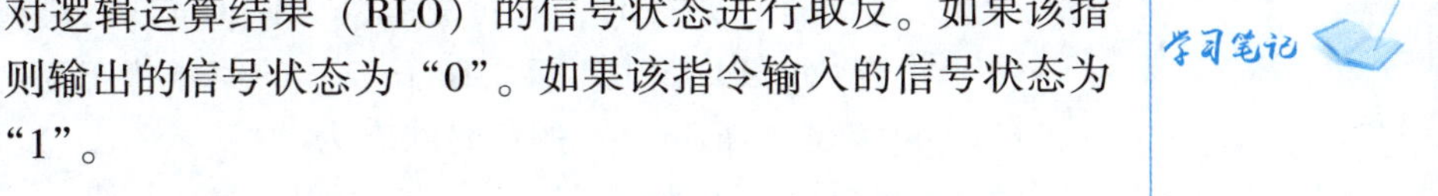

使用“取反”指令，可对逻辑运算结果（RLO）的信号状态进行取反。如果该指令输入的信号状态为“1”，则输出的信号状态为“0”。如果该指令输入的信号状态为“0”，则输出的信号状态为“1”。

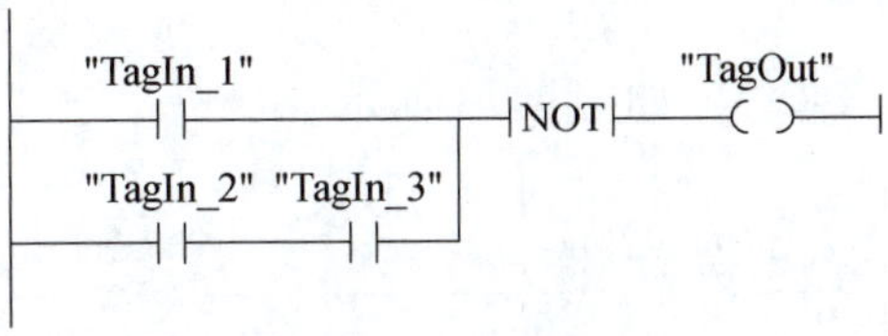

学习笔记

图 2.10　取反触点

当满足以下任一条件时，可对操作数“TagOut”进行复位。

(1) 操作数“TagIn_1”的信号状态为“1”。

(2) 操作数“TagIn_2”和“TagIn_3”的信号状态为“1”。

三、输出线圈

输出线圈（—( )—）如图 2.11 所示。

可以使用“赋值”指令置位指定操作数的位。如果线圈输入的逻辑运算结果（RLO）的信号状态为“1”，则将指定操作数的信号状态置位为“1”。如果线圈输入的信号状态为“0”，则指定操作数的位将复位为“0”。其操作数有：I、Q、M、D、L。

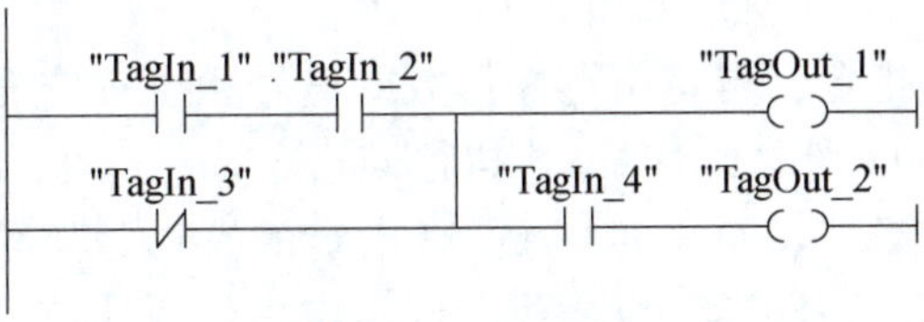

图 2.11　输出线圈

当满足以下条件之一时，将置位操作数“TagOut_1”：①操作数“TagIn_1”和“TagIn_2”的信号状态为“1”；②操作数“TagIn_3”的信号状态为“0”。

当满足以下条件之一时，将置位操作数“TagOut_2”：①操作数“TagIn_1”“TagIn_2”和“TagIn_4”的信号状态为“1”；②操作数“TagIn_3”的信号状态为“0”且操作数“TagIn_4”的信号状态为“1”。

四、取反线圈

取反线圈（—(/)—）如图 2.12 所示。

使用“赋值取反”指令，可对 RLO 取反，然后将其赋值给指定的操作数。线圈输入的 RLO 为“1”时，复位操作数。线圈输入的 RLO 为“0”时，操作数的信号状态置位为“1”。其操作数有：I、Q、M、D、L。

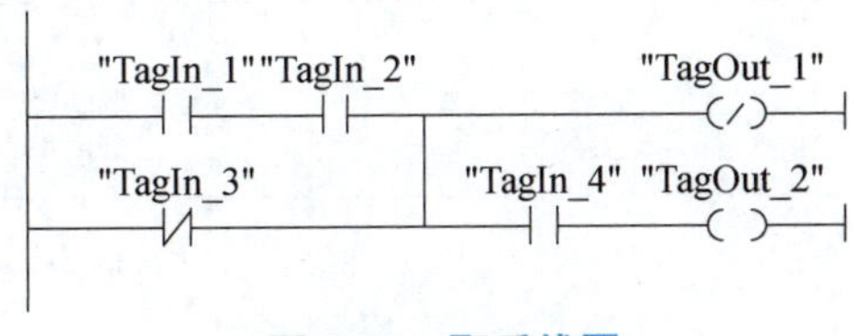

图 2.12　取反线圈

当满足以下任一条件时，可对操作数“TagOut_1”进行复位。

(1) 操作数“TagIn_1”和“TagIn_2”的信号状态为“1”。

(2) 操作数“TagIn_3”的信号状态为“0”。

五、“复位输出”指令

“复位输出”指令（—(R)—）如图 2. 13 所示。

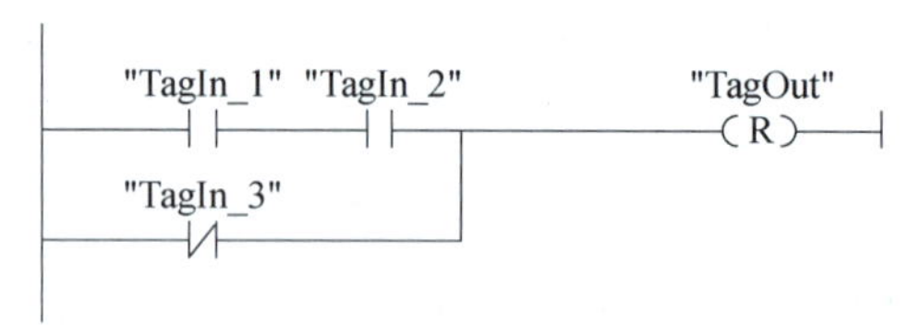

图 2. 13 “复位输出”指令

可以使用“复位输出”指令将指定操作数的信号状态复位为“0”。其操作数有：I、Q、M、D、L。

当满足以下任一条件时，可对操作数“TagOut”进行复位。

(1) 操作数“TagIn_1”和“TagIn_2”的信号状态为“1”。

(2) 操作数“TagIn_3”的信号状态为“0”。

六、“置位输出”指令

“置位输出”指令（—(S)—）如图 2. 14 所示。

使用“置位输出”指令，可将指定操作数的信号状态置位为“1”。

仅当线圈输入的 RLO 为“1”时，才执行该指令。

如果信号流通过线圈（RLO = “1”），则指定的操作数置位为“1”。如果线圈输入的 RLO 为“0”（没有信号流通过线圈），则指定操作数的信号状态将保持不变。

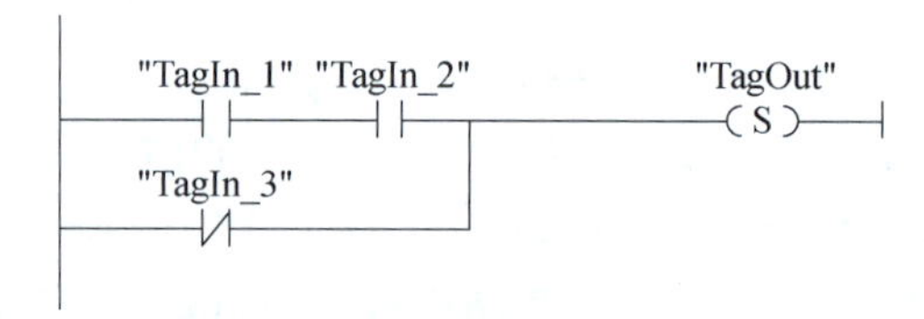

图 2. 14 “置位输出”指令

满足以下条件之一时，将置位操作数“TagOut”。

(1) 操作数“TagIn_1”和“TagIn_2”的信号状态为“1”。

(2) 操作数“TagIn_3”的信号状态为“0”。

“置位输出”指令示例如图 2. 15 所示。

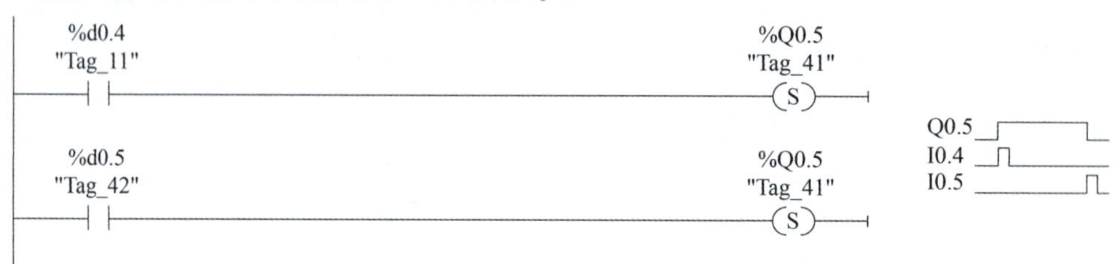

图 2. 15 “置位输出”指令示例

学习笔记

活动 2：设计 PLC 变量表

打开 TIA 博途 V16 软件，新建项目“三相异步电动机正反转控制系统”，选择 S7－1200PLC 的 CPU 型号为 1214C AC/DC/RLY，根据 PLC 电路接线图可知，需要正转按钮 SB1（常开）、反转按钮 SB2（常开）、停止按钮 SB3（常闭）和热继电器 FR 连接 PLC 的输入端 I 口，正转线圈 KM1 和反转线圈 KM2 连接 PLC 的输出端口 Q。

电动机正反转控制电路组态设计及仿真调试

因此，在 TIA 博途 V16 软件工作界面左侧项目树中找到“PLC 变量”项［图 2.16（a）］，单击“PLC 变量”项左侧箭头，找到“默认变量表”项，双击打开“默认变量表”项［图 2.16（b）］。

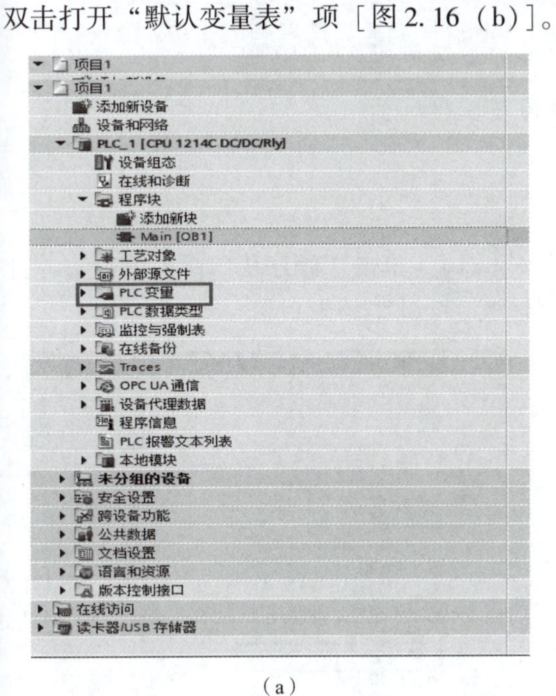

（a）

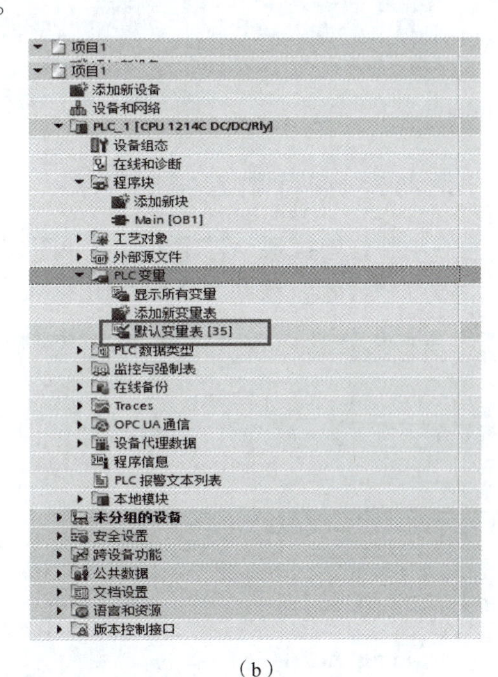

（b）

图 2.16　设计 PLC 变量表（1）

在“默认变量表”工作界面中，选择“新增”命令，执行 6 次，然后在“名称”栏修改名称为“正转按钮 SB1”，设置“数据类型”为“Bool”，地址分配为 I0.0，如图 2.17 所示。

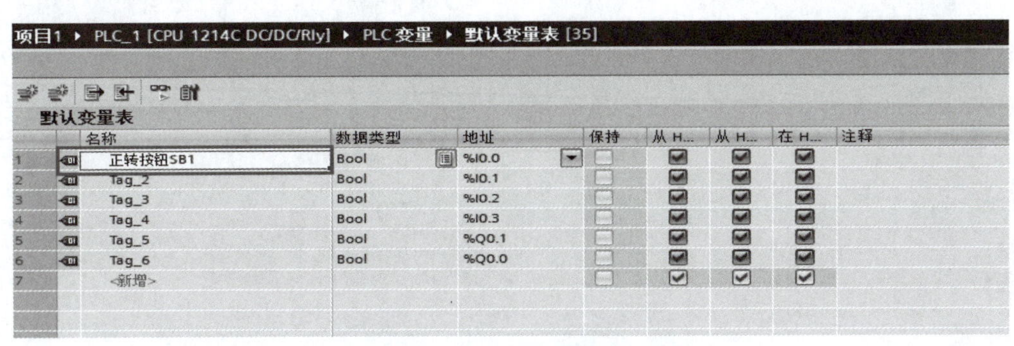

图 2.17　设计 PLC 变量表（2）

最后，将默认变量表中剩余的反转按钮 SB2、停止按钮 SB3、热继电器 FR、正转线圈 KM1 和反转线圈 KM2 的名称、数据类型和地址依次修改，完成 PLC 变量表，如图 2.18 所示。

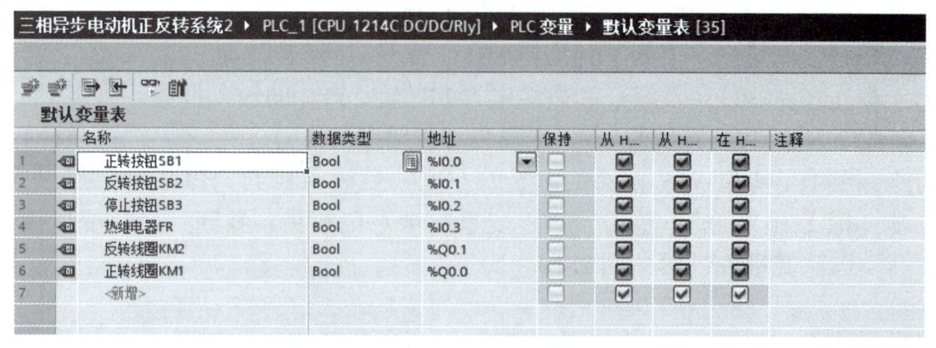

	名称	数据类型	地址	保持	从 H...	从 H...	在 H...	注释
1	正转按钮SB1	Bool	%I0.0		☑	☑	☑	
2	反转按钮SB2	Bool	%I0.1		☑	☑	☑	
3	停止按钮SB3	Bool	%I0.2		☑	☑	☑	
4	热继电器FR	Bool	%I0.3		☑	☑	☑	
5	反转线圈KM2	Bool	%Q0.1		☑	☑	☑	
6	正转线圈KM1	Bool	%Q0.0		☑	☑	☑	
7	<新增>				☑	☑	☑	

图 2.18　设计 PLC 变量表（3）

活动 3：编写 PLC 控制程序

在项目树中找到“程序块”项［图 2.19（a）］，单击“程序块”项左侧箭头，打开“程序块”项，找到“Main［OB1］”，双击打开［图 2.19（b）］。

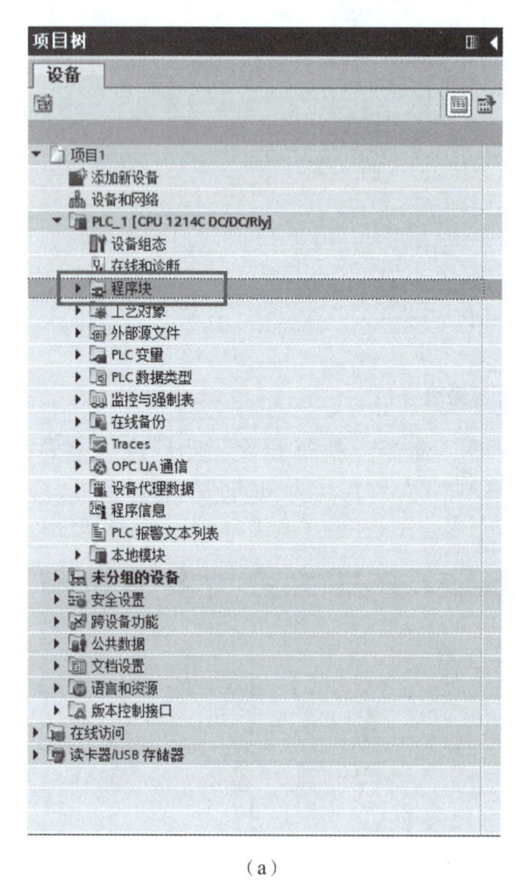

（a）

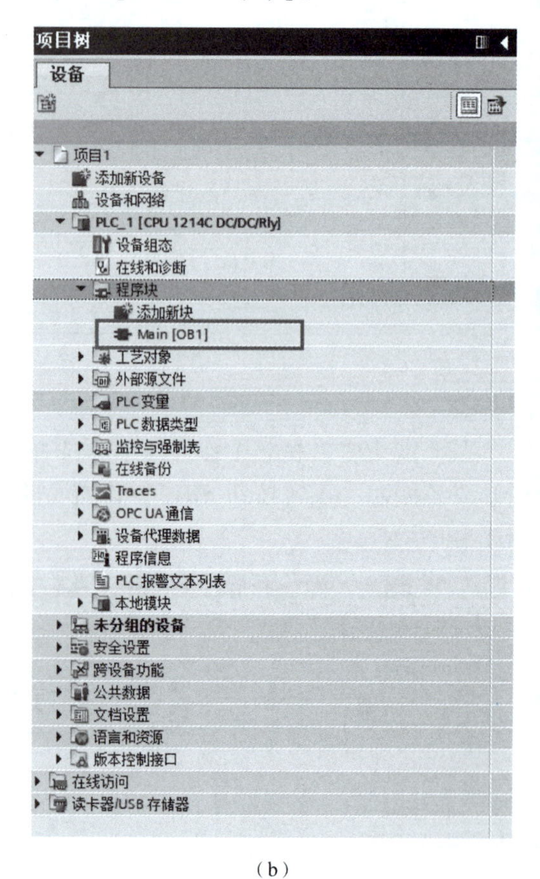

（b）

图 2.19　编写 PLC 控制程序（1）

打开“Main［OB1］”项后，在编程界面工具栏中有常用的位逻辑指令、线圈指令和功能块指令等，编程界面右侧有基本指令和扩展指令库，在编程时可以找到相应的指令，如图 2. 20 所示。

学习笔记

在编程界面中，需要修改每一段程序的作用名称，用来注释每一段程序的功能，如图 2. 21 所示。

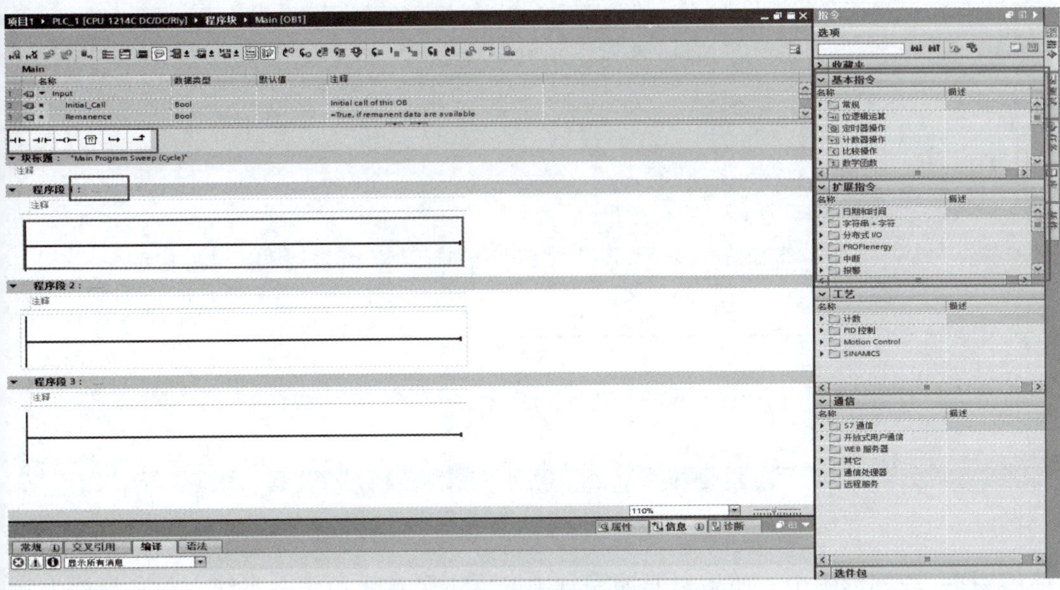

图 2. 20　编写 PLC 控制程序（2）

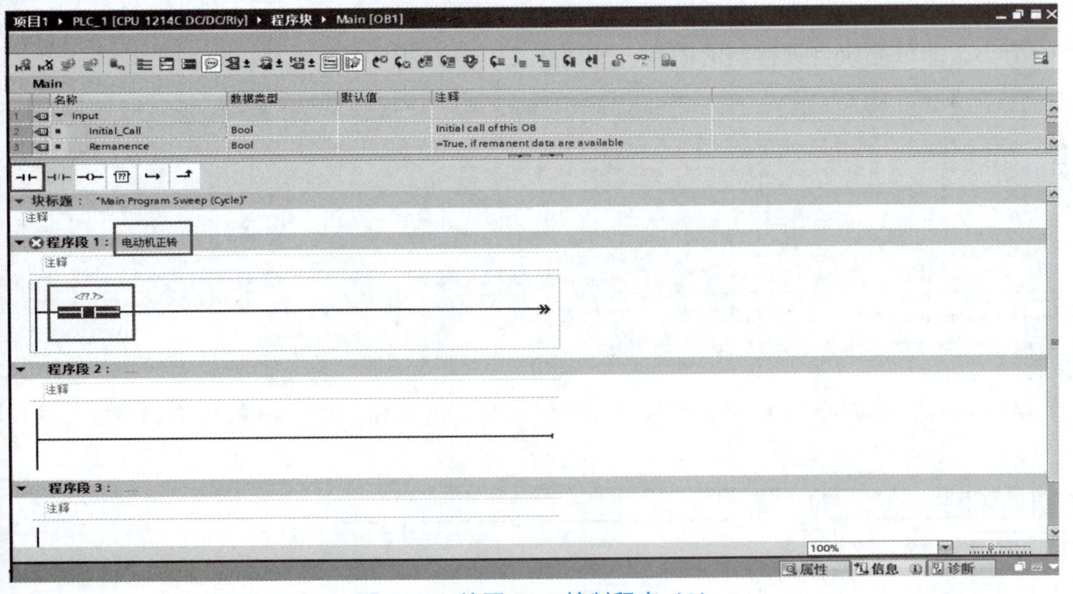

图 2. 21　编写 PLC 控制程序（3）

在编程时，从每一段的最左侧左母线开始，按照从左到右、从上到下的顺序编程，直至编程结束。

编写梯形图的每一个指令后，需要在指令上方处分配地址，由于已经做好 PLC 变

量表，所以在分配好地址后，会自动显示其对应的硬件名称，如图 2.22 所示。

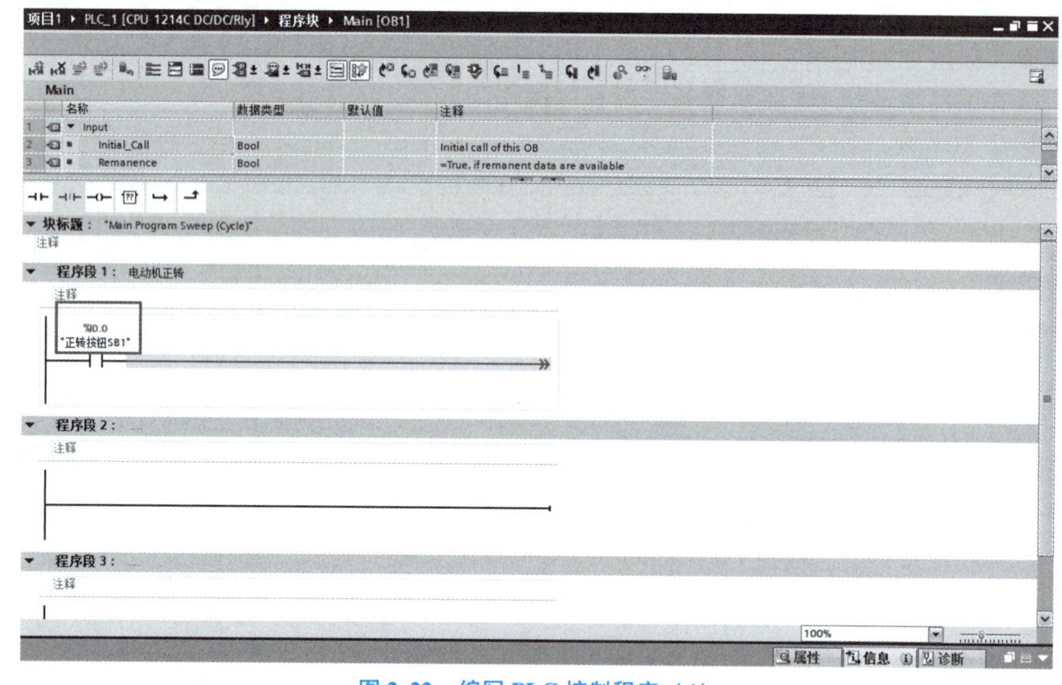

图 2.22　编写 PLC 控制程序（4）

在同一段梯形图中，如果想要编写自锁触点，则首先单击左母线，在工具栏中找到箭头并单击，即可引出第二行，如图 2.23（a）所示。然后，从第二行箭头处开始，在工具栏中选取一个常开触点并单击，分配相应的地址，最后，在工具栏中单击向上的箭头，即可完成自锁控制的编程，如图 2.23（b）所示。

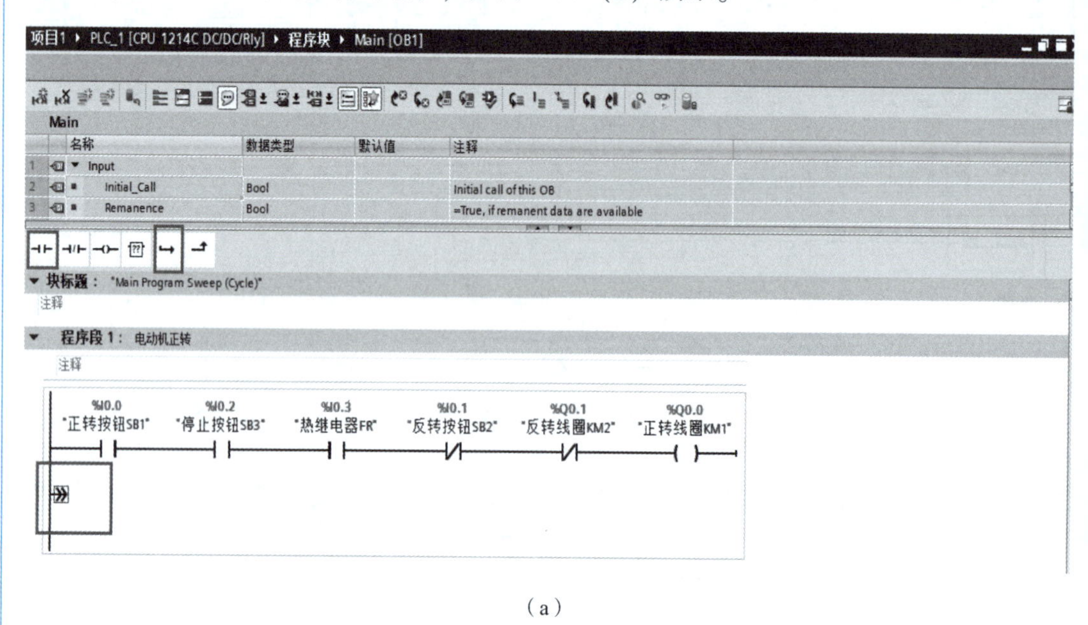

（a）

图 2.23　编写 PLC 控制程序（5）

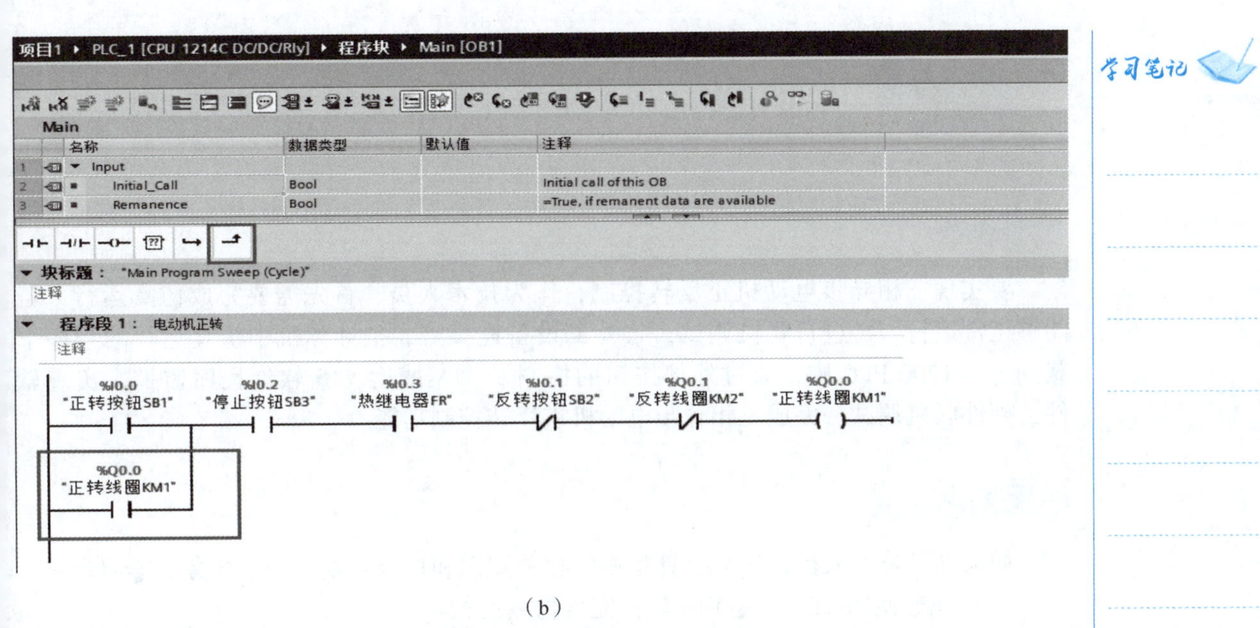

（b）

图 2.23　编写 PLC 控制程序（5）（续）

根据以上操作，即可完成三相异步电动机正反转控制系统的 PLC 控制程序，如图 2.24 所示。

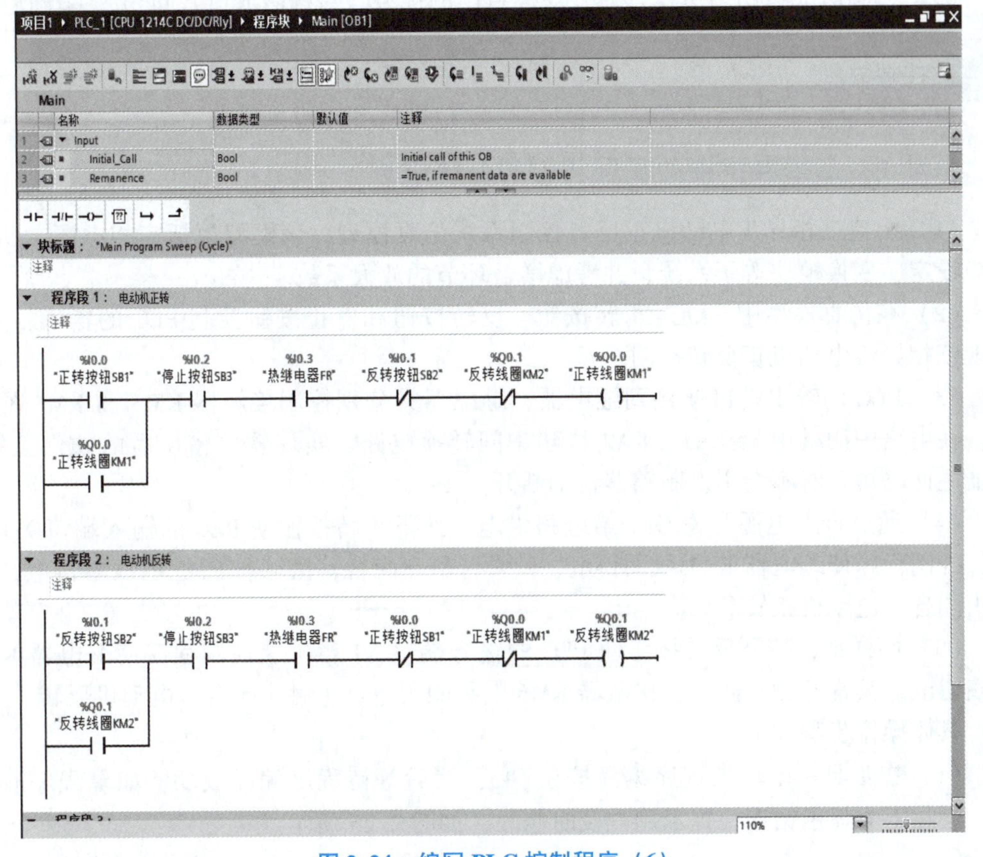

图 2.24　编写 PLC 控制程序（6）

任务三 三相异步电动正反转控制系统仿真与联机调试

任务描述

要实现三相异步电动机正反转控制，作为技术人员，首先需要完成仿真运行，若能够正常运行，再进行联机调试，将外部设备连接好，把计算机中仿真运行的程序下载到 S7－1200 PLC 中，通过外部按钮的控制及 TIA 博途 V16 软件程序监控，实现软件、硬件联机调试，完成三相异步电动机正反转控制功能。

任务目标

如果你是技术人员，你需要具备哪些相关知识和技能？以下是本任务的学习目标。

（1）能够使用 TIA 博途 V16 软件完成仿真运行。

（2）能够完成外部硬件设备的正确连接。

（3）能够完成软件与硬件的联机调试。

（4）在完成工作任务时具有严谨、积极的工作态度。

（5）与团队成员团结协作，充分发挥自己的优势，与团队成员共同完成工作任务。

任务实施

活动 1：三相异步电动正反转控制系统仿真

（1）构建三相异步电动机正反转控制系统仿真模型，该模型包括三相电源、负载转矩设定、变换模块等子系统，并考虑增益环节的放大系数。

（2）在仿真模型中，通过正转按钮、反转按钮和停止按钮控制 PLC 的输入端口，实现三相异步电动机正反转控制。

（3）PLC 的输出端口连接到继电器，继电器又分别控制接触器 KM5 和 KM6 的线圈。在电路中用继电器 KA1、KA2 构建中间转换电路，实现软件错误后的硬件互锁，保证主回路短路时不会引发断路器自动断开。

（4）通过合上电源开关 QF1 给电路供电，按下正转按钮使 PLC 的输入端口 X0 得电，控制程序使继电器 KA1 线圈得电，其常开触点闭合，接触器 KM5 的线圈得电，主触头闭合，电动机正转。

（5）同样地，按下反转按钮使 PLC 的输入端口 X1 得电，控制程序使继电器 KA2 线圈得电，其常开触点闭合，接触器 KM6 的线圈得电，主触头闭合，电动机反转。

具体操作步骤如下。

（1）在工具栏中单击程序编译按钮 ，然后等待程序编译成功，如果程序有错误，会在下方显示错误，提示用户及时修改，如图 2.25 所示。

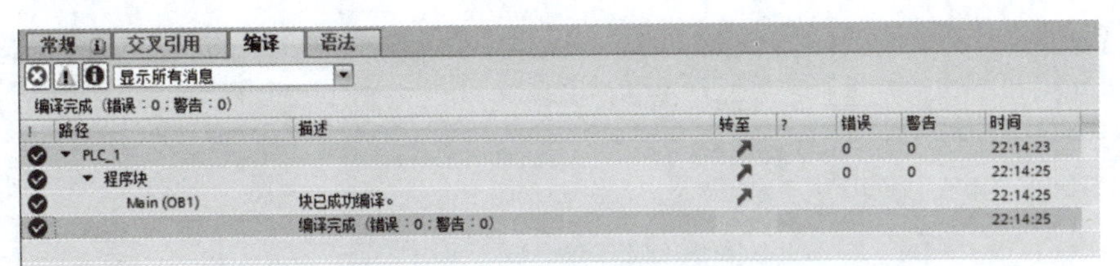

图 2.25　三相异步电动机正反转控制系统仿真（1）

（2）继续在工具栏中单击 按钮，弹出“启用仿真支持”对话框，单击“确定”按钮，会弹出“启动仿真将禁用所有其它的在线接口”的提示，单击“确定”按钮，如图 2.26 所示，然后弹出仿真界面，如图 2.27 所示，同时弹出下载界面，表示将程序从 TIA 博途软件下载到虚拟的仿真器中，如图 2.28 所示。单击“装载”按钮，弹出下载结果界面，在此界面中将“无动作”修改成“启动模块”，然后单击“完成”按钮即可，如图 2.29 所示。这时即可以进行仿真。

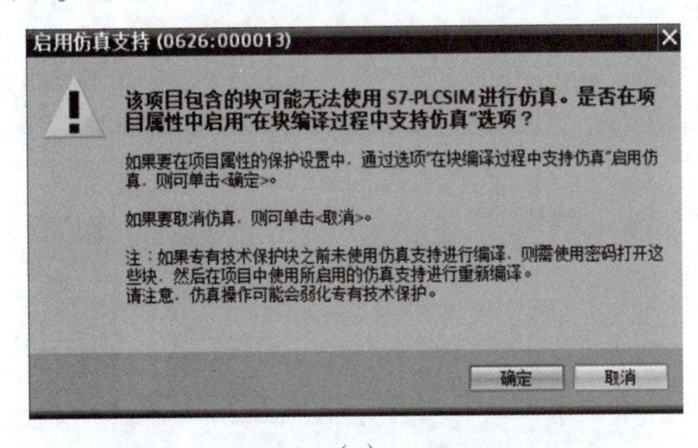

（a）

（b）

图 2.26　三相异步电动机正反转控制系统仿真（2）

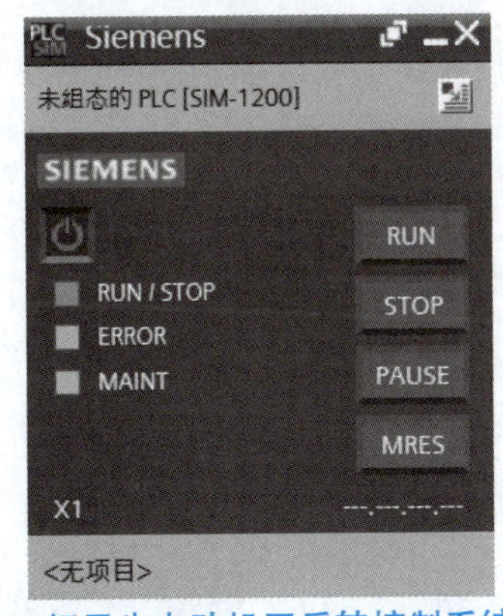

图 2.27　三相异步电动机正反转控制系统仿真（3）

学习笔记

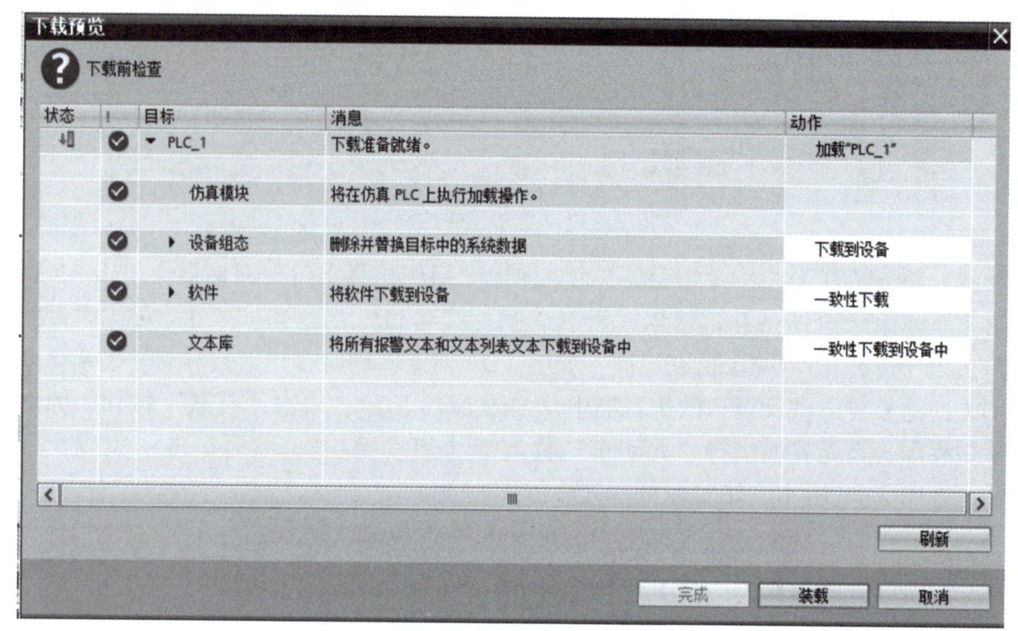

图 2.28　三相异步电动机正反转控制系统仿真（4）

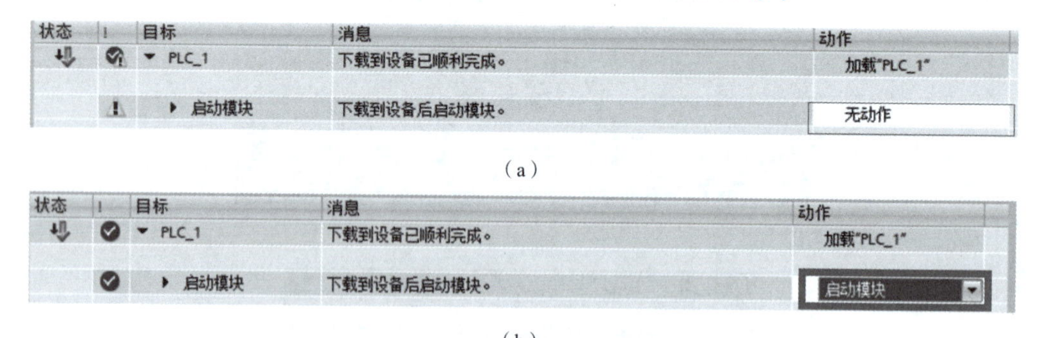

图 2.29　三相异步电动机正反转控制系统仿真（5）

（3）在编程界面中，单击监控程序按钮，此时可以看到左侧项目树中显示绿色圆圈和对号，表示仿真正常，在中间程序界面中，可以看到母线变成绿色，表示能流通过，如图 2.30 所示。此时，只需要将正转按钮 SB1 地址为 I0.0 的状态改为 1，将反

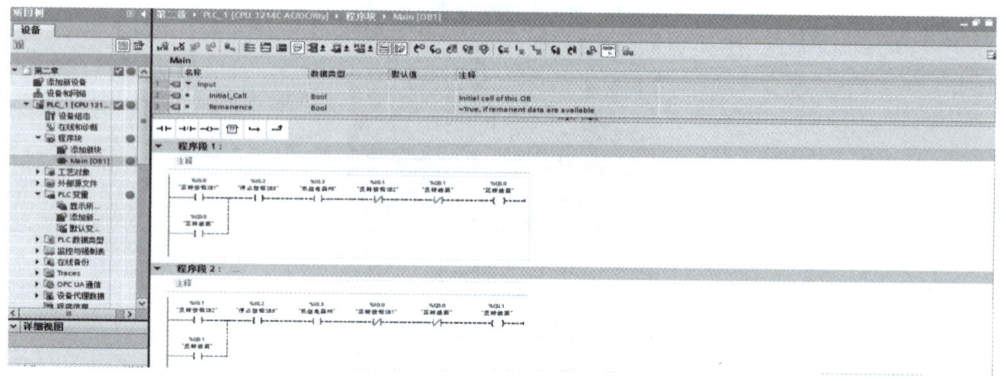

图 2.30　三相异步电动机正反转控制系统仿真（6）

转按钮 SB2 地址为 I0.1 的状态改为 0，将停止按钮 SB3 地址为 I0.2 的状态改为 1，将热继电器 FR 地址为 I0.3 的状态改为 1，观察正转线圈是否变成绿色，如果正转线圈变成绿色，则表示正转线圈中有能流通过，电动机正转工作；反之，将正转按钮 SB1 地址为 I0.0 的状态改为 0，将反转按钮 SB2 地址为 I0.1 的状态改为 1，将停止按钮 SB3 地址为 I0.2 的状态改为 1，将热继电器 FR 地址为 I0.3 的状态改为 1，观察反转线圈是否变成绿色，如果反转线圈变成绿色，则表示反转线圈中有能流通过，电动机反转工作。

学习笔记

（4）在修改输入端口 I 的状态时，不能够直接修改，需要使用项目树中的“监控与强制表” 监控与强制表，打开后单击 强制表 按钮，如图 2.31 所示，在“地址”栏中，将 I0.0 ~ I0.3 全部输入进去，如图 2.32 所示。此时，在工具栏中单击垂直拆分按钮，界面变成图 2.33 所示样式，然后将 I0.0 的强制值修改成 1，将 I0.1 的强制值修改成 0，将 I0.2 的强制值修改成 1，将 I0.3 的强制值修改成 1，单击启动按钮 F。此时，观察右侧程序状态，正转线圈变成绿色，能流通过，电动机正转工作，如图 2.34 所示。反之，可以将 I0.0 的强制值修改成 0，将 I0.1 的强制值修改成 1，将 I0.2 的强制值修改成 1，将 I0.3 的强制值修改成 1，单击启动按钮 F，此时观察右侧程序状态，反转线圈变成绿色，能流通过，电动机反转工作，如图 2.35 所示。至此，完成了仿真调试。

图 2.31　三相异步电动机正反转控制系统仿真（7）

i	名称	地址	显示格式	监视值	强制值	F	注释	变量注释
1	"正转按钮SB1":P	%I0.0:P	布尔型					
2	"反转按钮SB2":P	%I0.1:P	布尔型					
3	"停止按钮SB3":P	%I0.2:P	布尔型					
4	"热继电器FR":P	%I0.3:P	布尔型					
5		<新增>						

图 2.32　三相异步电动机正反转控制系统仿真（8）

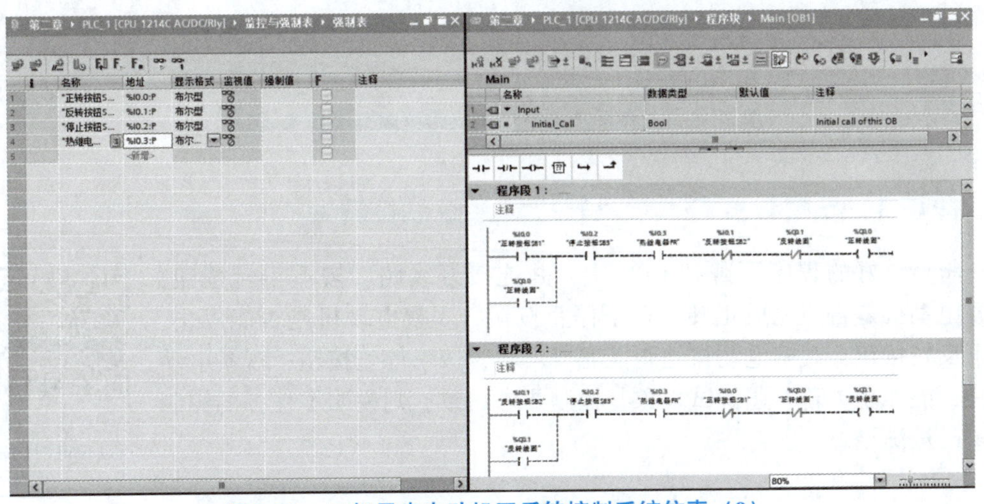

图 2.33　三相异步电动机正反转控制系统仿真（9）

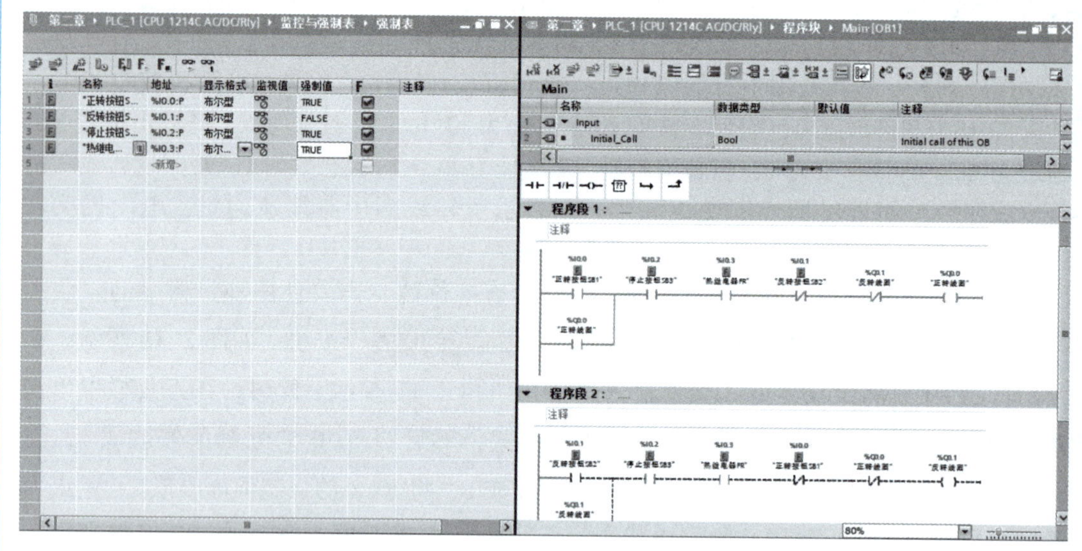

图 2.34　三相异步电动机正反转控制系统仿真（10）

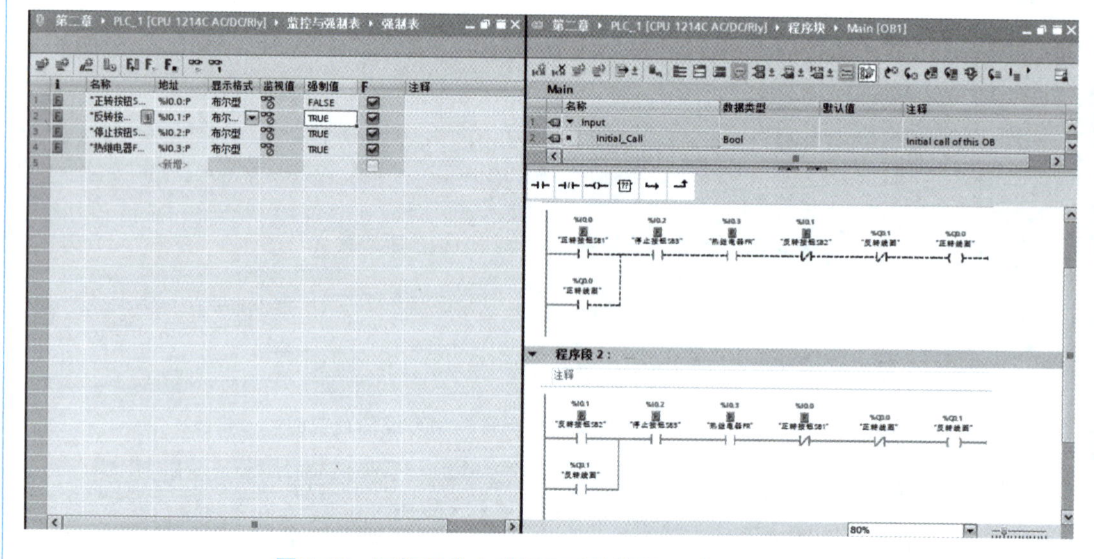

图 2.35　三相异步电动机正反转控制系统仿真（11）

活动 2：三相异步电动正反转控制系统联机调试

将调试好的程序下载到 CPU 中，并连接好线路。按下正转按钮，观察电动机是否能完成正转，按下停止按钮，观察电动机是否能停止。按下反转按钮，观察电动机是否能完成反转，按下停止按钮，观察电动机是否能停止。若上述调试现象与控制要求一致，则说明本任务的控制要求已被满足。

三相异步电动机正反转联机调试

学习笔记

项目评价

项目二 “三相异步电动机正反转控制系统设计与调试”评价表

任务	评分标准	评分标准	检查情况	得分
PLC 和外部硬件系统组装	10	是否选用合适的 PLC 模块，是否选用合适的外部模块		
硬件接线	20	是否能看懂 PLC 接线图，硬件接线是否规范正确		
项目创建及组态	10	是否按照条件要求组态硬件		
PLC 控制程序编写	30	PLC 变量定义是否正确，PLC 控制程序编写及编译是否正确		
仿真调试与联机调试	30	仿真调试是否顺利执行，联机调试是否顺利执行		

任务总结

知识拓展

三相异步电动机长动控制电路应该如何设计？

思考与练习

1. PLC 的数据类型有哪些？
2. 基本位逻辑指令有哪些？
3. 如何设计 PLC 变量表？
4. 三相异步电动机正反转控制程序如何编写？
5. 三相异步电动机正反转控制系统如何仿真？
6. 如何对三相异步电动机正反转控制系统进行硬件接线？

学习笔记

项目三　HMI 控制的抢答器控制系统设计与调试

项目目标

本项目通过完成 HMI 控制的抢答器控制系统设计，初识西门子 HMI，了解 HMI 项目的设计方法，掌握创建 HMI 监控界面的工作流程，理解 HMI 和 PLC 之间的通信设置等。需要了解 HMI 和 PLC 的相关基本知识，才能完成一个基础的 HMI 结合 PLC 的基本应用，为此作为技术人员需要达成以下学习目标。

（1）了解 HMI 的基本知识。

（2）掌握 HMI 变量的类型及创建方法。

（3）掌握按钮、画面和文本域的组态方法。

（4）掌握 HMI 组态项目的下载、运行和调试方法。

（5）掌握 HMI 和 PLC 的通信方法。

（6）掌握 HMI 和 PLC 的调试方法。

（7）培养踏实肯干、吃苦耐劳、积极进取、大胆创新的职业素养。

（8）通过实践，增强团队合作意识及爱岗敬业精神，加强成本意识、责任意识、安全意识。

（9）培养在实践过程中发现问题、分析问题以及解决问题的能力。

任务一　三路抢答器控制系统硬件设计

任务描述

三路抢答器的控制启动要求如下。三路抢答器包含 1 个启动按钮、1 个复位按钮、1 个启动指示灯、3 个选手按钮、3 个选手选中指示灯。主持人控制的启动按钮按下后，启动指示灯亮，选手方可开始抢答。最先按下按钮的选手对应的选中指示灯亮，其余选手抢答无效，且指示灯无变化。系统复位后，所有指示灯灭。主持人控制的启动按钮再次按下后，方可继续抢答。本任务是根据三路抢答器的控制要求，完成硬件组态。

任务目标

如果你是技术人员，你需要具备哪些相关知识和技能？以下是本任务的学习目标。

（1）根据控制要求设计输入/输出地址分配表。

(2) 根据控制要求选择元器件并绘制 PLC 电路接线图。
(3) 掌握系统组态的基本结构。
(4) 培养项目运作经验、项目管理能力、工作责任意识和技术创新意识。
(5) 培养在实践过程中发现问题、分析问题以及解决问题的能力。

任务实施

活动 1：设计输入/输出地址分配表

根据任务描述中的控制要求，三路抢答器控制系统需要的元器件有：1 个启动按钮 SB1，1 个复位按钮 SB2，1 个启动指示灯，3 个选手按钮 SB3、SB4 和 SB5，3 个选手选中指示灯，控制系统由触摸屏 KTP700 Basic 和 S7 - 1200 PLC 组成，其中 CPU 是 1214C。本系统输入有 5 个，输出有 4 个。表 3.1 所示为输入/输出地址分配表。

表 3.1 输入/输出地址分配表

输入端口			输出端口		
输入点	输入器件	功能	输出点	输出器件	功能
I10. 0	SB1	启动按钮	Q0. 0	HL1	启动指示灯
I10. 1	SB2	复位按钮	Q0. 1	HL2	1 号选手选中指示灯
I10. 2	SB3	1 号选手按钮	Q0. 2	HL3	2 号选手选中指示灯
I10. 3	SB4	2 号选手按钮	Q0. 3	HL4	1 号选手选中指示灯
I10. 4	SB5	3 号选手按钮	—	—	—

活动 2：绘制 PLC 电路接线图

三路抢答器控制系统硬件设计

根据任务描述中的控制要求，画出 PLC 电路接线图，如图 3.1 所示。

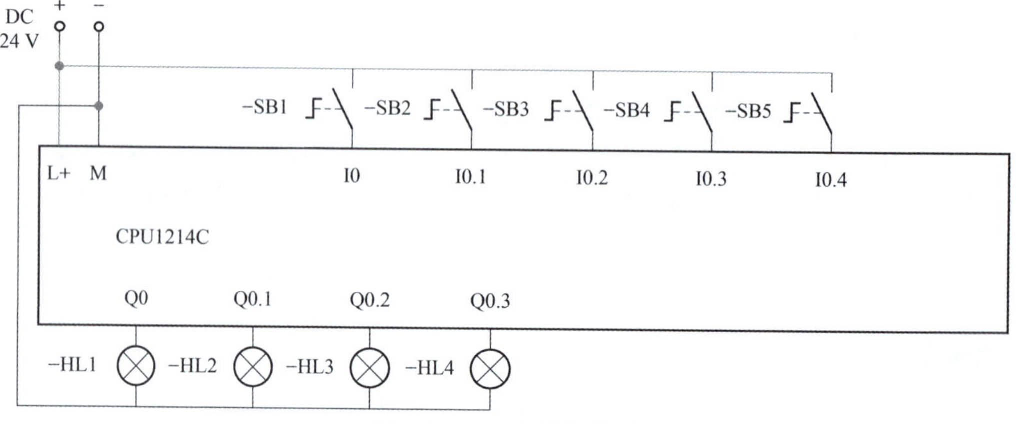

图 3.1 PLC 电路接线图

学习笔记

活动 3：绘制三路抢答器控制系统结构图

根据任务描述中的控制要求，画出三路抢答器控制系统结构图，如图 3.2 所示。

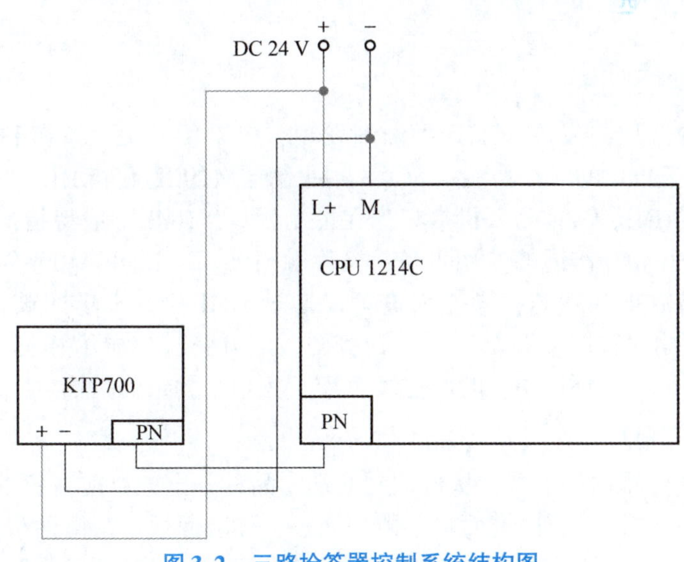

图 3.2　三路抢答器控制系统结构图

任务二　三路抢答器控制系统软件组态和程序设计

任务描述

完成三路抢答器控制系统硬件组态、通信连接、PLC 程序设计和 HMI 监控画面的设计。本任务是根据三路抢答器控制系统的控制要求，在 TIA 博途软件中创建项目、组态并完成 PLC 程序设计。

任务目标

如果你是技术人员，你需要具备哪些相关知识和技能？以下是本任务的学习目标。

（1）认知西门子 HMI。
（2）创建 HMI 项目。
（3）定义并使用变量。
（4）创建 HMI 画面并完成画面组态。
（5）编写 PLC 程序。
（6）培养工作责任意识和技术创新意识。
（7）培养在实践过程中发现问题、分析问题以及解决问题的能力。

认知西门子 HMI

活动 1：认知西门子 HMI

一、HMI 基本知识

随着 PLC 的应用与发展，工程师渐渐发现，仅采用开关、按钮和指示灯来控制 PLC，并不能发挥 PLC 的潜在功能。为了实现更高层次的工业自动化，一种新的控制界面应运而生，即 HMI，又称为人机接口。在控制领域，HMI 一般特指操作员与控制系统之间进行对话和相互作用的专用设备，又称触摸屏。HMI 可以用字符、图形和动画动态地显示现场数据和状态，操作人员可以通过 HMI 控制现场的被控对象。此外，HMI 还有报警、用户管理、数据记录、趋势图、配方管理、显示和打印报表等功能。HMI 可以在恶劣的工业环境中长时间连续运行，是 PLC 的最佳搭档。

二、西门子 HMI

西门子 HMI 产品比较丰富，从低端到高端，品种齐全，目前在售的产品有：精彩系列面板（SMART Line）、按键面板、微型面板、移动面板、精简面板（Basic Line）、精智面板（Comfort Line）和移动面板等等。以下仅对其中几款主流产品进行介绍。

（1）精简面板具有基本的功能，经济实用，有很高的性能价格比。显示器尺寸有 3 in、4 in、6 in、7 in、9 in、10 in、12 in 和 15 in 等规格。

（2）精智面板属于紧凑型的系列产品，显示器尺寸有 4 in、7 in、9 in、12 in、15 in、19 in、22 in 等规格。

（3）移动面板可以在不同的地点灵活应用，有 170 s 系列，270 s 系列和 4 in、7 in、9 in 显示屏。

以上面板中，有的具有 MPI/PROFIBUS DP 接口，有的具有 PROFINET 接口，具体使用哪种通信接口，根据实际需要进行选择。本书以精简面板 KTP700 Basic 为例介绍 HMI 的使用。精简面板的主要性能指标见表 3.2。

表 3.2 精简面板的主要性能指标

分类	KTP400 Basic PN	KTP700 Basic DP KTP700 Basic PN	KTP900 Basic PN	KTP1200 Basic DP KTP1200 Basic PN
显示屏	4 in 触屏 + 按键	7 in 触屏 + 按键	9 in 触屏 + 按键	12 in 触屏 + 按键
尺寸/in	4.3	7	9	12
分辨率（宽×高）/像素	480×272	800×480	800×480	1 280×800
功能键（可编程）/个	4	8	8	10
用户内存/MB	10	10	10	10

续表

分类	KTP400 Basic PN	KTP700 Basic DP KTP700 Basic PN	KTP900 Basic PN	KTP1200 Basic DP KTP1200 Basic PN
通信接口	PROFINET	MPI/PROFIBUS DP PROFINET	PROFINET	MPI/PROFIBUS DP PROFINET
额定电压/V	DC 24	DC 24	DC 24	DC 24

三、HMI 的主要任务

对于一个实际应用的 PLC 控制系统，除了硬件和控制软件之外，还应有适合用户操作的方便的 HMI。HMI 的主要任务如下。

1. 过程可视化

工作状态显示在 HMI 上，显示画面包括指示灯、按钮、文字、图形和曲线等，显示画面可根据过程变化动态更新。

2. 过程控制

操作员可以通过 HMI 控制过程。例如，操作员可以通过数据或文字输入操作、预置控件的参数或者启动电动机。

3. 显示报警

过程的临界状态会自动触发报警，例如，当过程值超过设定值时显示报警信息。

4. 归档过程值

HMI 可以连续、顺序记录过程值和报警，并检索以前的生产数据，打印输出生产数据。

5. 过程和设备参数管理

HMI 可以将过程和设备参数存储在配方中。例如，可以一次性将参数从 HIMI 下载到 PLC，以便改变产品版本进行生产。

四、设计 PLC 控制系统及 HMI 监控界面的步骤

（1）在 TIA 博途 V16 软件中创建项目。

（2）创建一个完整的 PLC 项目。

（3）添加 HMI。

（4）设置 HMI 与 PLC 之间的通信连接。

（5）定义 HMI 的内部变量和外部变量，通过外部变量与 PLC 变量关联。

（6）在组态框架内创建用于操作和观测技术流程的操作界面，例如组态项目数据、保存项目数据、测试项目数据和模拟项目数据等。

（7）保存编译组态信息后下载项目。

（8）仿真调试。

（9）联机调试。

活动 2：创建项目并组态

一、HMI 项目设计方法

创建项目并组态，与 PLC 之间建立通信

监控系统组态通过 PLC 以“变量”方式实现 HMI 与机械设备或过程之间的通信。图 3.3 所示为监控系统组态的基本结构，过程值通过 I/O 模块存储在 PLC 中，HMI 设备通过变量访问 PLC 相应的存储单元。

图 3.3　监控系统组态的基本结构

二、创建项目

启动计算机中的 TIA 博途 V16 软件，单击“创建新项目”按钮，“项目名称”设置为“S71200 项目三”，“路径”“作者”和“注释”可根据编辑人员的实际情况设置，如图 3.4 所示，单击“创建”按钮，项目创建完成。

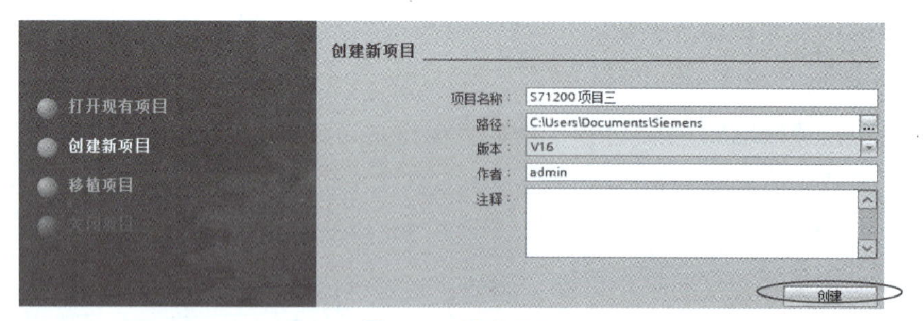

图 3.4　创建项目

三、创建 PLC 项目

单击“添加新设备”按钮，控制器选择“CPU 1214C DC/DC/DC”→“6ES7 214-1AG40-0XB0”型号。版本号 4.4 应与实际的 PLC 一致。最后单击“添加”按钮，CPU 模块添加完成，如图 3.5 所示。

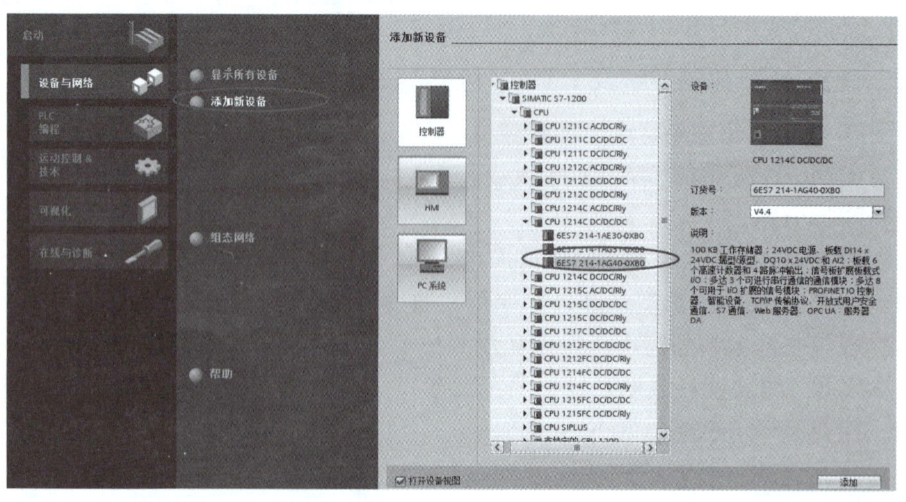

图 3.5　添加 PLC 的 CPU

学习笔记

选择“设备组态”中的CPU模块，选择“常规”→“DI 14/DQ10”→“I/O地址”选项，可以看到输入起始地址为0，输入结束地址为1，输出起始地址为0，输出结束地址为1，均以字节为单位，即数字量输入（I）地址范围为I0.0～I11.5，数字量输出（Q）地址范围为Q0.0～Q1.1，如图3.6所示。可以根据需要在这里修改输入/输出的起始地址和结束地址。

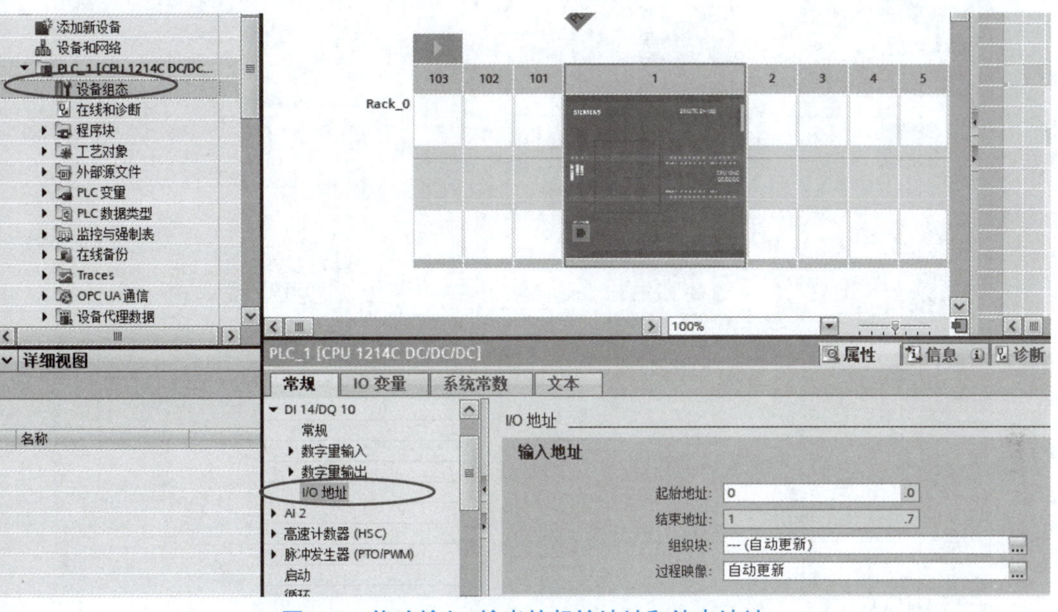

图3.6　修改输入/输出的起始地址和结束地址

四、添加HMI设备

选择“设备和网络”，在“硬件目录”下，依次展开“HMI”→“SIMATIC精简系列面板”→“7″显示屏”→“KTP700 Basic”，将“6AV2 123－2GB03－0AX0”拖放到网络视图中，如图3.7所示，要与实际设备保持一致。

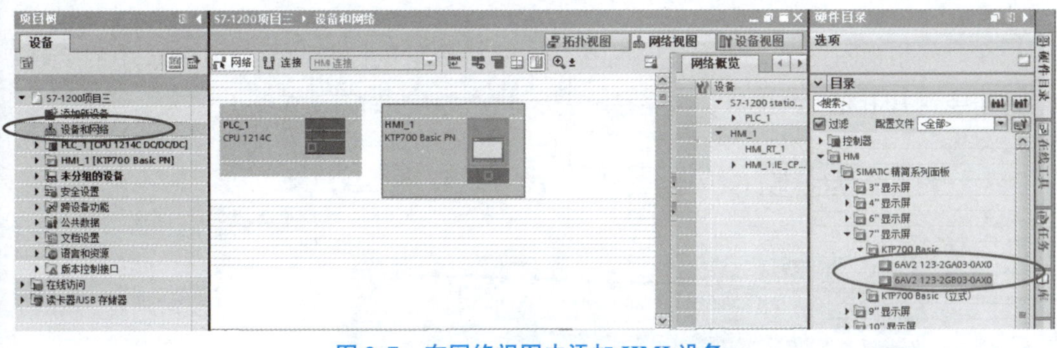

图3.7　在网络视图中添加HMI设备

通过“添加新设备”对话框也可以添加HMI设备。依次展开“HMI”→“SIMATIC精简系列面板”→“7″显示屏”→“KTP700 Basic”→“6AV2 123－2GB03－0AX0”，单击“确定”按钮，如图3.8所示。

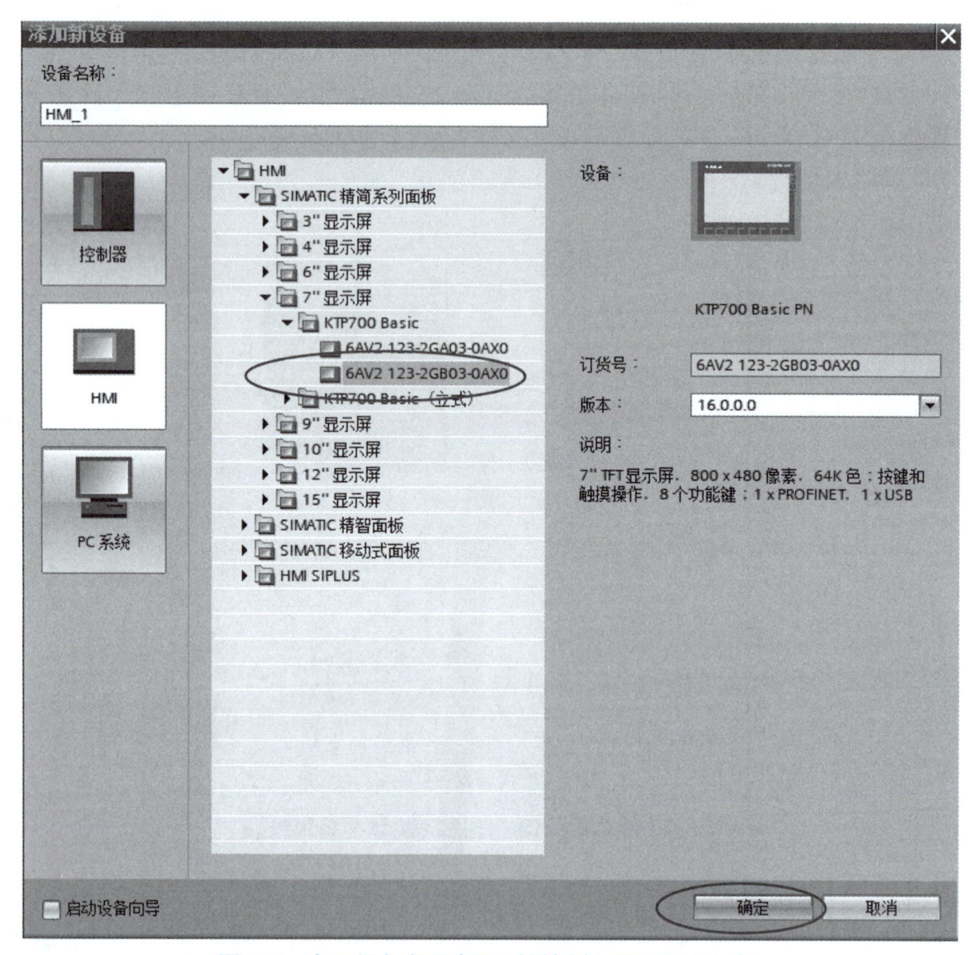

图 3.8　在“添加新设备”对话框中添加 HMI 设备

活动 3：设置 HMI 与 PLC 之间的通信连接

在“网络视图”下，单击 连接 按钮，然后按下鼠标左键，选中 PLC 中的 PN 接口并连接到 HMI 的 PN 接口，高亮显示表示连接成功，如图 3.9 所示。

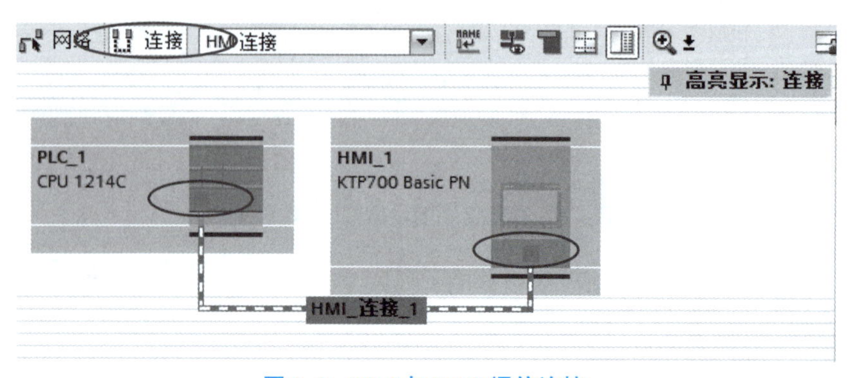

图 3.9　PLC 与 HMI 通信连接

在项目树下，展开“HMI_1［KTP700 Basic PN］”，双击“连接”项，打开图 3.10 所示的连接画面，可以看到 PLC 与 HMI 之间已经建立了连接。

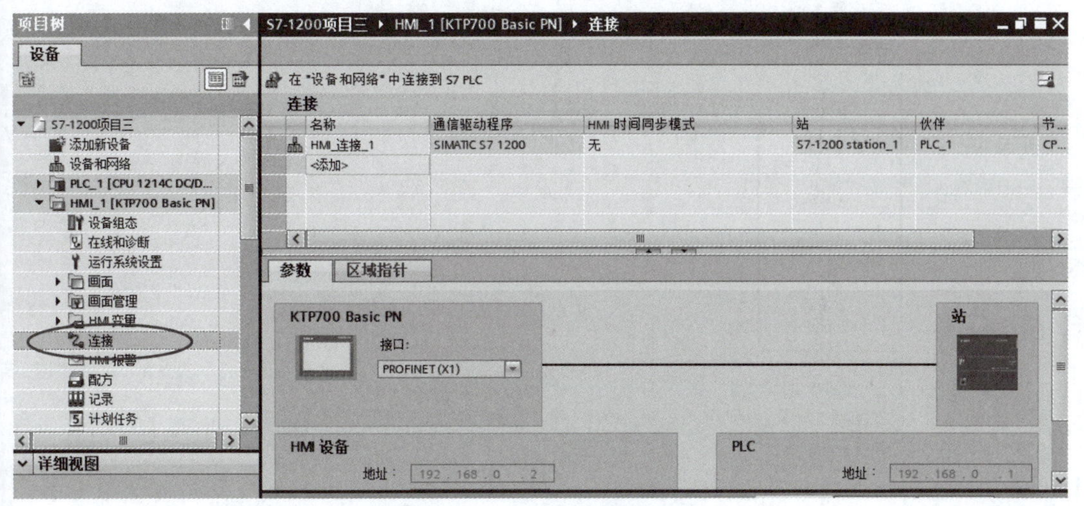

图 3.10　PLC 与 HMI 的连接画面

活动 4：编辑 PLC 变量

修改 PLC 变量表及梯形图编程

根据控制要求，共有 5 个输入（I0.0 ~ I0.4）、4 个输出（Q0.0 ~ Q0.3），中间变量 M0.0 ~ M0.4 用于 HMI 按钮控制。在项目视图下项目树的“PLC 变量”界面中，选择“显示所有变量”选项，根据输入/输出地址分配表新建变量，如图 3.11 所示。

PLC 变量

	名称	变量表	数据类型	地址
1	主持人起动按钮	默认变量表	Bool	%I0.0
2	复位按钮	默认变量表	Bool	%I0.1
3	1号选手按钮	默认变量表	Bool	%I0.2
4	2号选手按钮	默认变量表	Bool	%I0.3
5	3号选手按钮	默认变量表	Bool	%I0.4
6	起动指示灯	默认变量表	Bool	%Q0.0
7	1号选手选中指示灯	默认变量表	Bool	%Q0.1
8	2号选手选中指示灯	默认变量表	Bool	%Q0.2
9	3号选手选中指示灯	默认变量表	Bool	%Q0.3
10	触摸屏1号选手按钮	默认变量表	Bool	%M0.0
11	触摸屏2号选手按钮	默认变量表	Bool	%M0.1
12	触摸屏3号选手按钮	默认变量表	Bool	%M0.2
13	触摸屏主持人起动按钮	默认变量表	Bool	%M0.3
14	触摸屏复位按钮	默认变量表	Bool	%M0.4

图 3.11　新建 PLC 变量

活动 5：编写 PLC 程序

在左侧项目树中“PLC 设备”下单击“程序块”项，然后双击“Main［OB1］”项，打开 Main［OB1］程序块，按照控制要求编写 PLC 程序，如图 3.12 所示。

程序段 1： ……

主持人启动

%I0.0 "启动按钮"　%I0.1 "复位按钮"　%M0.4 "触摸屏复位按钮"　%Q0.0 "启动指示灯"

%Q0.0 "启动指示灯"

%M0.3 "触摸屏启动按钮"

程序段 2： ……

1号选手抢答

%I0.2 "1号选手按钮"　%Q0.0 "启动指示灯"　%Q0.2 "2号选手选中指示灯"　%Q0.3 "3号选手选中指示灯"　%Q0.1 "1号选手选中指示灯"

%Q0.1 "1号选手选中指示灯"

%M0.0 "触摸屏1号选手按钮"

程序段 3： ……

2号选手抢答

%I0.3 "2号选手按钮"　%Q0.0 "启动指示灯"　%Q0.1 "1号选手选中指示灯"　%Q0.3 "3号选手选中指示灯"　%Q0.2 "2号选手选中指示灯"

%Q0.2 "2号选手选中指示灯"

%M0.1 "触摸屏2号选手按钮"

图 3.12　OB1 中的程序

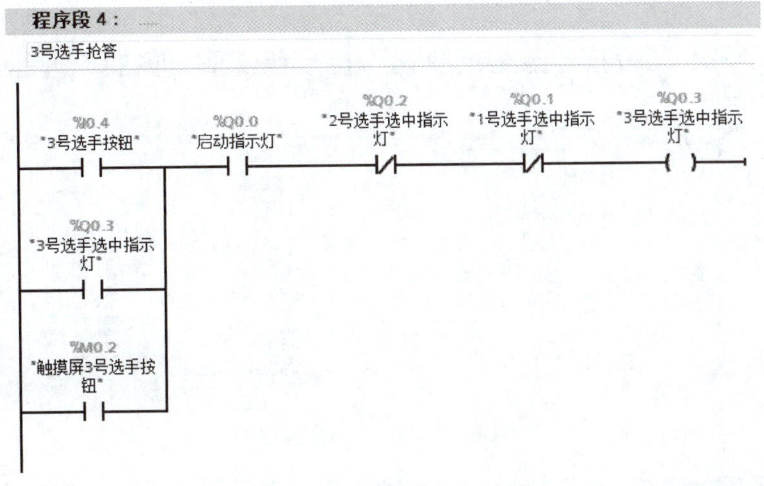

图 3.12　OB1 中的程序（续）

编辑 HMI 变量及 HMI 画面组态

活动 6：编辑 HMI 变量

一、定义 HMI 变量

HMI 变量系统是组态软件的重要组成部分，通过 HMI 变量可以实时地反映 HMI 的过程画面，操作人员在 HMI 上发布的指令通过 HMI 变量可以传送给生产现场，即除了现场按钮可以操作设备之外，也可以通过 HMI 操作设备，所以组态画面之前要定义变量。

HMI 中使用的变量类型和选用的控制器变量类型是一致的，即与选用的 S7 1200 - PLC 的变量类型基本一致。本项目除了用按钮可以实现抢答，用 HMI 中的按钮也可以实现抢答。

二、HMI 变量的分类

HMI 变量（Tag）可分为内部变量和外部变量。

外部变量是 HMI 与 PLC 进行数据交换的桥梁，是与 PLC 具有过程连接的变量，有名称，有地址，可以在 PLC 和 HMI 中访问外部变量，其值随 PLC 程序的执行而变化。内部变量与 PLC 之间没有连接关系，是内部存储器中的存储单元，只能进行内部访问。内部变量是与外部控制器没有过程连接的变量，其值存储在 HMI 的存储器中，不用分配地址。只有 HMI 能够访问内部变量，内部变量用于 HMI 内部的计算或执行其他任务。内部变量必须至少设置名称和数据类型。每个 HMI 变量都对应一些属性，使用时需要正确定义属性。

三、创建 HMI 变量

展开项目树，单击“HMI 变量”项，双击“默认变量表”项，打开默认变量表，按照项目要求建立 HMI 变量，建立过程如图 3.13 所示。填入名称，选择“数据类型”为“Bool”，“连接”为“HMI_连接_1”，“PLC 变量”为“外部变量”，选择 PLC 变量“1 号选手选中指示灯 Q0.1”。HMI 中的内部变量只用于 HMI 内部，与 PLC 无关。外部变量为 HMI 与 PLC 共用，以上所建立的变量都是外部变量，如图 3.14（a）所示。

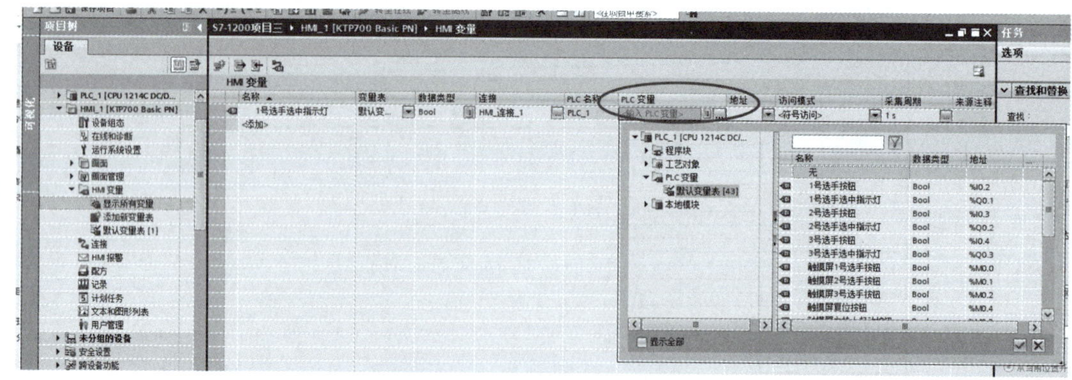

图 3.13　建立 HMI 变量

展开项目树，单击"PLC 变量"→"默认变量表"项，可在详细视图中看到 PLC 变量，也可以在组态画面时通过拖拽的方式自动生成 HMI 变量，如图 3.14（b）所示。

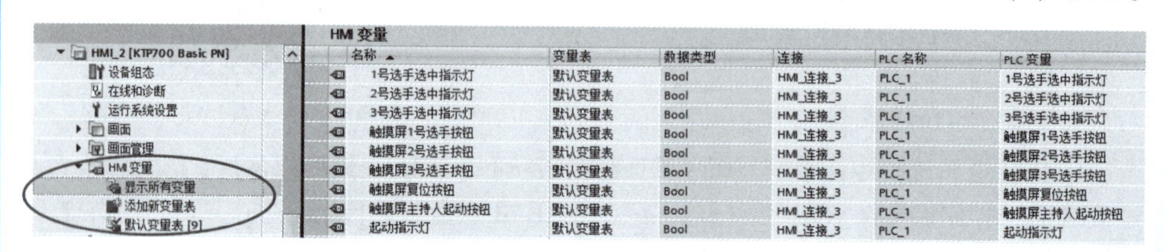

（a）

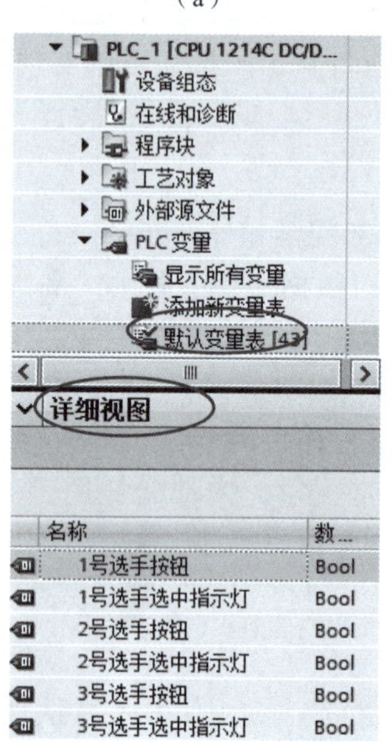

（b）

图 3.14　三路抢答器控制系统中的 HMI 变量

（a）显示所有变量；（b）在详细视图中查看变量

学习笔记

活动7：画面组态

一、新建画面

单击项目树下的“画面”项，出现“添加新画面”项和“画面_1”项，可以添加一个画面，也可以在“画面_1”中编辑，本项目在“画面_1”中编辑。双击打开“画面_1”具体功能区如图 3. 15 所示。单击选中工作区中的画面后，再选择巡视窗口中的“属性”→“常规”选项，可以设置画面的编号、背景色和网格颜色等。

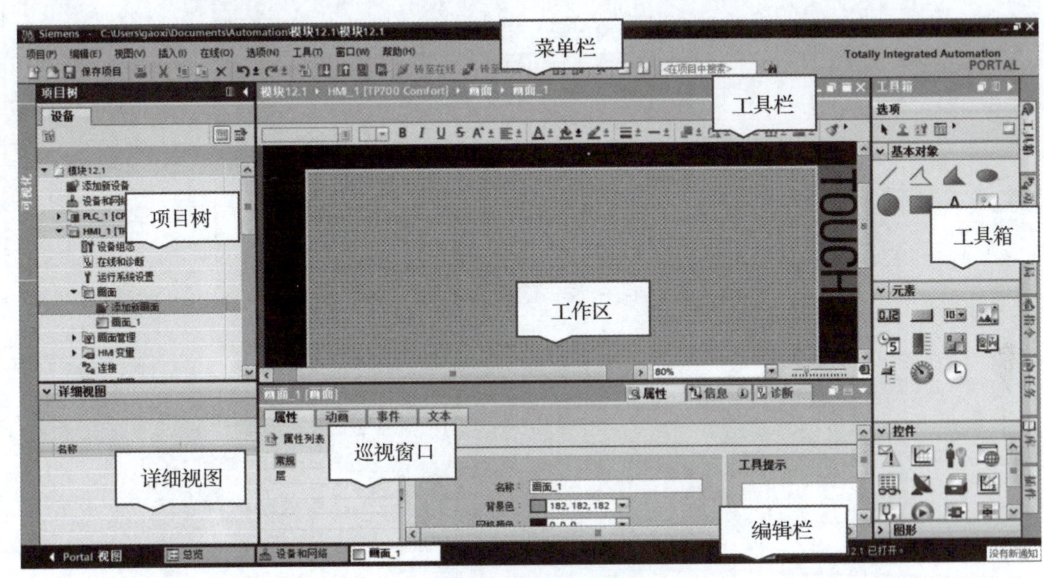

图 3. 15　新建画面

二、组态文本域

选择右侧“工具箱”→“基本对象”中的“A”，也就是“文本域”，将其拖入组态画面。默认的文本为“Text”，双击可更改为“主持人区”，如图 3. 16 所示。可以通过 HMI 工作区上的工具栏更改文本样式，如字体的大小、颜色等。选择“属性”→“常规”选项可以修改文本，同时可以修改文本样式。用同样的方式设置文本域“选手区”，设置完成的文本域“选手区”如图 3. 17 所示。

三、组态指示灯

选择右侧“工具箱”→“基本对象”中的圆形图标，在组态画面中主持人区下方画出合适的圆。选中圆，选择“属性”→“动画”→“显示”选项，单击“添加新动画”按钮，进入外观动画组态，如图 3. 17 所示。为指示灯添加变量，有如下两种方法。方法 1，单击变量名称后面的 按钮，通过“PLC 默认变量表”中的变量直接与“启动指示灯”关联。方法 2，选择“PLC 的默认变量表”，在详细视图中进行显示，将详细视图中的变量“启动指示灯”拖放到巡视窗口中外观变量名称后面。设置“范围”为“0”，选择“背景色”为红色；“1”选择背景色为绿色。颜色可以根据实际情况选择，本项目为了显示效果明显而选用红色和绿色。运行时可在 HMI 中进行如下显示：灯灭，显示红色；灯亮，显示绿色。用同样的方法设置 3 个选手区的指示灯。

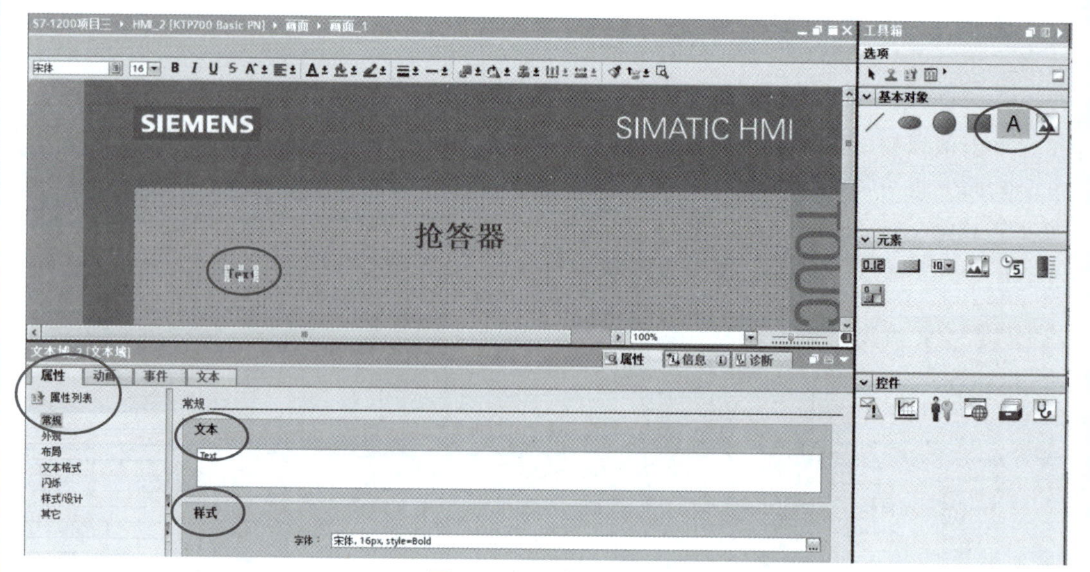

图 3.16　组态文本域

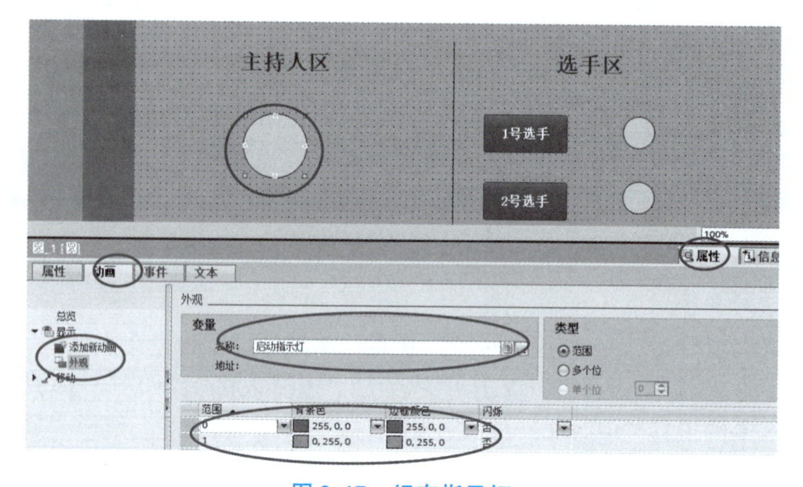

图 3.17　组态指示灯

四、组态按钮

HMI 画面上的按钮与直接接在 PLC 输入端口的物理按钮的功能相同，用来将操作命令发送给 PLC。实现按钮功能需要在 PLC 中编写程序，通过 PLC 的用户程序控制生产过程。本项目中 PLC 的中间变量 M0.0 ~ M0.4 用于 HMI 中的按钮控制。按钮的主要功能是在单击它的时候执行事先组态好的系统函数，使用按钮可以完成很多任务。

展开“工具箱”中的“元素”组，单击“按钮”图标，在画面上画出大小合适的框，输入“启动”，用鼠标调整按钮的位置和大小。通过 HMI 视图工具栏可以定义按钮上文本的字体、大小和对齐方式。

在“属性”选项卡“事件”→“按下”对话框中，单击视图右侧最上面一行，再

学习笔记

单击它的右侧，选择“系统函数”→“编辑位”→“置位位”选项。选择“PLC的默认变量表”，将详细视图中的变量“触摸屏启动按钮”拖放到巡视窗口中“变量（输入/输出）”的后面，变量自动变为“触摸屏启动按钮”，如图3.18（a）所示。在运行时按下该按钮，将变量“触摸屏启动按钮”置位为“1”。用同样的方法，在“属性”选项卡“事件”→“释放”对话框中，选择“系统函数”→“编辑位”→“复位位”选项，将详细视图中的变量“触摸屏启动按钮”拖放到巡视窗口中“变量（输入/输出）”的后面，如图3.18（b）所示。如果设置该按钮具有点动按钮的功能，则需要设置按下按钮时变量“触摸屏启动按钮”被置位，释放该按钮时它被复位。

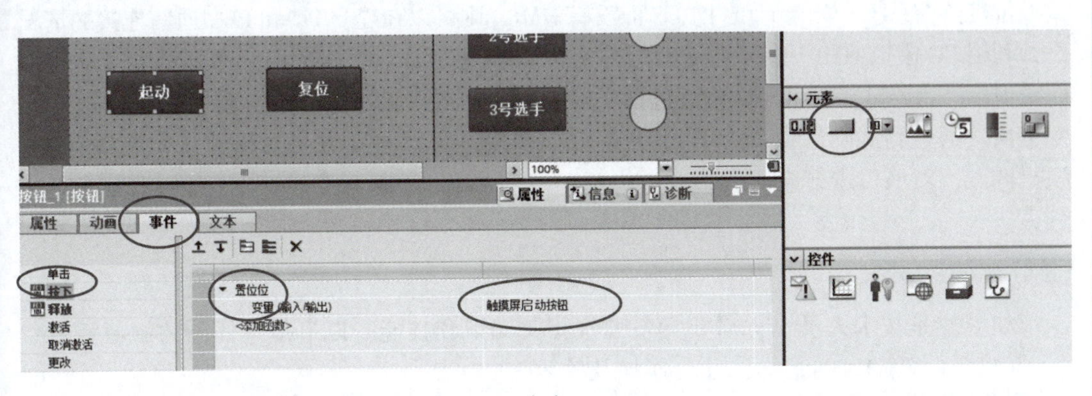

（a）

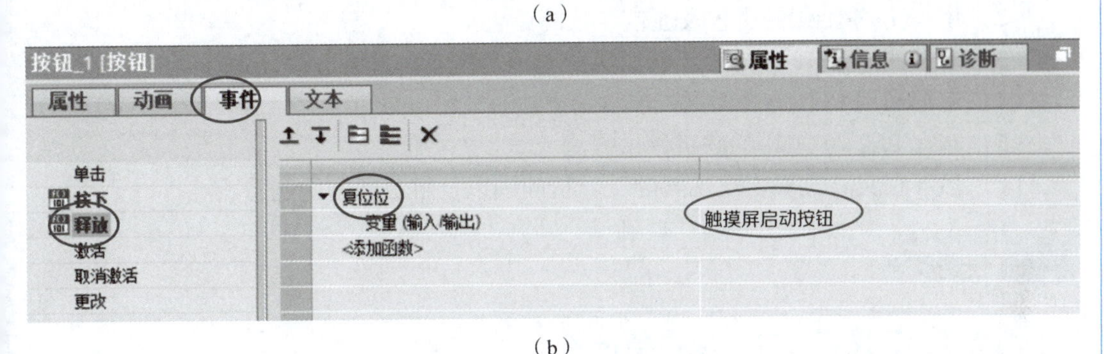

（b）

图3.18　启动按钮组态

（a）启动按钮组态－按下；（b）启动按钮组态－释放

单击画面上组态好的“启动”按钮，按“Ctrl + C”组合键，然后再按“Ctrl + V”组合键，生成3个文本相同的按钮。用鼠标调节它的位置，选择“属性”选项卡的“常规”选项，将按钮上的文本修改为“1号选手”“2号选手”和“3号选手”。选择“事件”选项卡，组态“按下”和“释放”启动按钮的置位和复位事件，用同样的方法将它们分别与变量连接起来。

五、保存编译组态信息

项目编辑完成后单击保存按钮，并单击编译按钮，编译正确后可选择下载。

任务三　三路抢答器控制系统仿真与联机调试

三路抢答器控制仿真

任务描述

如果没有硬件 HMI 和硬件 PLC，则用户可以不使用 PLC 和 HMI，利用仿真器对工程的前期部分进行调试工作，既可以调试 PLC 项目，又可以调试上位机监控系统。如果有硬件 PLC 而没有 HMI，则可以在建立 PC 和 PLC 通信连接的情况下，利用 PC 模拟 HMI 功能。如果有硬件 HMI 和硬件 PLC，则 HMI 和 PLC 需要相互通信从而对项目进行测试。项目测试一般包括：检查画面是否正确显示、检查输入对象以及输入变量值。通过测试确认项目在 HMI 上是否如预期运作。本任务是对项目进行在线仿真、联机调试，对项目进行验证。

任务目标

如果你是技术人员，你需要具备哪些相关知识和技能？以下是本任务的学习目标。

（1）了解 HMI 的结构，并会连接及关闭 HMI。

（2）了解测试 HMI 的过程及通信参数的设置。

（3）掌握使用 HMI 仿真器（模拟器）对项目进行仿真的方法。

（4）掌握利用 PLC 仿真器测试项目的方法。

（5）掌握 PLC 与 HMI 的联机调试方法。

（6）培养在实践过程中发现问题、分析问题以及解决问题的能力。

任务实施

活动 1：连接设备并完成通信设置

一、KTP700 Basic 的 PROFINET 设备的结构

SIMATIC HMI 精简面板满足了用户对高品质可视化和便捷操作的需求，即使在小型或中型机器和设备中也同样适用。借助 PROFINET 或 PROFIBUS 接口及 USB 接口，其连通性也有了显著改善。借助 TIA 博途软件可以进行简易编程，从而实现面板的简便组态与操作。本项目应用的 HMI 是 KTP700 Basic 的 PROFINET 设备，其结构如图 3. 19 所示。

HMI 可以安装在安装箱内、开关柜内、配电板上和斜架上，应根据项目的具体要求选择一处条件允许的地点安装设备。

二、连接设备

使用组态 PC 可以传输项目、传输操作设备镜像和将操作设备复位为出厂设置。

1. 连接组态 PC

将组态 PC 连接到带 PROFINET 接口的精简面板上。使用 CAT5 或更高版本以太网电缆连接组态 PC，如图 3. 20 所示。具体步骤如下。

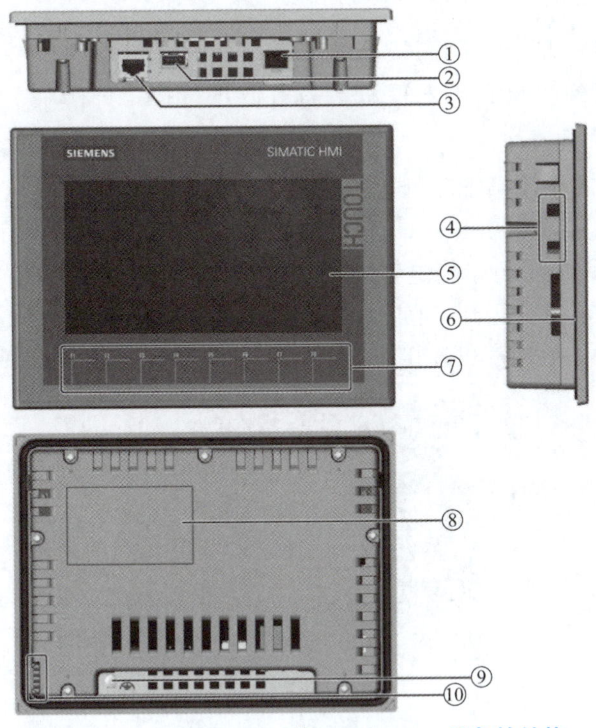

图 3.19　KTP700 Basic 的 PROFINET 设备的结构

①电源接口；②USB 接口；③PROFINET 接口；④装配夹的开口；⑤显示屏/触摸屏；⑥嵌入式密封件；⑦功能键；⑧铭牌；⑨功能接地的接口；⑩标签条导槽

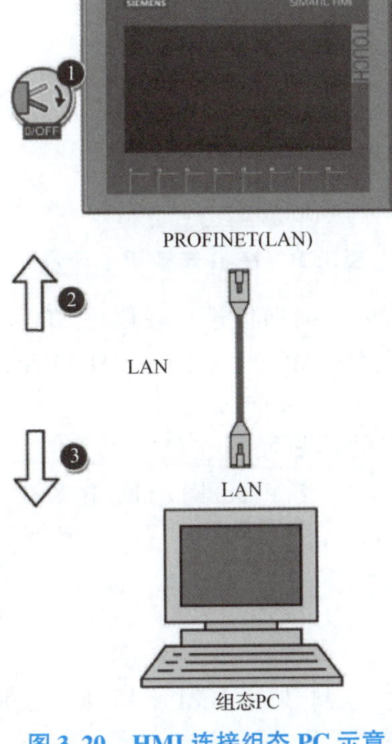

图 3.20　HMI 连接组态 PC 示意

（1）关闭操作设备。

（2）将 LAN 电缆的一个 RJ-45 插头与操作设备相连。

（3）将 LAN 电缆的一个 RJ-45 插头与组态 PC 相连。

2. 连接 PLC

若在 HMI 上已有操作系统和可运行项目，可将 HMI 连接至 PLC（图 3.21）。在连接 PLC 到 HMI 时注意以下几点。

（1）数据线敷设应平行于等电势线。

（2）将数据线屏蔽层置于接地处。

（3）在一台 HMI 上最多可连接 4 个 PLC。

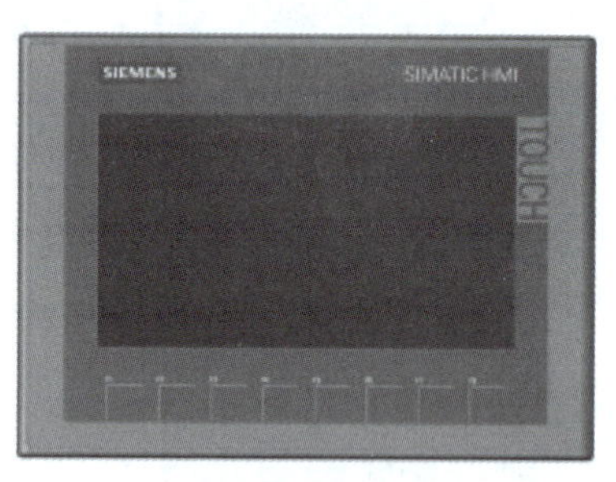

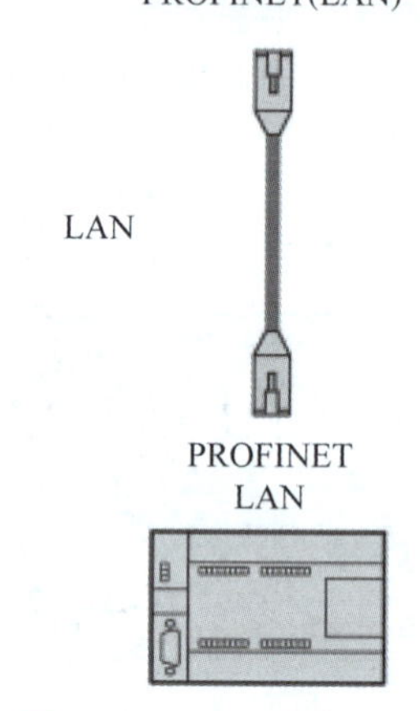

图 3.21 HMI 连接 PLC 示意

可以将带 PROFINET 接口的精简面板连接在以下 SIMATIC PLC 上：SIMATIC S7-200、SIMATIC S7-300/400、SIMATIC S7-1200、SIMATIC S7-1500、WinAC、SIMOTION 和 LOGO。

可以将带 PROFINET 接口的精简面板连接在以下其他 PLC 上：Modicon MODBUS TCP/IP、Allen Bradley EtherNet/IP 和 Mitsubishi MC TCP/IP。连接通过 PROFINET/LAN 实现。

三、接通和关闭操作设备

1. 接通操作设备

接通电源之后，屏幕马上亮起。如果 HMI 未启动，可能是电源插头上的线缆连接错误。检查连接的线缆，必要时更改其接口。运行系统启动之后，显示“Start Center”，如图 3.22 所示。通过 HMI 上的按钮或所连接的鼠标或键盘操作启动 Start Center。利用 Start Center 可以实现的功能如下。

(1) 利用 "Transfer" 按钮将操作设备切换至 "Transfer" 运行模式。只有当至少一条用于传输的数据通道被释放时，才能激活 "Transfer" 运行模式。

(2) 利用 "Start" 按钮启动操作设备上现有的项目。

(3) 利用 "Settings" 按钮打开 Start Center 的 "Settings" 页面。可以在此页面中进行各种设置，例如用于传输的设置。

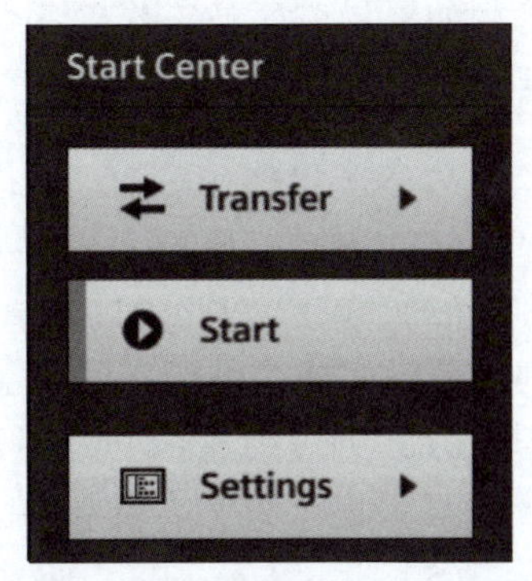

图 3.22 "Start Center" 界面

学习笔记

2. 关闭操作设备

通过 HMI 退出项目，关闭电源。

四、设置设备参数

接通 HMI 之后，显示 "Start Center"。通过 "Settings" 按钮对设备进行参数设置。可进行以下设置：操作设置、通信设置、密码保护设置、传输设置、屏幕保护程序设置和声音信号设置。Start Center 分为导航区和工作区。如果设备配置为横向模式，则导航区在屏幕左侧，工作区在屏幕右侧。如果设备配置为纵向模式，则导航区在屏幕上方，工作区在屏幕下方，如图 3.23 所示。

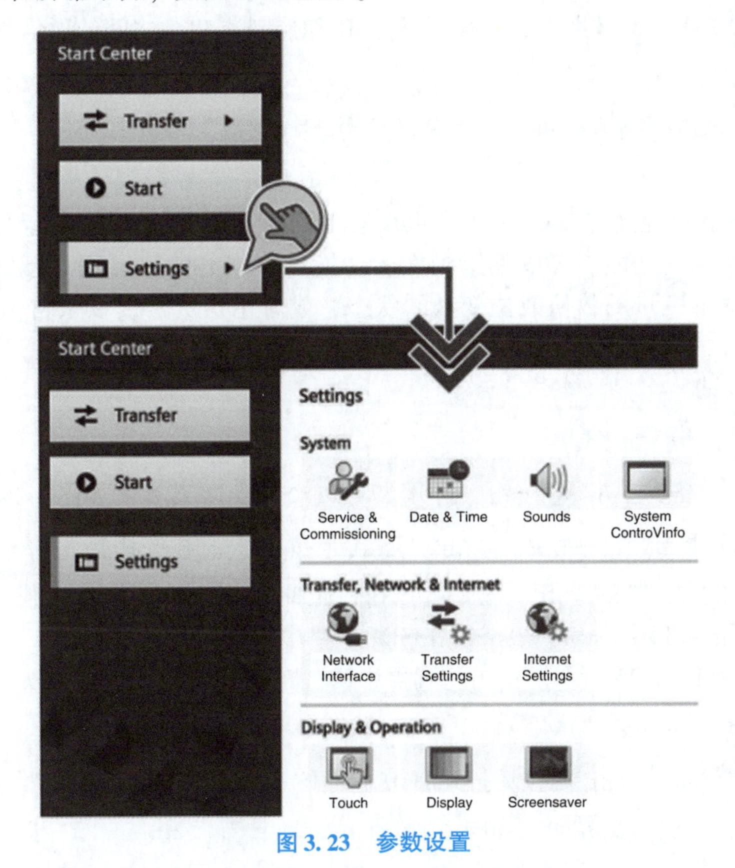

图 3.23 参数设置

如果导航区或工作区内无法显示所有按键或符号，将出现滚动条。可以通过滑动手势滚动导航区或工作区。

五、编辑通信连接

（1）触摸“Service & Commissioning”图标。

（2）单击“Edit Connections”按钮。通过“Edit Connections”按钮，在当前项目中覆盖已完成参数组态的 PLC 连接。

（3）列表中显示 PLC 的所有通信连接。从列表中选择通信连接。

（4）显示组态名称和 IP 地址。可以输入新的 IP 地址。

（5）将“Override”切换为“ON”。只能在“Override”被激活时才能覆盖连接参数。

（6）单击“Accept”按钮确认。已组态的 IP 地址将被覆盖。

活动 2：三路抢答器控制系统仿真与联机调试

三路抢答器联机调试

一、测试项目方法

1. 测试组态 PC 上的项目

可以在一台组态 PC 上利用 HMI 仿真器测试一个项目。

2. 在操作设备上离线测试项目

离线测试是指在测试期间，操作设备 HMI 和控制器 PLC 之间的通信是中断的。

3. 在操作设备上在线测试项目

在线测试是指在测试期间，操作设备 HMI 和控制器 PLC 相互通信。

二、仿真

如果用户手中既没有 HMI 设备，也没有 PLC 设备，则可以使用运行仿真器即模拟器来检查 HMI 的功能。可以模拟画面的切换和数据的输入过程，还可以运用仿真器改变 HMI 显示变量的数值或位变量的状态，或者用仿真器读取来自 HMI 的变量的数值和位变量的状态。如果没有 PLC，也可以使用 PLC 仿真软件代替 PLC，进行 HMI 的仿真调试。

1. 下载 PLC 程序并仿真

选中 PLC 设备，单击按钮，打开 S7 - PLCSIM，下载视图如图 3.24 所示，单击按钮可以切换到项目视图。单击“下载”按钮，下载完成后选择启动模块，使 PLC 进入运行模式，然后单击“完成”按钮，至此完成 PLC 的仿真下载。新建一个仿真项目，打开该项目中的 SIM 表格，在 SIM 表格中添加要监控的变量，在“地址”列中添加变量，如图 3.25 所示。单击仿真器中的“RUN”按钮，运行该项目。

2. 打开 HMI 仿真并调试

选中 HMI 设备，单击按钮打开 HMI 画面仿真，或者选择“在线”→“仿真”→“启动”命令，出现仿真界面，如图 3.26 所示。

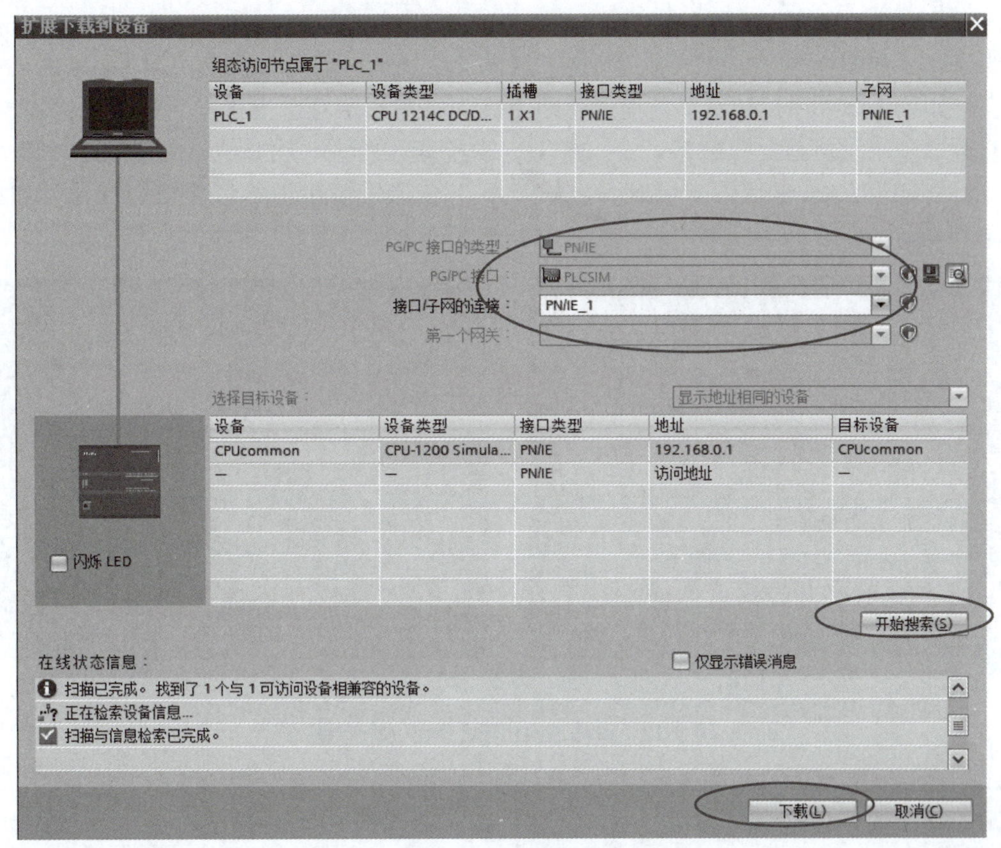

图 3.24　下载视图

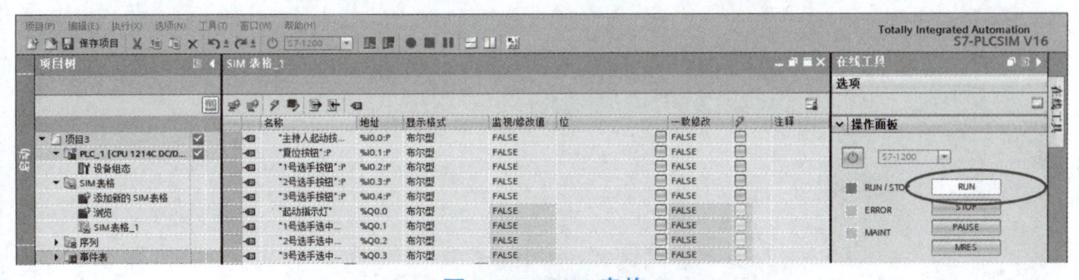

图 3.25　SIM 表格

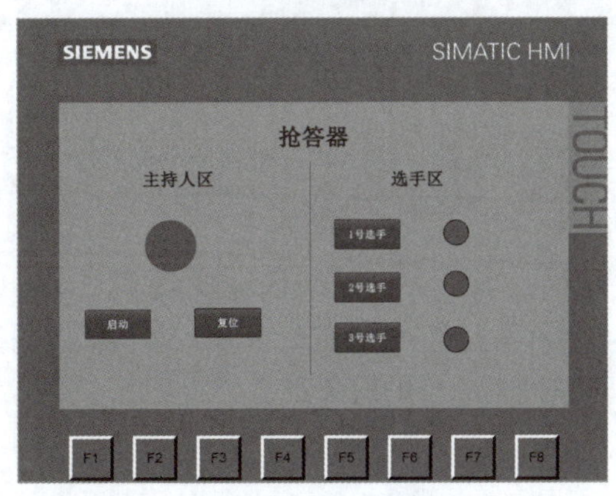

图 3.26　仿真界面

利用 HMI 的仿真器进行控制，当按下 HMI 中主持人区的启动按钮时，启动指示灯变为绿色，如图 3.27（a）所示，当按下触摸屏中选手区的 1 号选手按钮，1 号选手绿灯亮，如图 3.27（b）所示，其他选手即使按下按钮指示灯也无变化。利用按钮控制，HMI 画面中指示灯显示对应状态，当按下启动按钮 SB1 时，主持人区绿灯亮，当按下 3 号选手按钮时，1 号选手绿灯亮，之后按下 2 号选手按钮指示灯无任何变化，如图 3.28 所示。

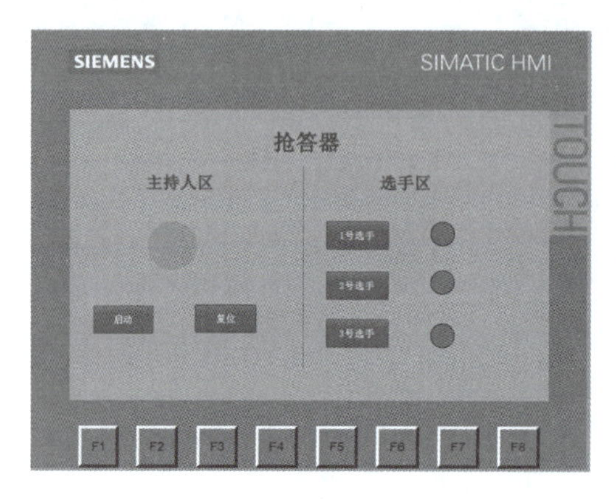

（a）

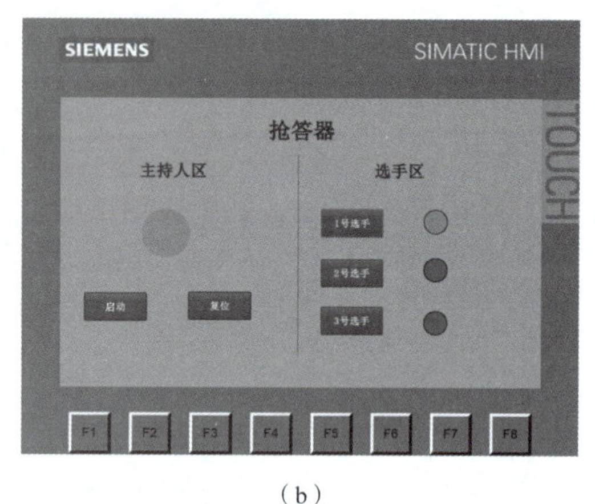

（b）

图 3.27 操作 HMI 调试界面（附彩插）

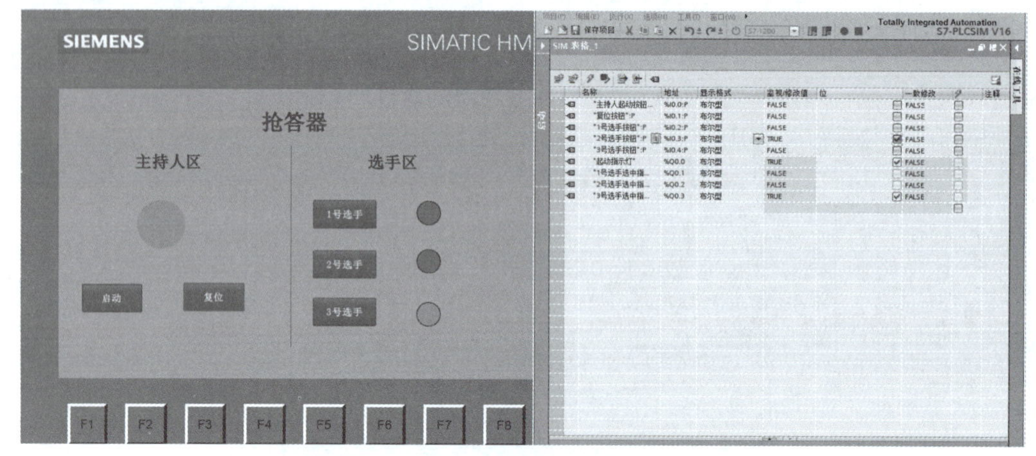

图 3.28 PLC 仿真器调试界面（附彩插）

三、联机调试

设计好 HMI 画面后，如果没有 HMI，但是有 PLC，可以进行在线仿真调试。进行在线仿真调试时需要连接 PC 和 CPU 的以太网通信接口，运行 PLC 用户程序，用 PC 模拟 HMI 的功能。在线模拟的效果与实际的 HMI 基本相同。这种模拟方项目的调试，可减少调试时刷新 HMI 的闪存的次数，节约调试时间。如果具有 HMI 和 PLC，在保证通信连接正确的情况下，可以进行项目的验证。

1. 下载 PLC 程序

选中 PLC 设备，进入下载界面，下载过程与仿真器一样，只是需要连接对应的

PLC，然后单击“开始搜索”按钮，选中显示的下载通信接口，单击“下载”按钮，下载 PLC 站点的硬件和软件。

学习笔记

2. 下载 HMI 项目

本项目可以通过 PN/IE 方式下载，具体步骤如下。

（1）在项目树下，单击“HMI[KTP700 Basic PN]”项，单击“工具栏”中的“下载”按钮或选择“菜单”中的“在线”→“下载到设备”命令。当第一次下载项目到操作面板中时，“扩展的下载到设备”对话框会自动弹出，可设定“PG/PC 接口的类型”“PG/PC 接口”和“接口/子网的连接”参数。注意：该对话框在之后的下载中不会再次弹出，下载时会自动选择上次的参数设定。如果希望更改参数设定，可以选择“菜单”中的“在线”→“扩展的下载到设备”选项来打开“扩展的下载到设备”对话框进行重新设定。

（2）单击“开始搜索”按钮，将以 PG/PC 接口对项目中所分配的 IP 地址进行扫描，如参数设定及硬件连接正确，将在数秒钟后结束扫描。

（3）单击“下载”按钮进行项目下载，“下载预览”窗口会自动弹出。下载之前，TIA 博途软件会自动对项目程序进行编译，只有程序编译无错才可以进行下载，勾选“全部覆盖”复选框，单击“下载”按钮即可完成 HMI 项目的下载。

利用在线测试，可以在 HMI 上测试项目的各个功能，但同时会受到 PLC 的影响。PLC 变量在此期间会更新，对项目的操作对象和显示进行测试。

项目三 “抢答器控制系统设计与调试”评价表

任务	评分标准	评分标准	检查情况	得分
PLC 和 HMI 硬件系统组装	10	是否选用合适的 PLC 模块，是否选用合适的 HMI 模块		
硬件接线	20	是否能看懂 PLC 电路接线图，接线是否规范正确		
项目创建及组态	10	是否按照要求组态硬件，HMI 和 PLC 通信连接的建立是否正确		
PLC 程序编写	20	PLC 变量定义是否正确，PLC 程序的编写和编译是否正确		
HMI 监控画面设计	20	定义变量是否正确，画面组态是否正确		
仿真与联机调试	20	仿真模拟是否顺利执行，联机调试是否顺利执行		

学习笔记

任务总结

知识拓展

五路抢答器控制系统应该如何设计？

思考与练习

1. 什么是 HMI？
2. 设置 HMI 监控界面的工作流程是什么？
3. HMI 变量（Tag）可分为________和________。
4. 在一台 KTP700 Basic 设备上最多可连接________个 PLC。
5. 如果用户手中既没有 HMI，也没有 PLC，则可以通过运行________来检查 HMI 的功能
6. 监控系统组态通过 PLC 以________方式实现 HMI 与机械设备或过程之间的通信。

项目四　T 字路口交通信号灯控制系统设计与调试

项目描述

随着社会经济的发展，城市交通问题越来越引起人们的关注。A 城市某 T 字路口随着车辆的增加，出现交通拥堵、混乱现象，因此需要安装交通信号灯控制系统，以协调人、车、路三者的关系。由于城市中各种电磁干扰日益严重，为保证交通控制的可靠和稳定，本项目选择在电磁干扰环境下能正常工作的 PLC 实现对 T 字路口交通信号灯的控制。

本项目通过完成基于 PLC 控制的 T 字路口交通信号灯程序设计，使学生学会 PLC 控制系统的相关指令——定时器指令、计数器指令、比较指令的相关知识和应用，能够设计输入/输出地址分配表，绘制 PLC 电路接线图，设计符号表，编写 PLC 控制程序，进行 T 字路口交通信号灯控制系统的仿真和联机调试。

为此，本项目的初级技术人员需要完成以下学习目标。

项目目标

(1) 了解定时器指令、计数器指令、比较指令的相关知识。

(2) 掌握定时器指令、计数器指令、比较指令的编程和应用。

(3) 掌握设计 T 字路口交通信号灯程序的输入/输出地址分配表的方法。

(4) 能够正确编写 T 字路口交通信号灯的 PLC 控制程序。

(5) 培养熟练调试 PLC 设备和进行仿真的专业能力。

(6) 培养 PLC 项目设计能力、逻辑运算能力、分析能力。

(7) 培养团队意识，自觉服从规章制度，促进科学技术的发展。

任务一　T字路口交通信号灯控制系统硬件组态设计

任务描述

A 城市某 T 字路口要安装交通信号灯，需要用 PLC 设计该交通信号灯控制系统。本任务主要完成 T 字路口交通信号灯控制系统硬件组态，根据交通信号灯闪烁要求，

设计输入/输出地址分配表。

T 字路口交通信号灯控制要求如下。按下启动按钮（接入 I0.5）后黄灯快速闪烁 10 次，提示 T 字路口的车辆注意，然后按表 4.1 的要求，红绿灯依次闪烁。按下停止按钮（接入 I0.6）后交通信号灯停止工作，所有交通信号灯灭。

表 4.1 交通信号灯闪烁要求

东西红绿灯亮 10 s，闪烁 5 s，黄灯亮 5 s	东西红灯亮 15 s，闪烁 5 s
南侧红灯亮 15 s，闪烁 5 s	南侧绿灯亮 10 s，闪烁 5 s，黄灯亮 5 s

任务目标 

如果你是技术人员，你需要具备哪些相关知识和技能？以下是本任务的学习目标。

（1）正确创建输入/输出地址分配表。

（2）培养根据设计图纸快速准确地完成 PLC 配线工作的能力。

（3）培养解决问题的逻辑思维能力。

（4）在完成工作任务时具有严谨、认真的工作态度。

设计 T 字路交通信号灯控制系统的硬件

任务实施

活动 1：设计输入/输出地址分配表

根据任务描述，T 字路口交通信号灯控制系统需要的元器件有：1 个启动按钮，1 个停止按钮，东、西、南方向红、黄、绿灯共 3 组。T 字路口交通信号灯控制系统由 1214C CPU 组成。启动按钮接入 I0.5，停止按钮接入 I0.6，输出 Q0.1 控制东西绿灯，Q0.2 控制东西黄灯，Q0.3 控制东西红灯，Q0.4 控制南侧绿灯，Q0.5 控制南侧黄灯，Q0.6 控制南侧红灯。

表 4.2 所示为输入/输出地址分配表。

表 4.2 输入/输出地址分配表

输入端口			输出端口		
输入点	输入器件	功能	输出点	输出器件	功能
I10.5	SB1	启动按钮	Q0.1	H1	东西绿灯
I10.6	SB2	停止按钮	Q0.2	H2	东西黄灯
—	—	—	Q0.3	H3	东西红灯
—	—	—	Q0.4	H4	南侧绿灯
—	—	—	Q0.5	H5	南侧黄灯
—	—	—	Q0.6	H6	南侧红灯

学习笔记

活动 2：绘制 PLC 电路接线图

根据任务描述中的控制要求，画出 PLC 电路接线图，如图 4.1 所示。

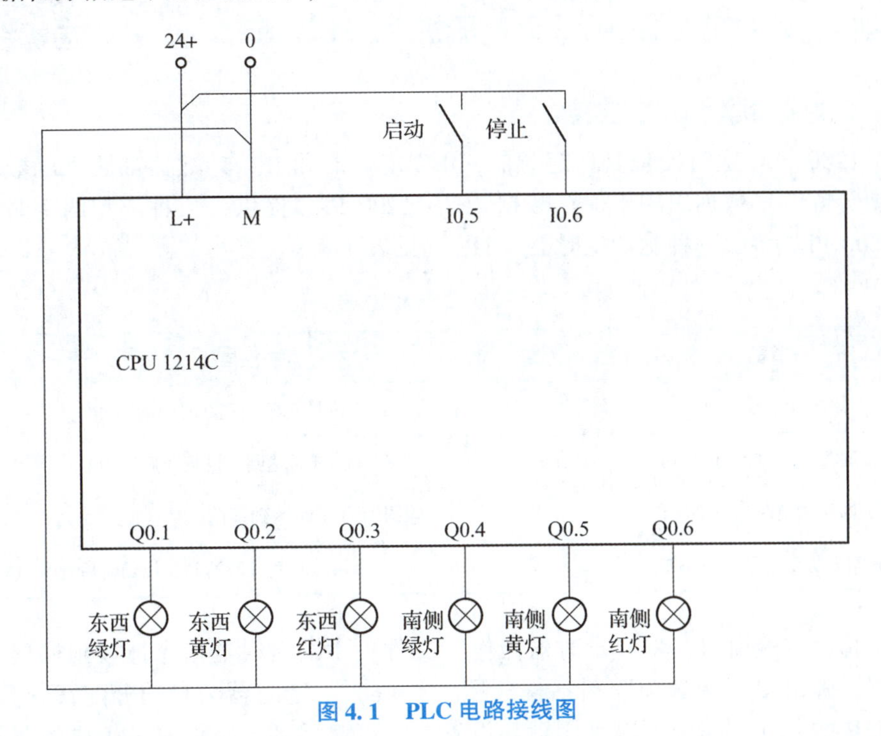

图 4.1　PLC 电路接线图

任务二　T字路口交通信号灯控制系统组态和程序设计

任务描述

本任务完成 T 字路口交通信号灯控制系统硬件组态、PLC 程序设计。根据 T 字路口交通信号灯控制系统的控制要求，在 TIA 博途软件中创建项目、组态并完成程序设计。

任务目标

如果你是技术人员，你需要具备哪些相关知识和技能？以下是本任务的学习目标。

（1）学会 T 字路口交通信号灯控制系统软件组态方法。

（2）学会定时器相关知识及应用。

（3）学会计数器相关知识及应用。

（4）学会比较指令相关知识及应用。

（5）培养 PLC 项目设计能力、逻辑运算能力、分析能力。

（6）培养严谨、细致的做事态度。

认识和运用定时器编程

活动1：认知定时器指令、计数器指令、比较指令

一、定时器相关知识和应用

S7－1200 PLC定时器是IEC定时器，IEC定时器和IEC计数器都属于函数块，调用时需要分配背景数据块用于保存数据。S7－1200 PLC提供了4种类型的定时器，相比S7－200 PLC多了一种脉冲定时器（TP），见表4.3。

表4.3　S7－1200 PLC定时器

类型	功能描述
脉冲定时器（TP）	可生成具有预设宽度时间的脉冲
接通延时定时器（TON）	输出Q在定时达到预设延时后置为ON
关断延时定时器（TOF）	输出Q在定时达到预设延时后置为OFF
时间累加定时器（TONR）	输出Q在多个累计时间计时达到预设延时后置为ON

打开指令列表窗口，将“定时器操作”文件夹中的定时器指令拖放到梯形图中适当的位置，弹出“调用选项”对话框［图4.2（a）］，定时器会自动分配背景数据块，背景数据块的名称和编号可以采用默认设置，也可以手动自行设置，生成的背景数据块如图4.2（b）所示。以TP指令为例（图4.3），定时器的输入IN为启动输入端，PT（Preset Time）为预设时间值，ET（Elapsed Time）为定时器的当前时间值，Q为定时器的位输出，可以不给ET和输出Q指定地址。ET和PT的数据类型都为32位的Time，单位为ms，最大定时时间为T#24 d 20 h 31 m 23 s 647 ms。图4.3中“%DB1”是定时器的背景数据块绝对地址，“TP1”是背景数据块的符号地址，其他定时器的背景数据块也是类似的，后面不再赘述。

1. 脉冲定时器

1）端子定义

输入端IN表示定时器的使能信号，输入端PT表示定时器的设定值，单位可以是ms，也可以是s；输出端Q表示定时器的输出状态，输出端ET表示定时器的当前值。

2）工作原理

脉冲定时器的工作原理是，当输入端IN由“0”变为“1”时，定时器启动，输出端Q立即输出“1”。

当ET < PT时，IN的值不论是“0”还是“1”都不影响Q的输出以及ET的计时。

当ET = PT时，ET立即停止计时，如果IN为“0”，则Q输出“0”，ET回到“0”；如果IN为“1”，则Q输出“1”，ET保持。脉冲定时器如图4.4所示。脉冲定时器时序图如图4.5所示。

学习笔记

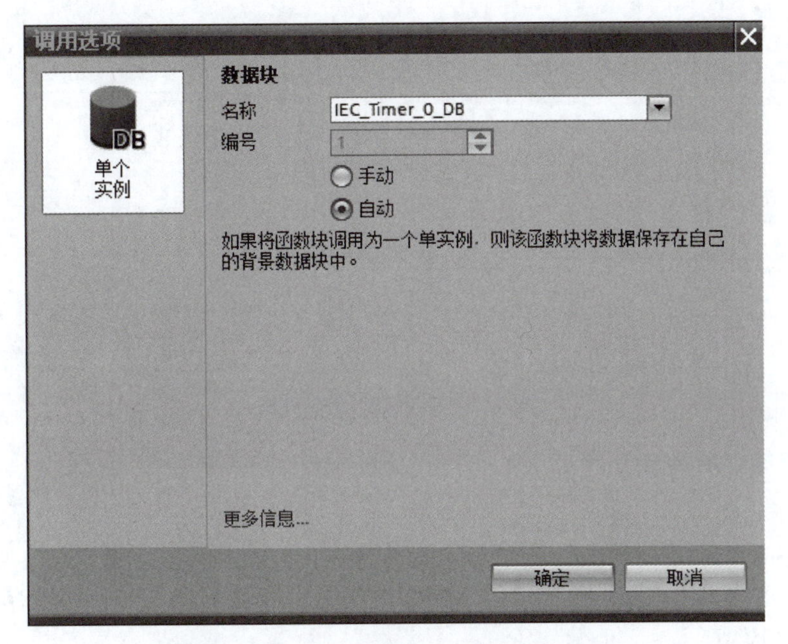

（a）

TP1		
名称	数据类型	起始值
Static		
	Time	T#0ms
	Time	T#0m;
IN	Bool	fabe
	Bool	false

（b）

图 4.2　生成定时器的背景数据块

（a）“调用选项”对话框；（b）背景数据块

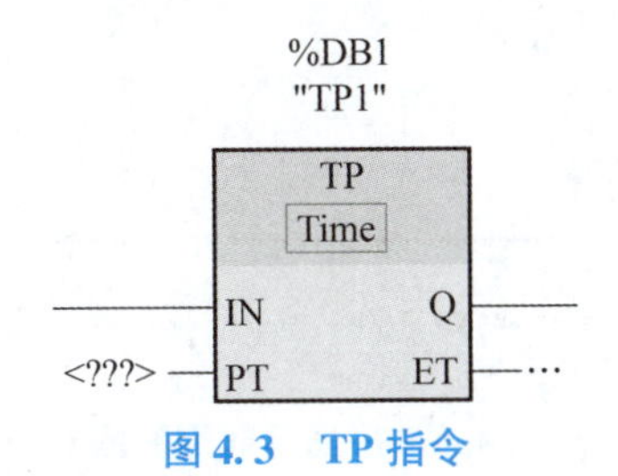

图 4.3　TP 指令

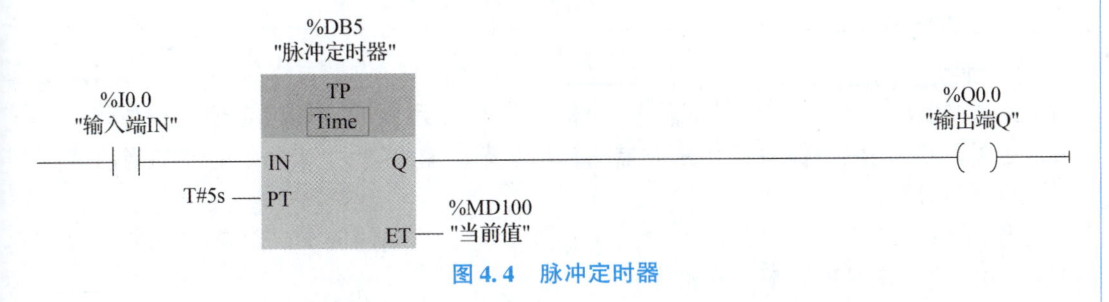

图 4.4　脉冲定时器

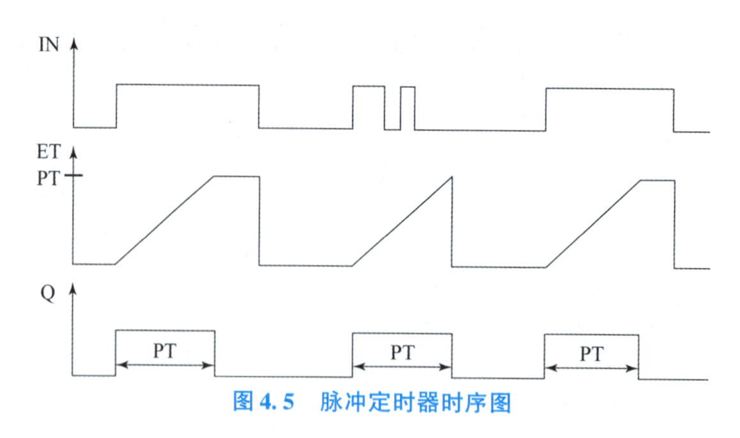

图 4.5　脉冲定时器时序图

2. 接通延时定时器

1）端子定义

输入端 IN 表示定时器的使能信号，输入端 PT 表示定时器的设定值，单位可以是 ms，也可以是 s；输出端 Q 表示定时器的输出状态，输出端 ET 表示定时器的当前值。

2）工作原理

当定时器的输入端 IN 为“1”时定时器启动。定时器启动后开始计时，此时输出 Q 为“0”；在定时器的当前值 ET 与设定值 PT 相等时，输出端 Q 输出“1”。

当输入端 IN 的信号状态仍为“1”时，输出端 Q 就保持输出“1”，ET 停止计时并保持不变。

当输入端 IN 的信号状态变为“0”时，将复位输出端 Q 为“0”，同时 ET 为“0”。在输入端 IN 再次变为“1”时，定时器再次启动。

接通延时定时器输出端 Q 有输出要满足两个条件：输入端 I0.0 保持接通，同时当前值要到达预设值 PT。接通延时定时器如图 4.6 所示。接通延时定时器时序图如图 4.7 所示。

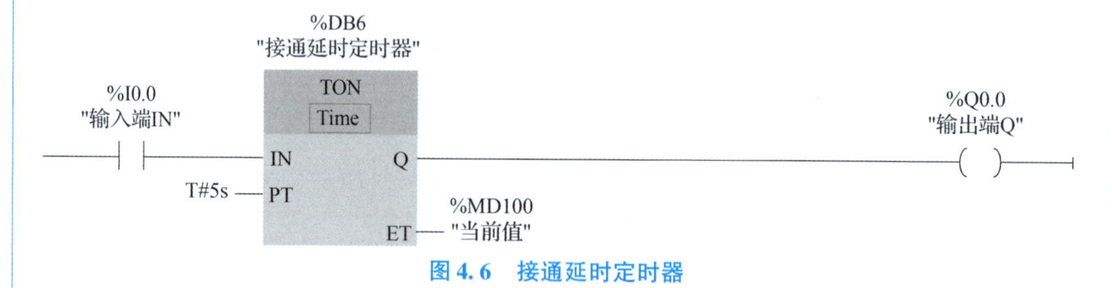

图 4.6　接通延时定时器

3. 断电延时定时器

1）端子定义

输入端 IN 表示定时器的使能信号，输入端 PT 表示定时器的设定值，单位可以是 ms，也可以是 s；输出端 Q 表示定时器的输出状态，输出端 ET 表示定时器的当前值。

2）工作原理

当 IN 由“0”变为“1”时，输出端 Q 为“1”，当前时间 ET 清零。当 IN 从“1”变为“0”时，定时器启动，开始计时。

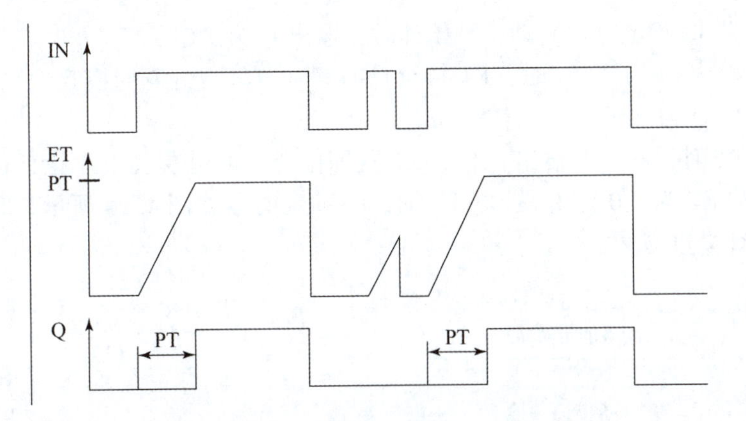

图 4.7　接通延时定时器时序图

当 ET = PT 时，Q 立即输出“0”，ET 立即停止计时并保持。断电延时定时器如图 4.8 所示。断电延时定时器时序图如图 4.9 所示。

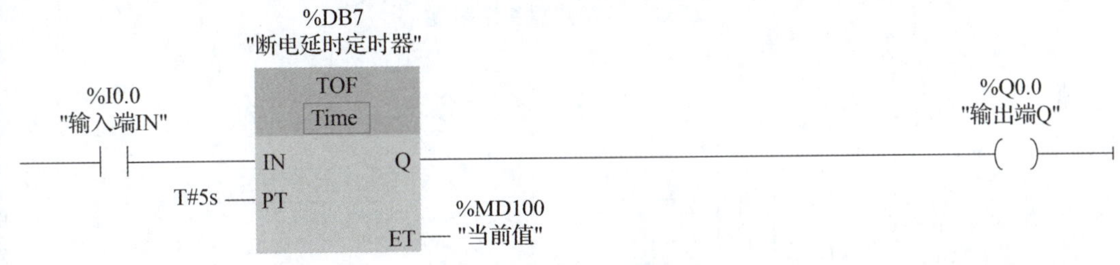

图 4.8　断电延时定时器

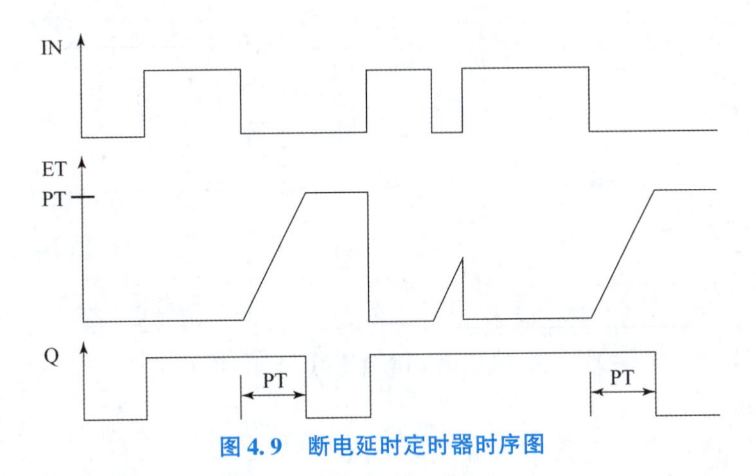

图 4.9　断电延时定时器时序图

4. 时间累加定时器

1）端子定义

输入端 IN 表示定时器的使能信号，输入端 R 表示复位，输入端 PT 表示定时器的设定值，单位可以是 ms，也可以是 s；输出端 Q 表示定时器的输出状态，输出端 ET 表示定时器的当前值。

2）工作原理

时间累加定时器指令标识符为 TONR，只要 IN 为“0”，Q 即输出“0”。当 IN 从

"0" 变为 "1" 时，定时器启动，开始计时，输出 Q 为 "0"。

当 ET < PT，IN 为 "1" 时，ET 持续计时累加（不论 ET 变换几次），IN 为 "0"，ET 保持，输出 Q 为 "0"。

当 ET = PT 时，Q 立即输出 "1"，ET 立即停止计时并保持。不论任何时候，只要 R 为 "1"，则 ET 为 "0"，Q 为 "0"。时间累加定时器如图 4.10 所示。时间累加定时器时序图如图 4.11 所示。

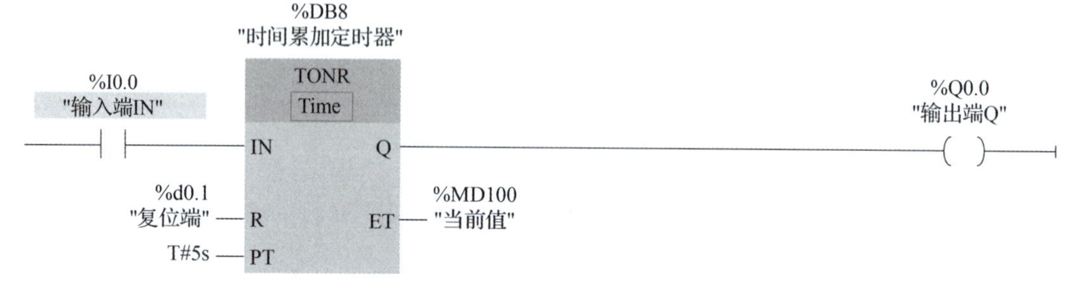

图 4.10　时间累加定时器

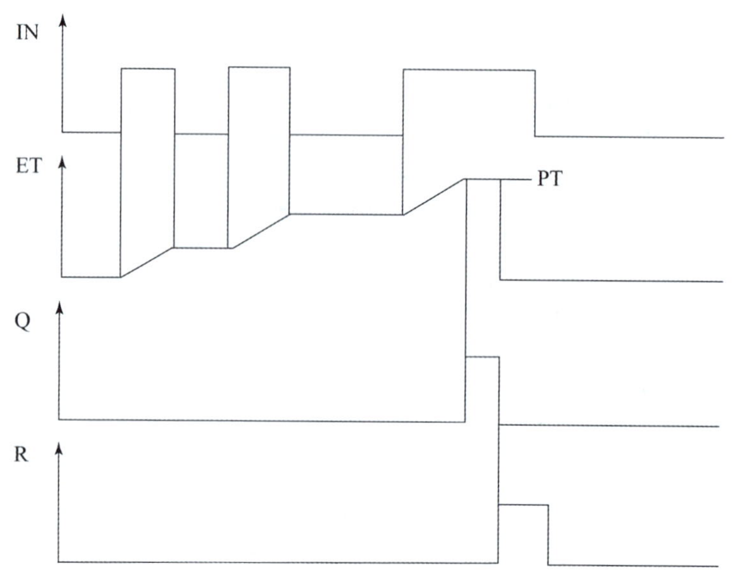

图 4.11　时间累加定时器时序图

5. 定时器应用

定时器可以应用于很多的程序控制场合。在对 PLC 进行编程的过程中，会不可避免地使用定时器。下面举两种比较常用的定时器功能。

1）用于信号滤波

此应用一般多用于传感器（光电开关类、磁性开关类、电感类、电容类等）信号的确认，防止信号受到外部干扰，发生抖动等造成错误信号。

2）用于工艺中的定时控制

典型的如星 - 三角启动的时间切换、星 - 三角启动定时功能等。

二、计数器相关知识和应用

1. 功能指令介绍

认识和运用计数器编程

（1）CTU（Count Up）：该指令是加计数，每当 CU 触发一个上升沿信号时，计数器值加 1。PV 是设定计数器的上限值，当计数器达到 PV 的设定值时，可以触发相应的逻辑操作。

（2）CTD（Count Down）：该指令是减计数，每当 CU 触发一个上升沿信号时，计数器值减 1。同理，可以设置计数器的下限值，并在计数器达到下限值时触发特定的逻辑操作。

（3）CTUD（Count Up/Down）：该指令是加减计数，可以实现正向和逆向计数。可以通过设定计数方向（正向或逆向）和触发信号类型来控制计数器的行为。

2. 加计数器

加计数器如图 4.12 所示。加计数器时序图如图 4.13 所示。每当输入端 CU 触发一个上升沿信号时，CV 增加 1，直到 CV 达到所设定的数据类型的上限值，此后即使输出端 CU 有上升沿信号，CV 的值也不再增加。

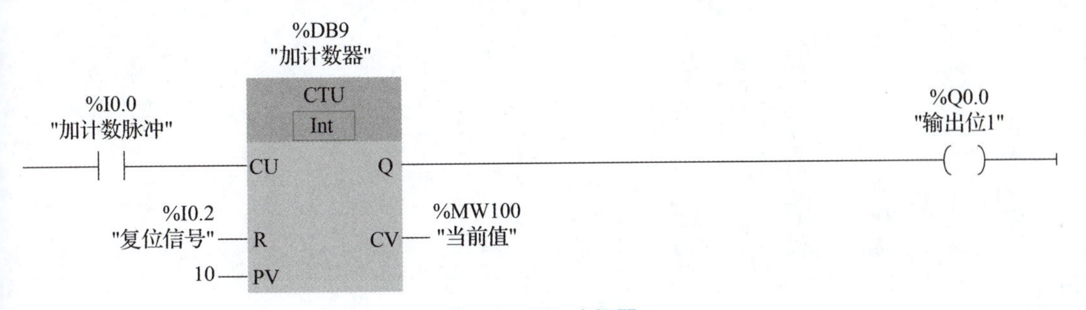

图 4.12　加计数器

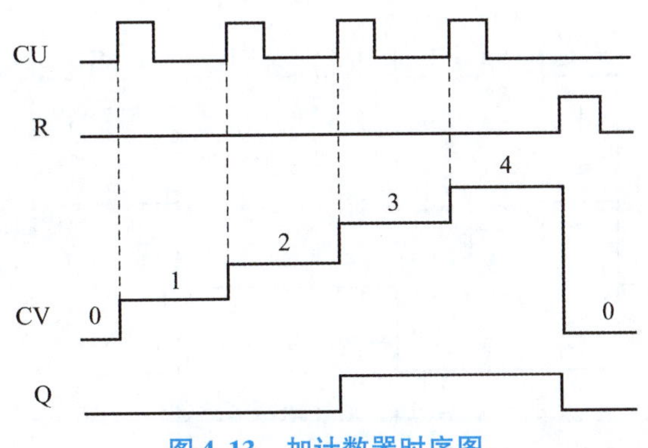

图 4.13　加计数器时序图

当 CV（当前值）大于或等于 PV（预制值）时，Q 输出“1”。

当 CV（当前值）小于或等于 PV（预制值）时，Q 输出“0”。

当复位端 R 触发上升沿信号时，将 CV 复位为“0”，输出 Q 为“0”。加计数器参数说明见表 4.4。

学习笔记

表 4.4　加计数器参数说明

名称	说明	类型	功能
CU	加计数输入脉冲	BOOL	每触发 1 次，CV 加 1
R	复位信号	BOOL	将 CV 复位为“0”
CV	当前值	整数	记录 CU 触发上升沿信号的次数
PV	预设值	整数	设定值
Q	输出位	BOOL	CV 大于等于 PV，输出“1”；反之，输出“0”

3. 减计数器

减计数器如图 4.14 所示。减计数器时序图如图 4.15 所示。当 LD 的值为“1”时，将 PV 的值装入 CV，输出端 Q 的值为“0”，计数脉冲无效。

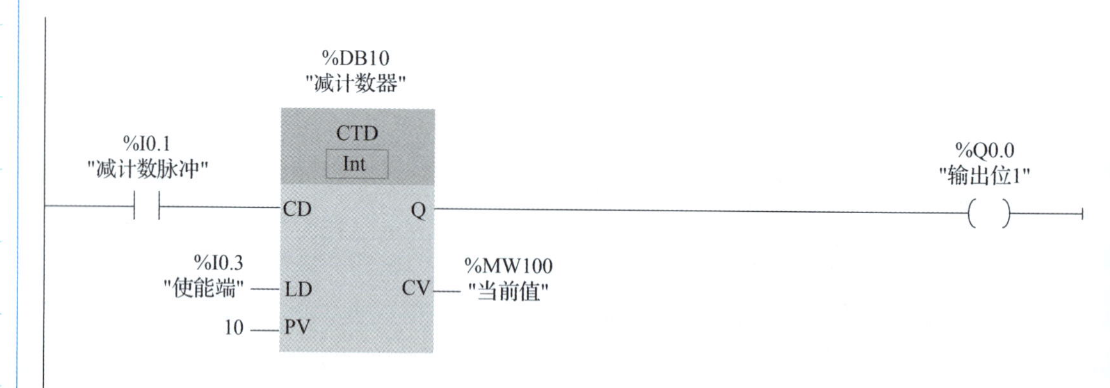

图 4.14　减计数器

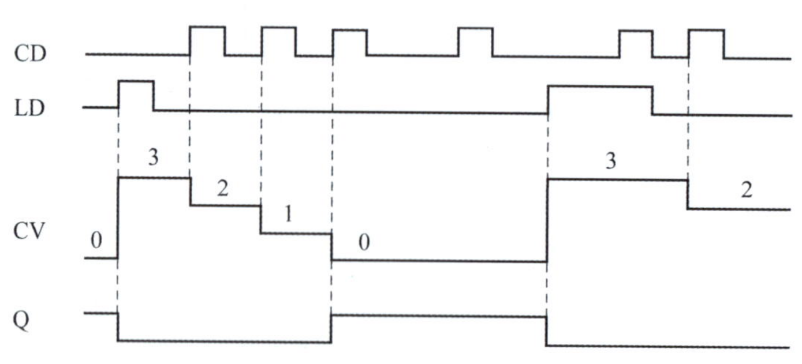

图 4.15　减计数器时序图

当 LD 的值为“0”时，计数脉冲有效。

当输入端 CD 触发上升沿信号时，计数器的 CV（当前值）减 1，直到到达所设定的数据类型的下限值，这时，即使输入端 CD 触发上升沿信号，CV 也不再变化。

当 CV 小于等于 0 时，输出端 Q 的值为“1”；当 CV 大于等于 0 时，输出端 Q 的值为“0”。减计数器参数说明见表 4.5。

学习笔记

表 4.5　减计数器参数说明

名称	说明	类型	功能
C	减计数输入脉冲	BOOL	每触发 1 次，CV 的值减 1
LD	使能端	BOOL	每当 LD 为 1 时，将 PV 的值装入 CV
CV	当前值	整数	初始值为 PV，记录 CU 触发上升沿信号的次数，每记录一次，CV 的值减 1
PV	预制值	整数	设定值
Q	输出位	BOOL	CV 小于等于 0 时，Q 输出值为“1”；反之，输出“0”

4. 加减计数器

1）工作原理

加减计数器如图 4.16 所示。加减计数器时序图如图 4.17 所示。当加减计数器的加计数端 CU 输入的值触发上升沿信号时，加减计数器的当前计数值 CV 加 1。

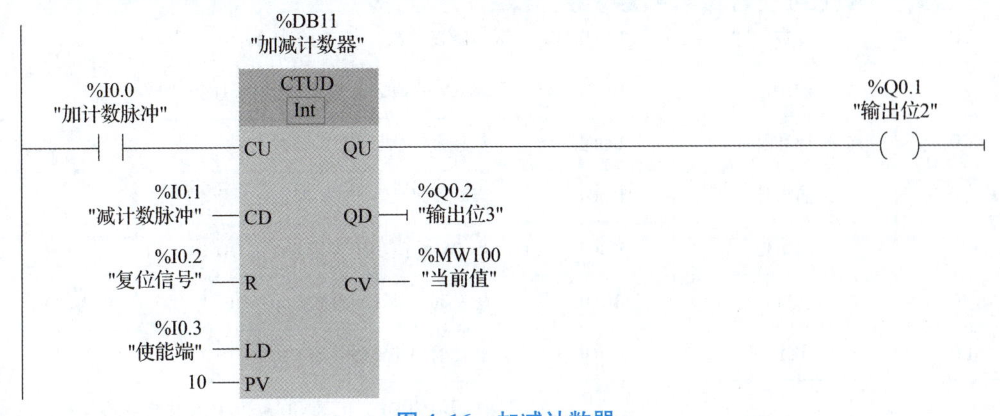

图 4.16　加减计数器

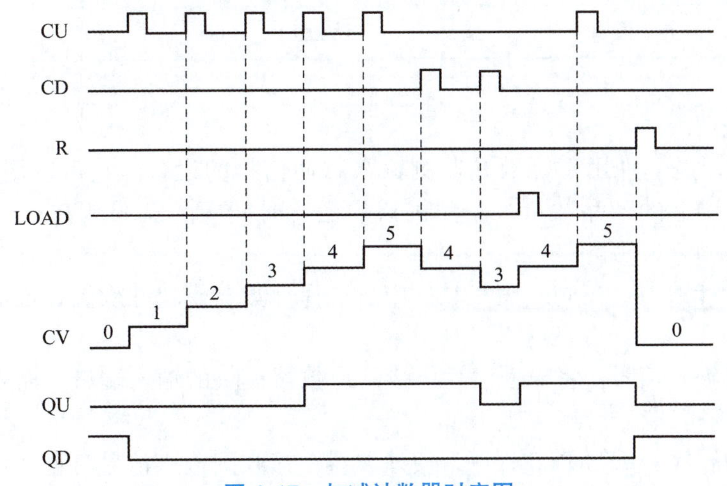

图 4.17　加减计数器时序图

当减计数端 CD 输入的值触发上升沿信号时，加减计数器的当前计数值 CV 减 1。

当 CV 大于或等于预设值 PV 时，输出端 QU 等于“1”；如果 CV 小于或等于 0，计数器输出端 QD 等于“1”。

当装载输入端 LD 的值触发上升沿信号时，将预设值 PV 置入加减计数器的当前值；当复位端 R 为“1”时，则将加减计数器的当前值复位为“0”。

2）特殊触发条件

如果同时触发 CU 和 CD 的上升沿，则 CV 的值保持不变。当 CV 的值大于等于预设值 PV 时，输出 QU 的值为“1”，反之 QU 的值为“0”。当 CV 小于等于 0 时，输出 QD 的值为“1”，反之 QD 的值为“0”。

当 LD 等于“1”时，把 PV 的值装入 CV，输出 QU 状态为“1”，输出 QD 复位为“0”。当 R 等于“1”时加减计数器被复位，CV 被清零，输出 QU 的值为“0”，输出 QD 的值为“1”，此时，加减计数器输入端 CU、CD、LD 都不再起作用。加减计数器参数说明见表 4.6。

表 4.6 加减计数器参数说明

名称	功能	类型	说明
CU	加计数脉冲	BOOL	每触发一次，CV 的值加 1
Q	输出位	BOOL	当 CV 的值大于等于 PV 时，Q 为“1”
CD	减计数脉冲	BOOL	每触发一次，CV 的值减 1
QU	输出位	BOOL	当 CV 大于等于 PV 时，QU 为“1”
QD	输出位	BOOL	当 CV 的值小于等于 0 时，QD 为“0”
R	复位信号	BOOL	触发时，将 CV 复位为 0，QU 为“0”，QD 为“1”
LD	预制 CV	BOOL	触发时将 PV 装载到 CV 中
CV	当前值	整数	初始值为 PV，记录 CD 触发上升沿信号的次数，每当 CD 变化 1 次，CV 减 1，当 CV 小于等于 0 时，Q 为“1”
PV	预制值	整数	设定值

5. 计数器的用法

PLC 计数器是一种用于计数和监测输入脉冲信号的设备。它可以用于许多场合，例如计数生产线上的产品数量、监测机器的运行时间等。以下是 PLC 计数器的基本用法。

（1）设置计数器：在 PLC 编程软件中，选择计数器模块并设置计数器的初始值和计数范围。

（2）连接输入信号：将输入信号连接到计数器模块的输入端口。输入信号可以是脉冲信号或数字信号。

（3）编写程序：编写 PLC 程序，使计数器在接收到输入信号时自动计数。可以使用计数器的预设值、清零、复位等指令控制计数器的行为。

学习笔记

（4）监测计数器状态：使用 PLC 编程软件或 HMI 监测计数器的状态，包括当前计数值、计数范围、是否溢出等。

（5）处理计数器数据：根据计数器的数据进行相应的操作，例如控制生产线上的机器停止或启动、记录机器的运行时间等。

总之，PLC 计数器是一种非常有用的设备，可以实现自动计数和输入信号监测，提高生产效率和质量。

三、比较指令相关知识

认识和运用比较指令编程

比较指令用来比较两个数据类型相同的操作数 IN1 和 IN2 的大小。操作数可以是 I、Q、M、L、D 存储区中的变量或常数。比较两个字符串时，其实比较的是各自对应字符的 ASCII 码的大小，第一个不相同的字符决定了比较的结果。比较指令说明见表 4.7。

表 4.7　比较指令说明

指令	比较结果为真的情况
=	IN1 等于 IN2
<>	IN1 不等于 IN2
>=	IN1 大于或等于 IN2
<=	IN1 小于或等于 IN2
>	IN1 大于 IN2
<	IN1 小于 IN2

1. 值在范围内指令（IN_RANGE）与值超过范围指令（UT_RANGE）

（1）值在范围内指令可以等效为一个触点，当能流流入指令时，若参数 VAL 的值在 MIN（最小值）和 MAX（最大值）之间（MIN <= VAL <= XAX），则输出 Q0.0 导通，反之断开。

（2）值超过范围指令的功能与值在范围内指令正好相反，当能流流入指令时，若 VAL > MAX 或 VAL < MIN，则输出 Q0.1 导通，反之断开。

2. 检查有效性指令（OK）与检查无效性指令（NOT_OK）

检查有效性指令和检查无效性指令用来检测输入数据是否是有效的实数（即浮点数）。如果为有效的实数，OK 触点导通，反之，NOT_OK 触点导通。

活动 2：创建项目并组态

创建 T 字路交通信号灯项目并组态、编辑变量表

一、创建项目

启动计算机中的 TIA 博途软件，单击“创建新项目”按钮，“项目名称”设置为“红绿灯程序”，“路径”“作者”和“注释”可根据实际情况操作，如图 4.18 所示。单击“创建”按钮，项目创建完成。

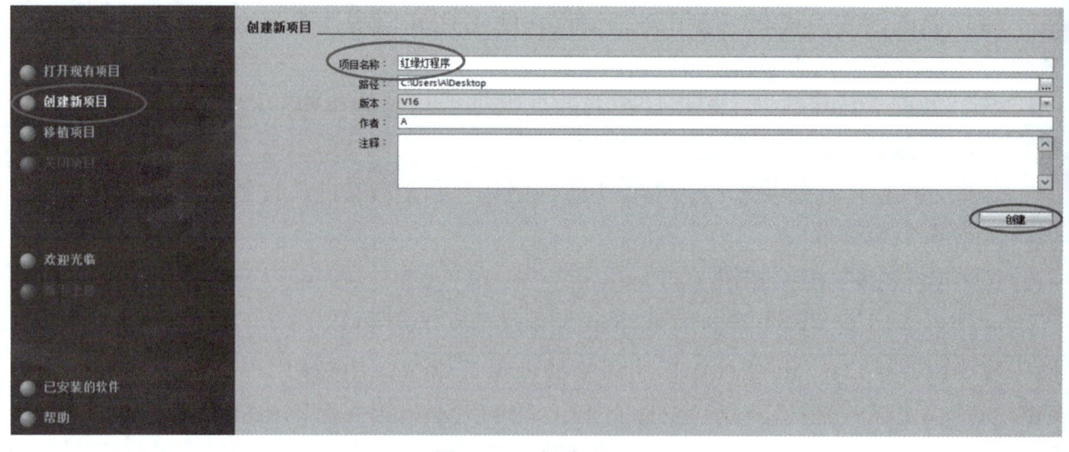

图 4.18　创建项目

二、项目组态

单击“组态设备”按钮，如图 4.19 所示。

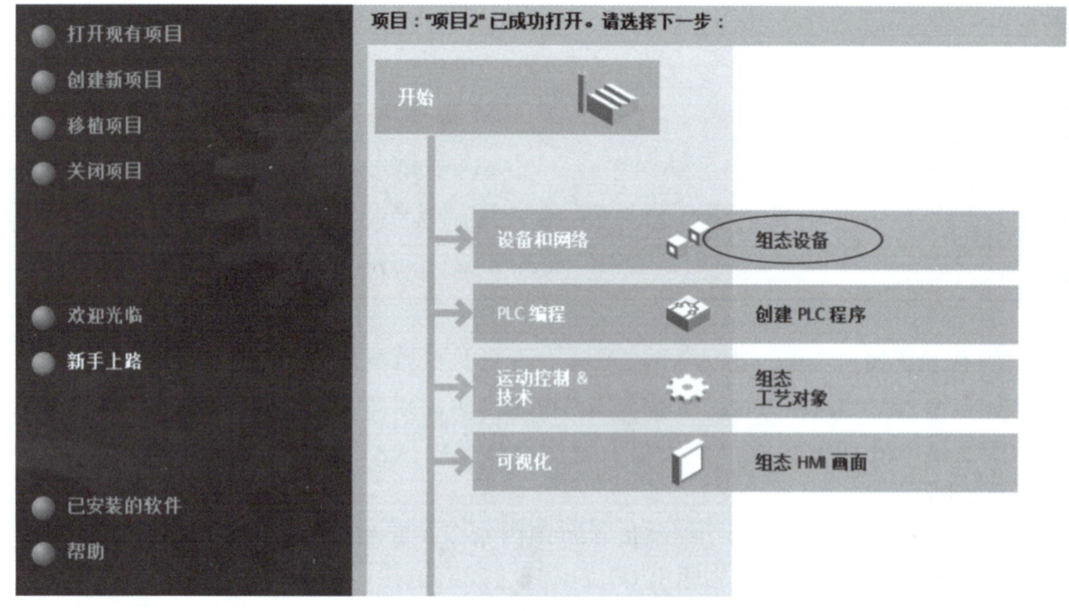

图 4.19　项目组态（1）

单击“添加新设备”按钮，选择“CPU”→“CPU－1214C AC/DC/Rly”项，双击型号“6ES7 214－1BG40－0XB0”，版本号 4.4 应与实际的 PLC 一致。最后单击“添加”按钮，CPU 模块添加完成，如图 4.20 所示。

活动 3：编辑 PLC 变量

根据控制要求共有 2 个输入（I0.5、I0.6）、6 个输出（Q0.1～Q0.6），中间变量 M10.1～M10.4 用于过程控制。在 TIA 博途软件中选择项目树的“PLC－1［CPU 1214C AC/DC/Rly］”→“PLC 变量”项，双击“默认变量表［57］”项，如图 4.21 所示，根据输入/输出地址分配表新建 PLC 变量，如图 4.22 所示。

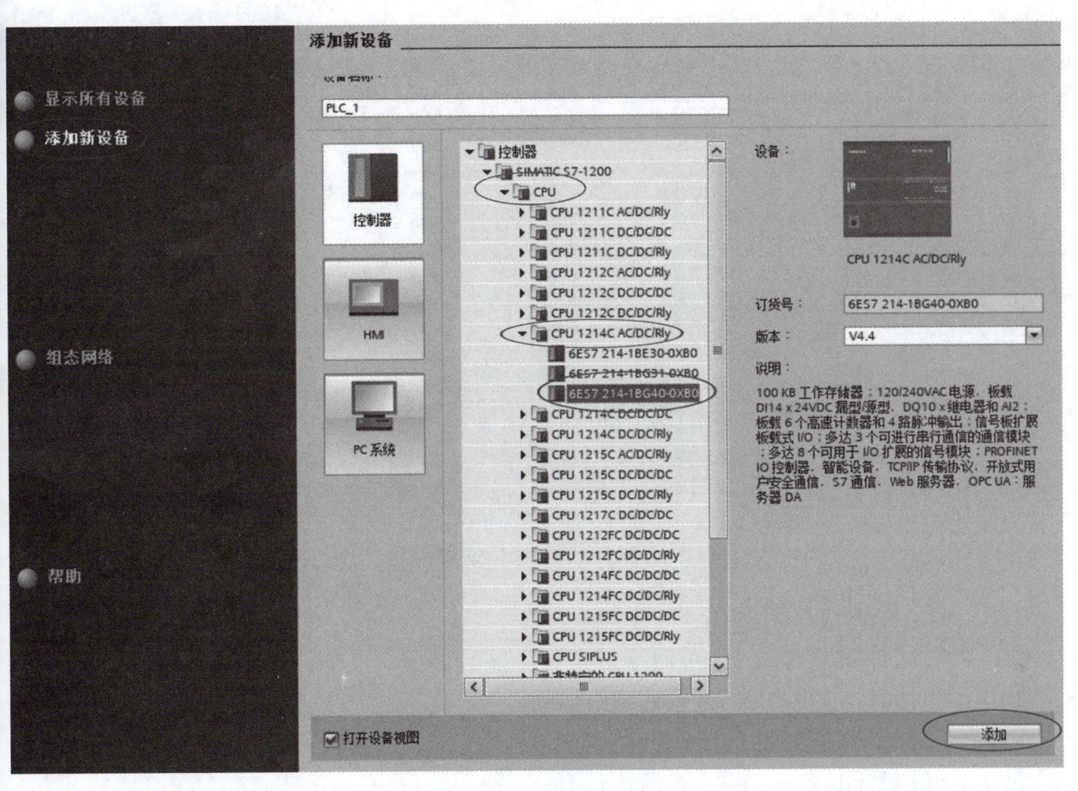

图 4.20　项目组态（2）

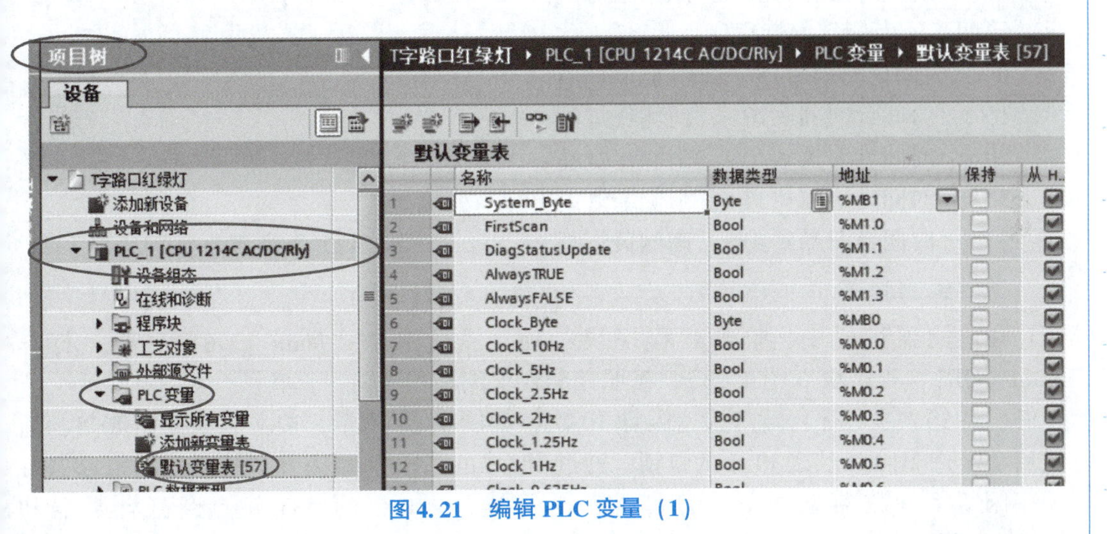

图 4.21　编辑 PLC 变量（1）

学习笔记

活动 4：编写 PLC 控制程序

编辑 T 字路交通信号灯控制程序

一、根据任务要求制定编程步骤

根据表 4.1 所示的任务要求，可以将编程步骤分解为以下成 4 步。

第一步，黄灯快速闪烁 10 次程序。

第二步，红绿灯计时器程序。

PLC 变量

	名称	变量表	数据类型	地址	保持	从 H...	从 H...	在 H...	注释
	Clock_2Hz	默认变量表	Bool	%M0.3	☐	☑	☑	☑	
	Clock_1Hz	默认变量表	Bool	%M0.5	☐	☑	☑	☑	
	启动	默认变量表	Bool	%I0.5	☐	☑	☑	☑	
	停止	默认变量表	Bool	%I0.6	☐	☑	☑	☑	
	东西绿灯	默认变量表	Bool	%Q0.1	☐	☑	☑	☑	
	东西黄灯	默认变量表	Bool	%Q0.2	☐	☑	☑	☑	
	东西红灯	默认变量表	Bool	%Q0.3	☐	☑	☑	☑	
	南侧绿灯	默认变量表	Bool	%Q0.4	☐	☑	☑	☑	
	南侧黄灯	默认变量表	Bool	%Q0.5	☐	☑	☑	☑	
0	南侧红灯	默认变量表	Bool	%Q0.6	☐	☑	☑	☑	
1	运行标志位	默认变量表	Bool	%M10.1	☐	☑	☑	☑	
2	黄灯闪烁10次标志位	默认变量表	Bool	%M10.2	☐	☑	☑	☑	
3	实际时间	默认变量表	Time	%MD100	☐	☑	☑	☑	
4	南北具体时间	默认变量表	Time	%MD104	☐	☑	☑	☑	
5	接通黄灯闪10次	默认变量表	Bool	%M10.3	☐	☑	☑	☑	
6	启动保持	默认变量表	Bool	%M10.4	☐	☑	☑	☑	

图 4.22　编辑 PLC 变量（2）

第三步，东西红绿灯程序：

0 s＜时间计时器≤10 s，东西绿灯亮；

10 s＜时间计时器≤15 s，东西绿灯闪；

15 s＜时间计时器≤20 s，东西黄灯亮；

20 s＜时间计时器≤35 s，东西红灯亮；

35 s＜时间计时器≤40 s，东西红灯闪。

第四步，南侧红绿灯程序：

0 s＜时间计时器≤15 s，南侧红灯亮；

15 s＜时间计时器≤20 s，南侧红灯闪；

20 s＜时间计时器≤30 s，南侧绿灯亮；

30 s＜时间计时器≤35 s，南侧绿灯闪；

35 s＜时间计时器≤40 s，南侧黄灯亮。

二、编写程序

在左侧项目树中，单击“程序块”项，然后双击“Main［OB1］”项，打开 Main［OB1］程序块（图 4.23），按照控制要求编写程序。

（1）第一步程序：黄灯快速闪烁 10 次，如图 4.24 所示。按下启动按钮 I0.5，通过启动保持 M10.4 实现 I0.5 的自锁。通过 M0.3 的 2 Hz 频率闪烁，使 M10.3 也以 2 Hz 频率闪烁，计数器累加 10 次后，M10.2 导通，M10.2 的常闭触点断开计数器和 M10.3，闪烁电路停止闪烁。因为 M10.2 接通，所以 M10.1 接通。M10.1 是 T 字路口交通信号灯交替闪烁的启动条件。无论任何时候，只要按下停止按钮 I0.6，快速闪烁电路就停止运行，运行标志位 10.1 断开，所有交通信号灯立即熄灭。

（2）第二步程序：红、绿灯计时器程序，如图 4.25 所示。M10.1 接通后，红绿灯计时器开始工作（延时 20 s 接通），当接通延时计时器计时达到 40 s，输出 Q 接通，使 IN 断电，断开计时器，输出 Q 断开，通过 Q 的常闭触点接通延时计时器，再次开始计时，如此循环。

学习笔记

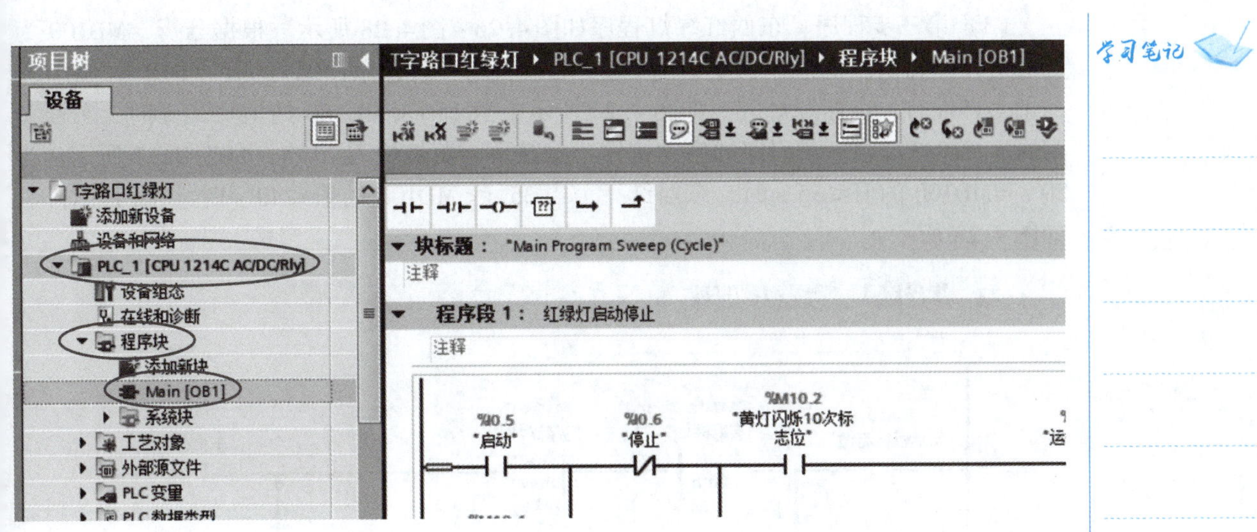

图 4.23　打开程序块

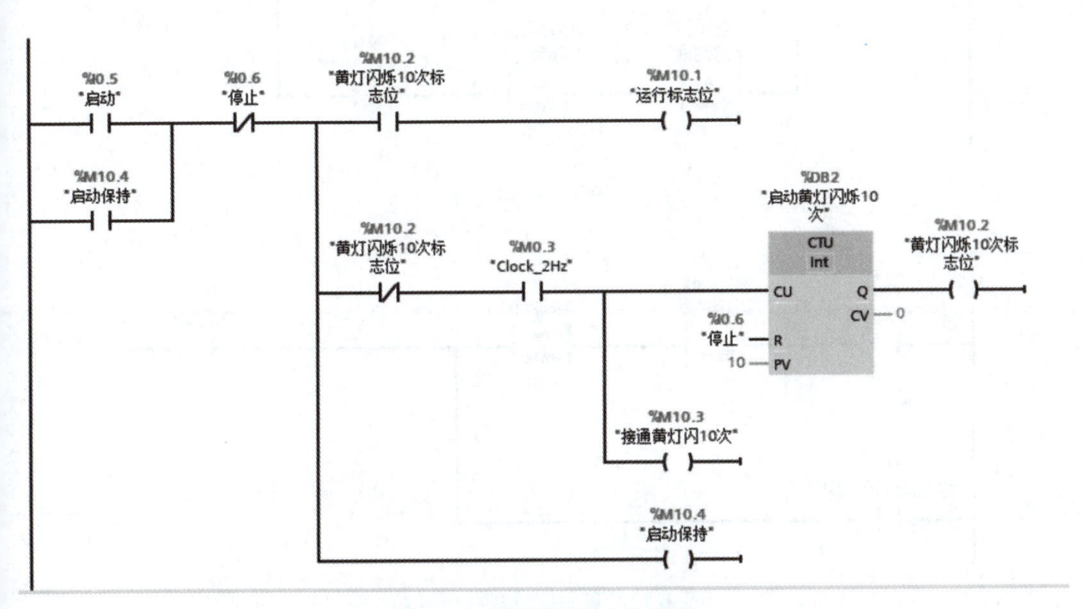

图 4.24　黄灯闪烁 10 次程序

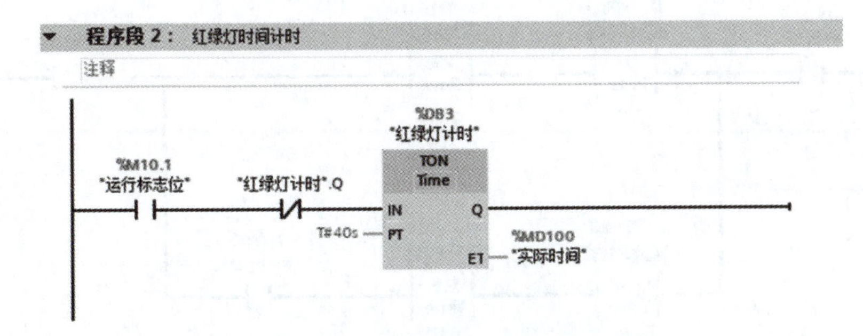

图 4.25　红、绿灯计时器程序

（3）第三步程序：东西红绿灯程序如图 4.26 ~ 图 4.28 所示。根据分析，MD100 为红绿灯计时器的当前值，当 0 s < MD100 的值≤10 s 时，东西绿灯亮，当 10 s < MD100 的值≤15 s 时，东西绿灯闪，如图 4.26 所示；当 15 s < MD100 的值≤20 s 时，东西黄灯亮，M10.3（第一步程序的启动按钮）被按下，黄灯快闪 10 次，如图 4.27 所示；当 20 s < MD100 的值≤35 s 时，东西红亮，当 35 s < MD100 的值≤40 s 时，东西红灯闪，如图 4.28 所示。

程序段 3： 东西红绿灯控制

注释

图 4.26 东西红绿灯程序（1）

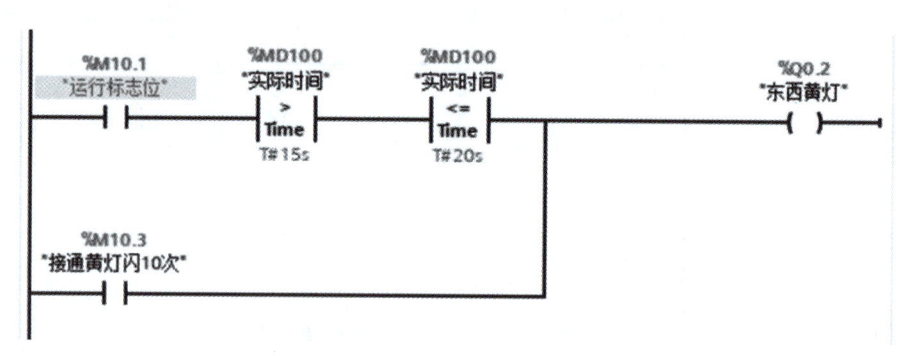

图 4.27 东西红绿灯程序（2）

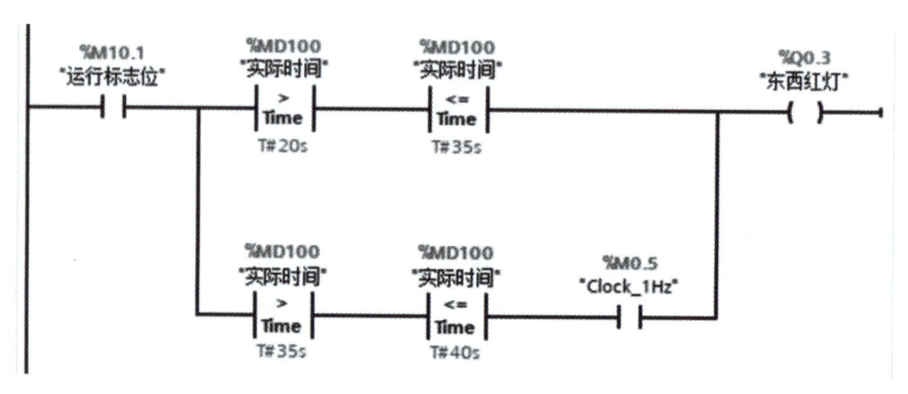

图 4.28 东西红绿灯程序（3）

（4）第四步程序：南侧红绿灯如图 4. 29～图 4. 31 所示。当 0 s < MD100 的值≤15 s 时，南侧红灯亮，当 15 s < MD100 的值≤20 s 时，南侧红灯闪，如图 4. 29 所示；当 20 s < MD100 的值≤30 s 时，南侧绿灯亮，当 30 s < MD100 的值≤35 s 时，南侧绿灯闪，如图 4. 30 所示；当 35 s < MD100 的值≤40 s 时，南侧黄灯亮，M10. 3（第一步程序的启动按钮）被按下，黄灯快闪 10 次，如图 4. 31 所示。

图 4. 29　南侧红绿灯程序（1）

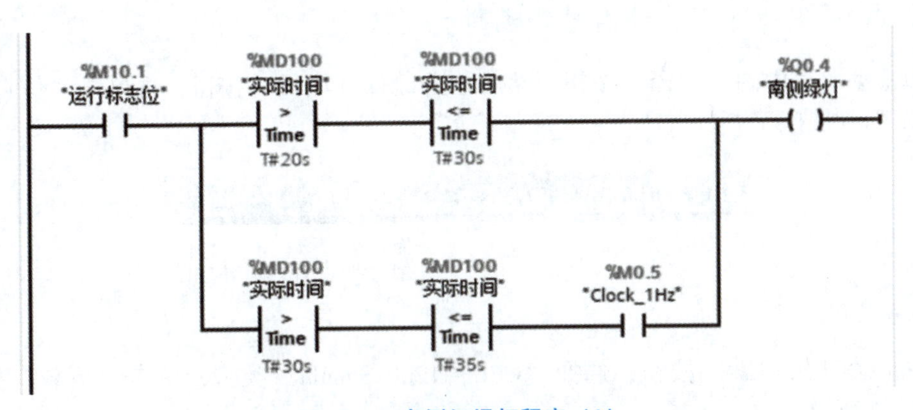

图 4. 30　南侧红绿灯程序（2）

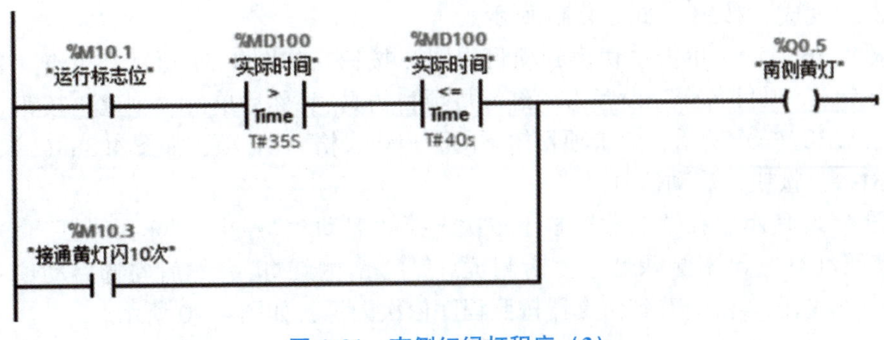

图 4. 31　南侧红绿灯程序（3）

任务三 T字路口交通信号灯控制系统仿真与联机调试

任务描述

依照T字路口交通信号灯的控制要求，编写PLC程序后，为了验证T字路口交通信号灯控制程序是否正确，对其进行仿真模拟检验，之后进行联机调试。

任务目标

如果你是技术人员，你需要具备哪些相关知识和技能？以下是本任务的学习目标。

（1）熟练使用TIA博途软件。

（2）熟练掌握利用PLC仿真器测试项目的方法。

（3）掌握PLC联机调试的方法。

（4）培养在实践过程中发现问题、分析问题、解决问题的能力。

任务实施

活动1：T字路口交通信号灯控制系统仿真

单击菜单栏中的“编译”按钮，然后单击“保存项目”按钮，再单击“仿真”按钮，如图4.32所示。

保存项目 撤销 重做 编译 下载 上传 仿真

图4.32 仿真（1）

单击“开始搜索”按钮，选择“CPU－1200 Simula”类型，单击“下载”按钮，如图4.33所示。

单击“装载”按钮，如图4.34所示。

单击“完成”按钮，如图4.35所示。

如图4.36所示，单击“切换到项目视图”按钮。如图4.37所示，单击“创建新项目”按钮，“项目名称”设置为“红绿灯项目仿真”，然后单击“创建”按钮。

如图4.38（a）所示，双击项目树下的“SIM表格－1”项，如图4.38（b）所示，单击“RUN”按钮，启动仿真。

如图4.39所示，在“名称”栏下依次选择“启动”“停止”“东西绿灯”“东西黄灯”“东西红灯”“南侧绿灯”“南侧黄灯”“南侧红灯”，然后勾选启动项对应的“FALSE”复选框，就会看到仿真器按照程序依次闪烁，如图4.40所示。

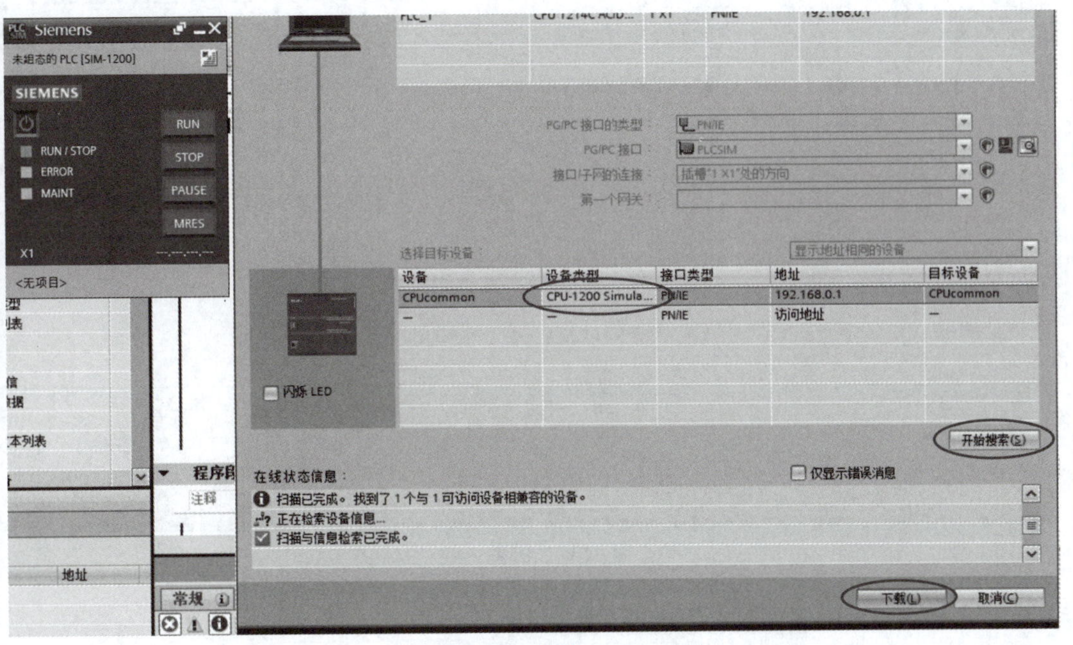

图 4.33　仿真（2）

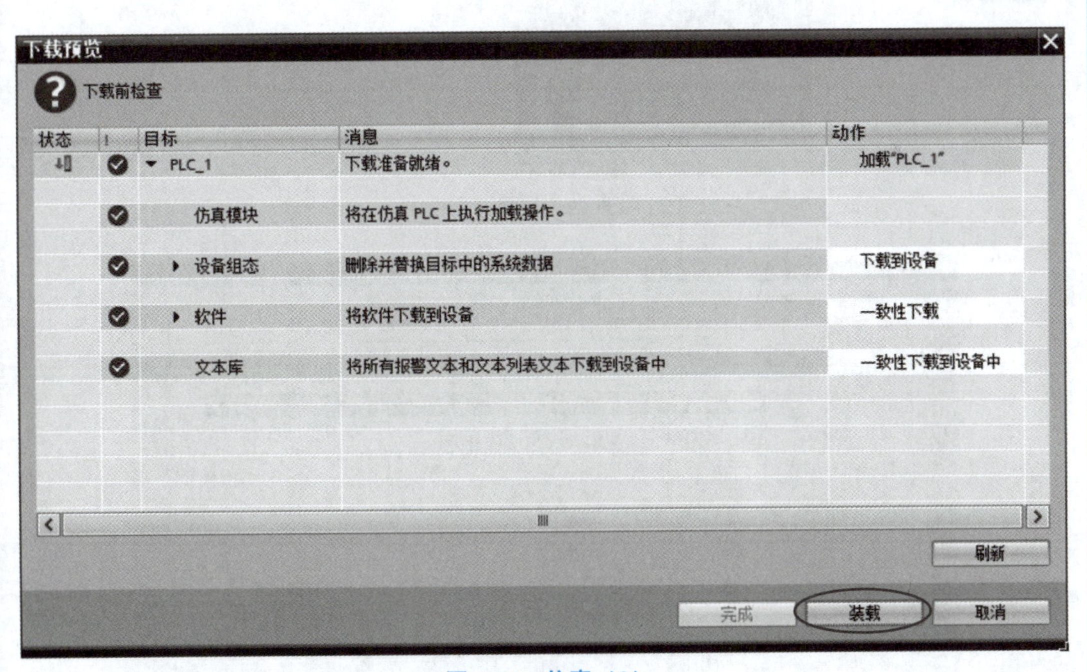

图 4.34　仿真（3）

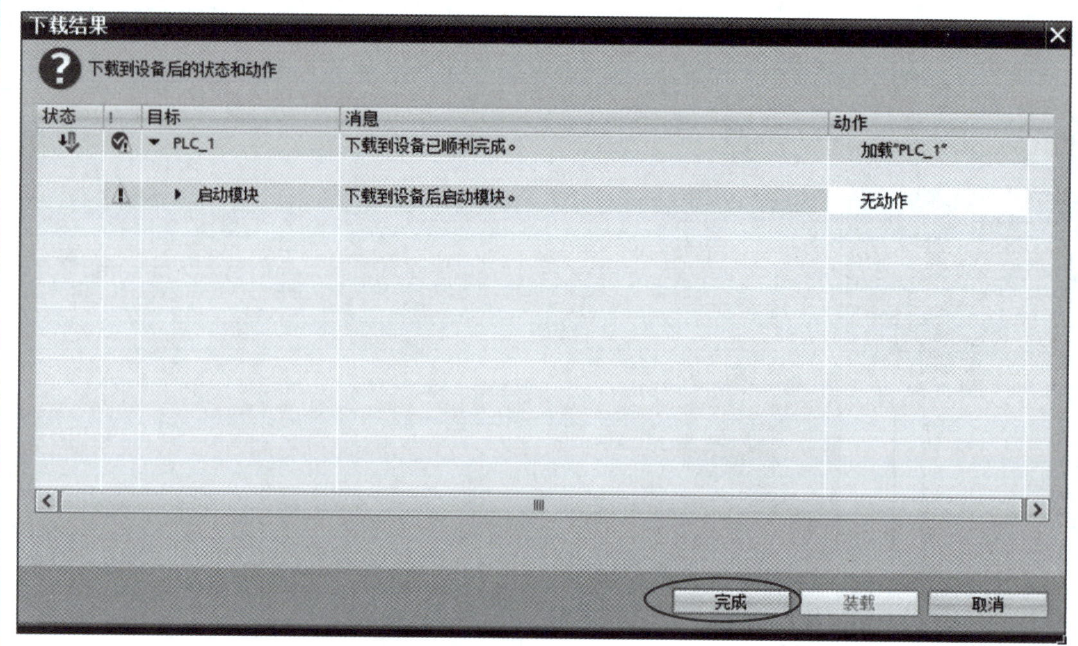

图 4.35　仿真（4）

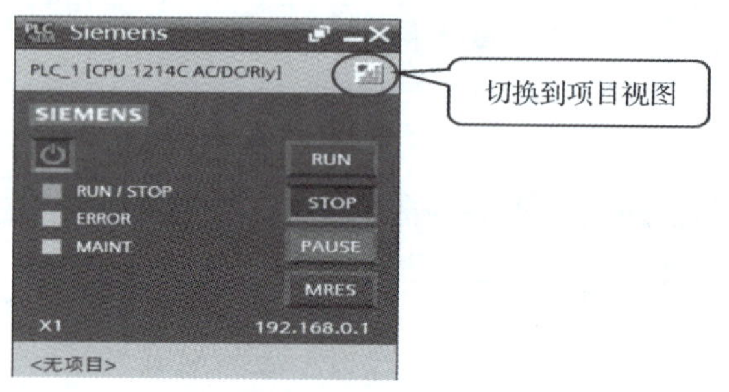

图 4.36　仿真（5）

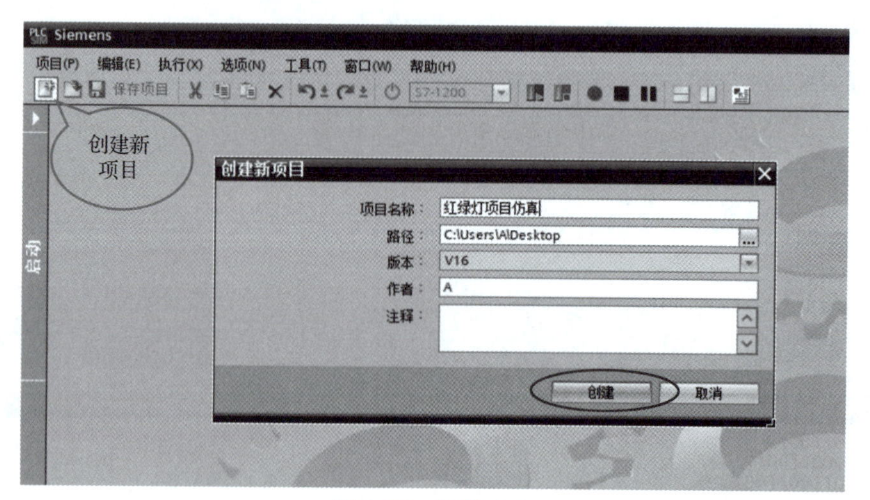

图 4.37　仿真（6）

学习笔记

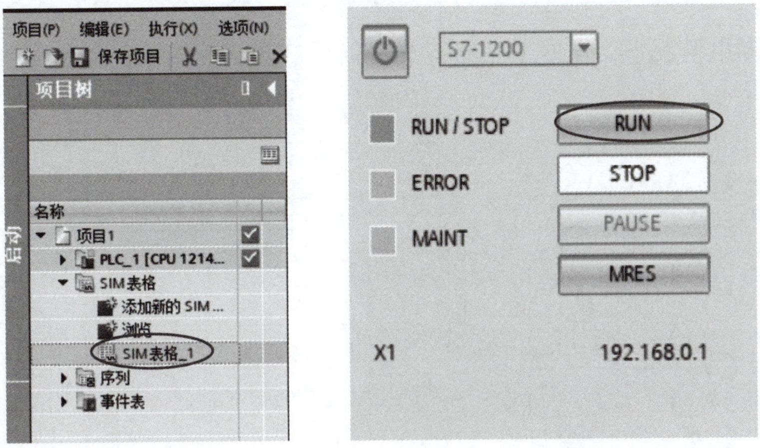

(a)　　　　(b)

图 4.38　仿真（7）

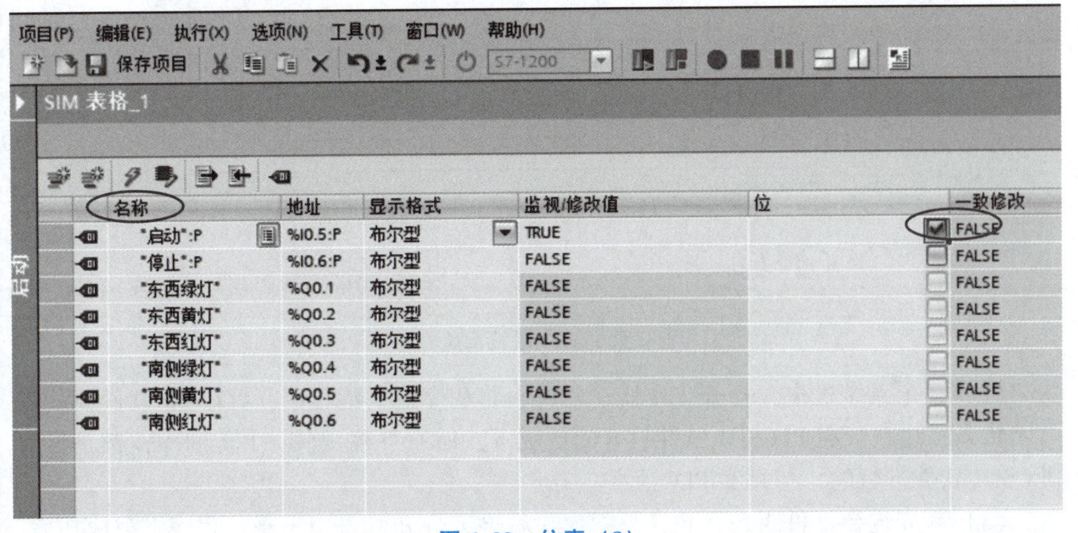

图 4.39　仿真（8）

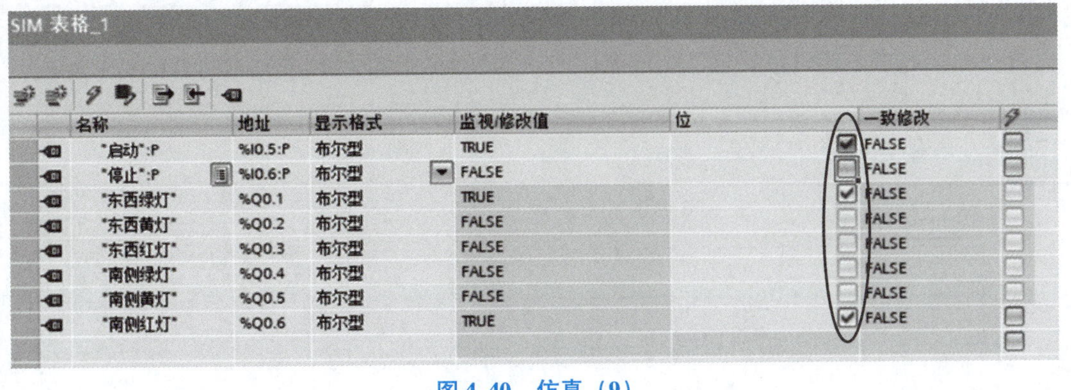

图 4.40　仿真（9）

活动 2：T 字路口交通信号灯控制系统联机调试

（1）在断电情况下，根据 T 字路口交通信号灯图正确接线，正确连接下载线，如图 4.41 所示。

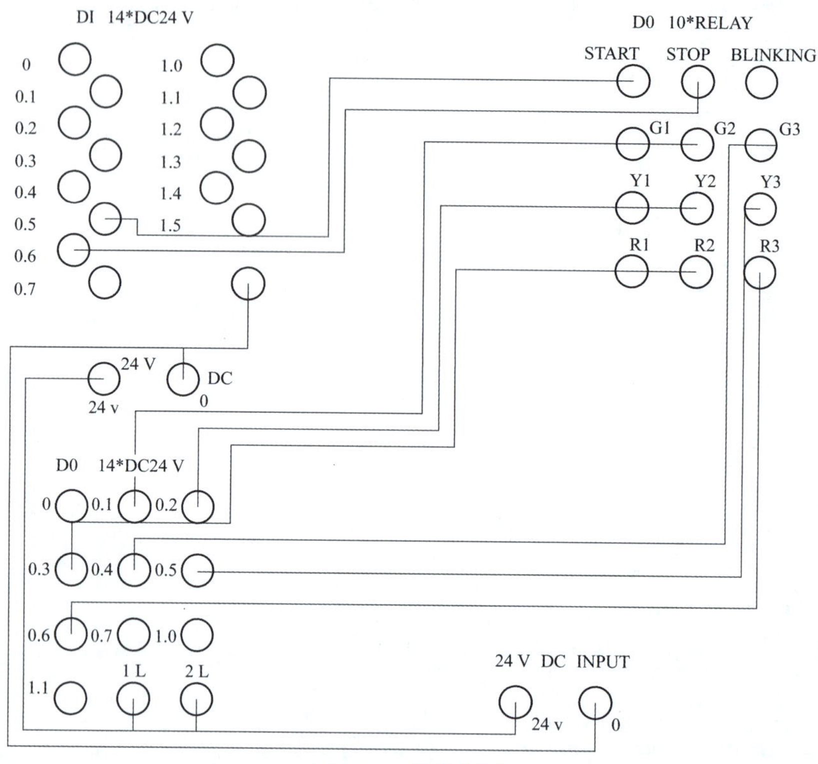

图 4.41 联机调试

（2）整个系统送电，打开 TIA 博途软件，将程序输入编程器，PLCSIM 软件要处于关闭状态。注意：在 PLCSIM 软件打开的情况下，所有下载/监控/上传的操作都是针对 PLCSIM 软件进行的，与真实 PLC 无关。

（3）首先进行硬件组态下载，下载成功后再进行 PLC 站点下载。程序下载成功后，在 TIA 博途软件中运行 PLC。

（4）根据项目要求，测试 T 字路口交通信号灯（红、黄、绿）亮的时间和闪烁状况是否正确。如果不能满足要求，则检查原因，修改程序，重新调试，直到满足要求为止。

本任务小结

项目评价

项目四 “T 字路口交通信号灯控制系统设计与调试” 评价表

任务	评分标准	评分标准	检查情况	得分
PLC 硬件系统组装	10	是否选用合适的 PLC 控制器模块		
硬件接线	10	是否能看懂 PLC 电路接线图，接线是否规范正确		
PLC 相关指令	20	定时器指令应用是否掌握，计数器指令应用是否掌握，比较指令应用是否掌握		
项目创建及组态	10	是否按照任务要求组态硬件		
PLC 程序编写	30	PLC 变量定义是否正确，程序编写和编译是否正确，指令选择是否适当		
仿真	10	仿真模拟是否顺利执行		
联机调试	10	联机调试是否顺利执行		

知识拓展

十字路口交通信号灯控制系统如何设计？

思考与练习

1. 举例说明什么控制可以应用定时器并说明定时器的分类。
2. 举例说明什么控制可以应用计数器并说明计数器的分类。
3. 对于接通延时定时器，触发端要一直为________，才能持续计时，触发端为________时，时间就会清零。
4. 对于加减计数器，加计数或减计数输入的值从 0 变为 1 时，CTUD 会使计数值加____________或减____________。
5. 编写标准自复位计数器程序。

学习笔记

项目五　电梯控制系统设计与调试

项目描述

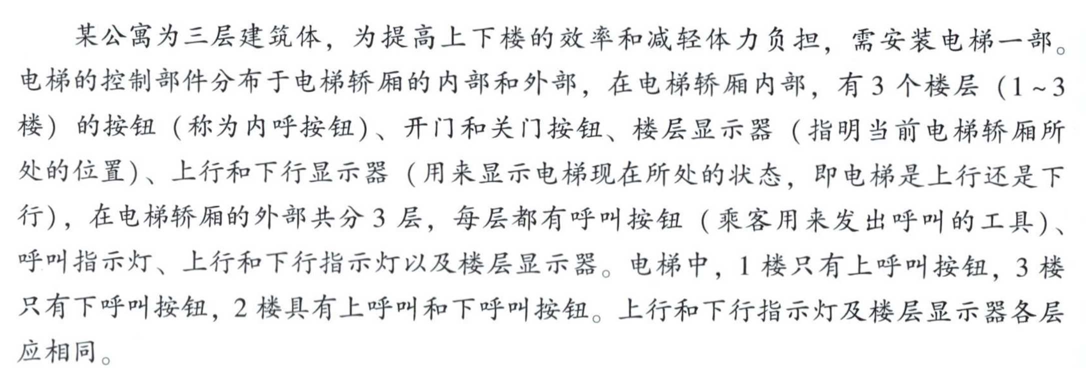

某公寓为三层建筑体，为提高上下楼的效率和减轻体力负担，需安装电梯一部。电梯的控制部件分布于电梯轿厢的内部和外部，在电梯轿厢内部，有3个楼层（1~3楼）的按钮（称为内呼按钮）、开门和关门按钮、楼层显示器（指明当前电梯轿厢所处的位置）、上行和下行显示器（用来显示电梯现在所处的状态，即电梯是上行还是下行），在电梯轿厢的外部共分3层，每层都有呼叫按钮（乘客用来发出呼叫的工具）、呼叫指示灯、上行和下行指示灯以及楼层显示器。电梯中，1楼只有上呼叫按钮，3楼只有下呼叫按钮，2楼具有上呼叫和下呼叫按钮。上行和下行指示灯及楼层显示器各层应相同。

电梯的控制要求如下。①当电梯运行到指定位置后，在电梯内部按下开门按钮，则电梯门打开，延时5 s后自动关门，或按下电梯内部的关门按钮，则电梯门关闭。在轿厢运动期间电梯门是不能打开的。②接收每个呼叫按钮（包括内部与外部的呼叫）的呼叫命令并响应。③电梯停在某一楼层（如2楼）时，按下该楼层呼叫按钮（上呼叫或下呼叫），则相当于发出打开电梯门的命令，执行开门动作；若此时电梯轿厢不在该楼层（如在1楼或2楼），则等到电梯门关闭后，按照不换向原则控制电梯向上或向下运行。④电梯运行的不换向原则是指电梯优先响应不改变电梯现在运行方向的呼叫，直到这些命令全部响应完毕后才响应使电梯反方向运行的呼叫。例如，电梯在2楼和3楼之间上行，此时出现了1楼上呼叫、2楼下呼叫和3楼上呼叫，则电梯首先响应3楼上呼叫，然后响应2楼下呼叫和1楼上呼叫。⑤电梯在每一楼层都有一个行程开关，当电梯碰到某楼层的行程开关后，电动机上下行低速运动（电梯采用双速电动机）1 s后，表示电梯已经到达该楼层。⑥当按下某个呼叫按钮后，相应的呼叫指示灯亮并保持，直到电梯响应该呼叫为止。⑦当电梯运行到某楼层后，相应的楼层指示灯亮，直到电梯运行到其他楼层后，楼层指示灯改变。电梯控制系统模型如图5.1所示。

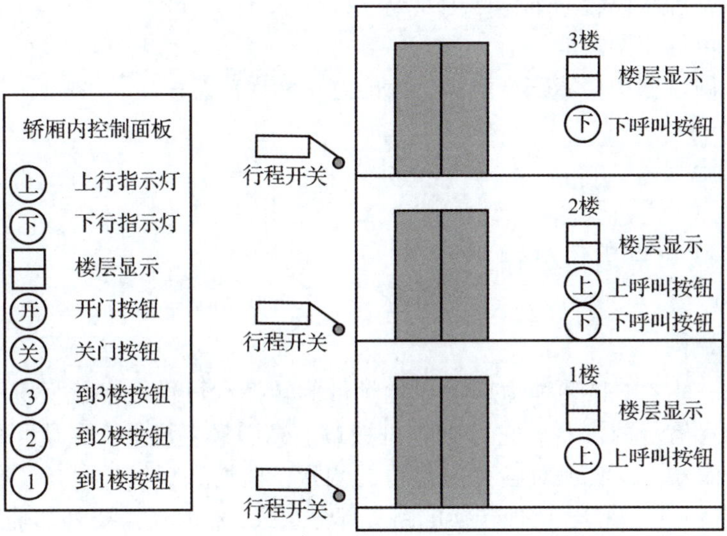

学习笔记

图 5.1　电梯控制系统模型

项目目标

本项目通过完成电梯控制系统设计与调试，掌握传感器、数码管等常用低压电气元件的选用与接线，掌握 S7－1200 PLC 指令的用法，提高编程能力和调试能力等。为此一个技术人员需要完成以下学习目标。

（1）掌握传感器、数码管等常用电气元件选用和接线。

（2）掌握 S7－1200 PLC 的移动指令、移位指令、循环指令、程序控制类指令、中断指令的应用。

（3）提高使用 TIA 博途 V16 软件进行编程、调试和仿真的能力。

（4）培养精益求精、精雕细琢的工匠精神。

（5）爱岗敬业，增强责任意识、安全意识。

（6）培养团队合作能力、发现问题及解决问题的能力。

任务一　电梯控制系统硬件组态设计

任务描述

根据电梯控制系统应用需要，设计输入/输出地址分配表，绘制 PLC 电路接线图。

任务目标

如果你是技术人员，你需要具备哪些相关知识和技能？以下是本任务的学习目标。

（1）掌握常用传感器的类型、工作原理及电气接线。

(2) 掌握常用数码管的工作原理及电气接线。

(3) 提高电气绘图技能。

(4) 在实践过程中培养安全意识、标准意识和规范意识。

任务实施

活动1：认知常用传感器

认知常用传感器

一、传感器简介

传感器是一种能够将某种物理量或化学量等转换为可供数字化、电子化处理的电信号或其他形式信号的设备。它可以将机械量、光学量、热量、磁量、化学量等非电学量转换为电信号，以实现对各种物理量的测量、监控和反馈控制等。传感器一般由敏感元件、转换元件、信号调理转换电路三部分组成，有时还需要外加辅助电源提供转换能量。在现代化的工业、交通、安防、环保等领域，传感器得到广泛的应用。传感器按照测量的物理量不同，可以分为光电传感器、压力传感器、加速度传感器、温度传感器、湿度传感器、磁力传感器、气体传感器等。在工业控制领域常用到的传感器有光电传感器、电感式传感器和电容式传感器，如图5.2所示。

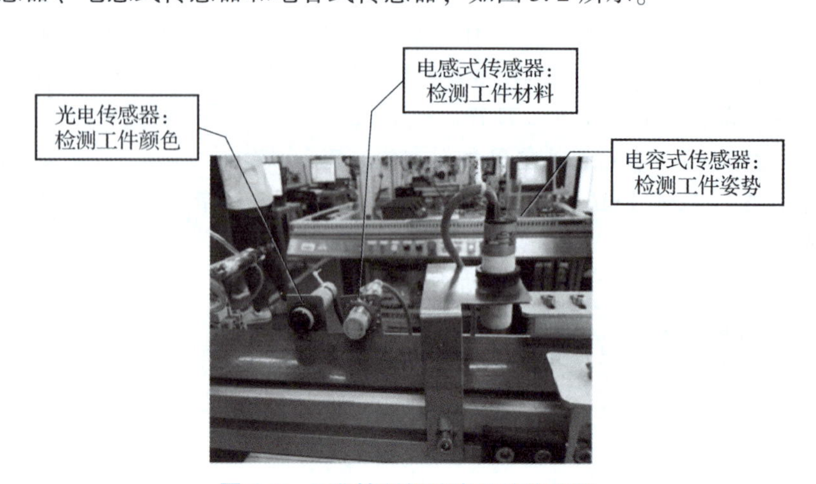

图5.2　工业控制领域常用的传感器

1. 光电传感器

光电传感器是一种利用光电效应进行探测和测量的传感器。在光电传感器中，通常使用光电二极管或光电三极管作为光敏元件，通过它们的光电效应将光信号转换为电信号。当光线照射到光电二极管或光电三极管上时，它们就产生一定的电流或电压信号，这个信号就可以用来判断目标物体是否存在或是否满足某种条件。

光电传感器有多种工作方式，其中比较常见的是反射式、散射式和透射式。反射式光电传感器通过探测物体反射的光线进行测量；散射式光电传感器直接对物体散射的光线进行测量；透射式光电传感器通过检测放置在其两侧的物体遮挡光线的情况进行测量。

光电传感器在工业自动化、机器人控制、电子设备、安全控制等领域有着广泛应用。例如在自动化生产线上，可以使用光电传感器检测物体的位置和形状，实现自动分拣和定位；在门禁系统中，可以使用光电传感器检测是否有人进入或离开；在机器人控制领域，可以使用光电传感器检测机器人的位置和姿态，实现自主导航和操作等。

学习笔记

2. 电感式传感器

电感式传感器是一种测量物理量的传感器，它利用物理量的变化来改变电感器件的电感值，进而将物理量转换为电信号进行测量。其基本工作原理是磁感应定律：当一个导体在磁场中运动或者磁场发生变化时，导体中就会产生电动势。

电感式传感器一般由感应线圈、磁芯、信号调理电路和输出接口等组成。其中，感应线圈是电感变化的主体；磁芯用来导引磁场，并增加感应线圈的灵敏度；信号调理电路用于将传感器采集到的电信号转换成标准信号输出；输出接口用于将测量结果以数字信号或者模拟信号的形式输出。

电感式传感器可以用于测量多种物理量，如位移、角度、质量、压力、温度、流量等。在具体应用中，常需要对传感器的结构与工作特性进行优化设计，以满足不同的需求。电感式传感器具有灵敏度高、响应速度快、线性度好、可靠性高等优点，已经广泛应用于机械制造、流体控制、光学仪器、医疗器械、汽车工业等领域。

3. 电容式传感器

电容式传感器是一种通过测量电容变化来检测物体的位置、形状、尺寸或者其他特征的传感器。它能够感知物体的位置或者其他关键特性，有时还可以同时感知多个物体。

电容式传感器利用电容器的电场原理，通过在自身和被检测物体之间形成电容器来检测物体的位置或者其他特性。电容式传感器由两个金属电极组成，一个电极与电容式传感器表面接触，另一电极则处于静电场中。当被检测物体靠近或离开电容式传感器表面时，介质之间的相对位置会发生改变，电容器的电容值即发生变化，从而改变了所存储的电荷量，这就成为电容式传感器的输出信号。

电容式传感器应用广泛，可以在自动化、医疗、军事、航空航天等行业发挥作用。

二、传感器接线

常用的三线制传感器分为两大类：PNP 型和 NPN 型。“P”代表正极，“N”代表负极。二者的区别是输出状态不同（按照输出信号来判定，即高电平和低电平），PNP 型输出高电平（1），NPN 型输出低电平（0）。

PNP 型和 NPN 型传感器一般有 3 根线，即电源正极线（24 V）、电源负极线（0 V）、OUT 信号输出线，其接线方案如图 5.3 所示。

两线制传感器相当于开关，没有 NPN 型和 PNP 型之分，两线制传感器 2 根线，一根接正极，一根接输出信号。

四线制传感器接线只是多了一根白色输出线，区分了常开和常闭，一般情况下黑色输出线为常开接法，白色输出线为常闭接法。

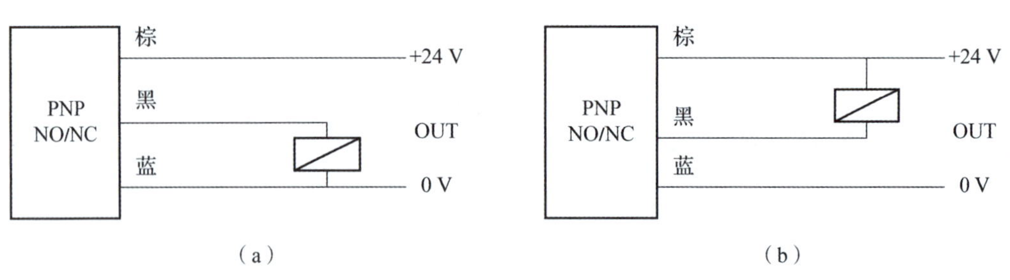

图 5.3　PNP 型和 NPN 型传感器接线方案

（a）PNP 型；（b）NPN 型

活动 2：认知数码管

认识数码管与设计输入输出地址分配表

一、数码管简介

数码管是一种显示器件，可以显示数字和其他信息，如图 5.4 所示。其玻璃管中包含一个由金属丝网制成的阳极和多个阴极，管中含有氖气和氩气等稀有气体。数码管具有以下特点。

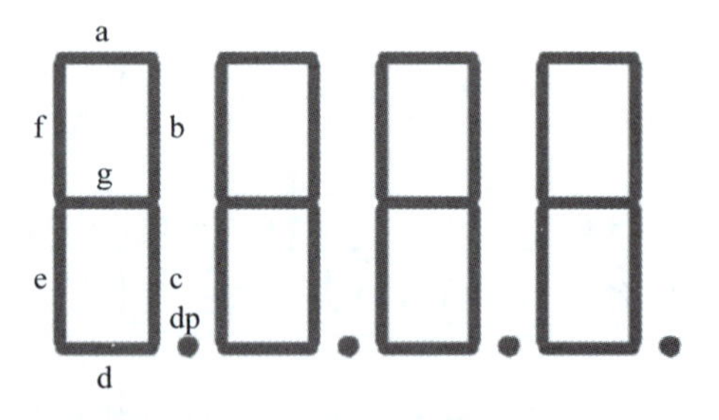

图 5.4　数码管

（1）显示直观：数码管以数字形式直接显示，操作人员可以一目了然地获取信息。

（2）可靠性高：数码管采用发光二极管（LED）作为显示元件，寿命长，抗振性好，能够适应工业环境。

（3）显示灵活：数码管可以通过控制信号的变化显示不同的数字、字符和图形，具有较大的灵活性。

（4）节能环保：数码管采用 LED 作为显示元件，功耗低，寿命长，对环境友好。

二、数码管的分类

数码管可分为七段数码管和八段数码管，其主要区别是八段数码管比七段数码管多一个可用的小数点显示位，其基本单位都是 LED。通常来说，小数点显示位用得比较少，故一般用七段数码管显示数字和字母。

LED 数码管按单元的连接方式可分为共阳数码管和共阴数码管，如图 5.5 所示。共阳数码管在应用时应将公共阳极 COM 接到高电平，当某一字段 LED 的阴极为低电平时，相应字段就点亮，当某一字段 LED 的阴极为高电平时，相应字段就不亮。共阴数码管在应用时应将公共阴极 COM 接到地线 GND 上，当某一字段 LED 的阳极为高电平时，相应字段就点亮，当某一字段 LED 的阳极为低电平时，相应字段就不亮。

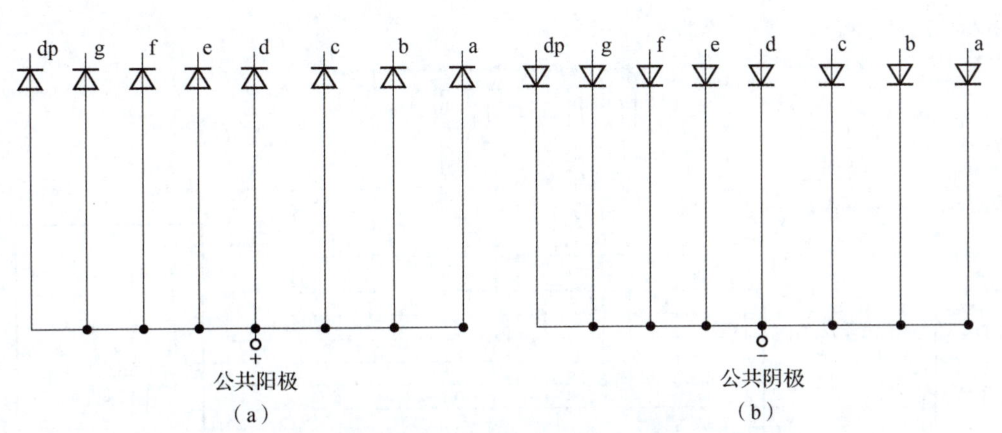

图 5.5　共阳数码管和共阴数码管的 LED 单元连接方式

（a）共阳数码管；（b）共阴数码管

最常见的 PLC 七段数码管的驱动方法：一是对照数码管显示真值表直接将 7 个控制信号通过限流电阻加载于数码管脚上，接线方式如图 5.6 所示；二是输出 BCD 码，通过显示译码器驱动数码管，接线方式如图 5.7 所示。第一种接线方式占有 7 个 PLC 的输出点，每一个输出点对应一段显示，例如要输出数字“1”，需要点亮 b 和 c 两个 LED，使对应的 PLC 输出点 Q0.1 和 Q0.2 使能，同时其他对应点不使能；第二种接线方式占有 4 个 PLC 的输出点，需要通过 PLC 连接译码器输入 D、C、B、A 端，通过转换后驱动显示对应的数字。

其中每一段的串联电阻 *R* 为限流电阻，要根据具体的数码管型号和电源进行选择。本项目采用第一种接线方式。

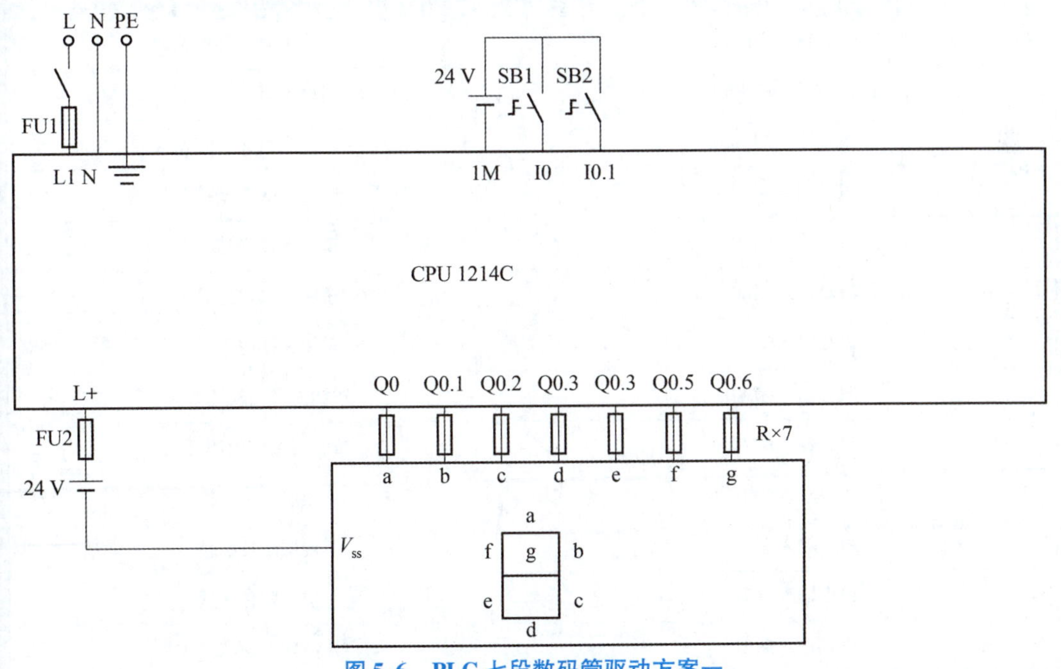

图 5.6　PLC 七段数码管驱动方案一

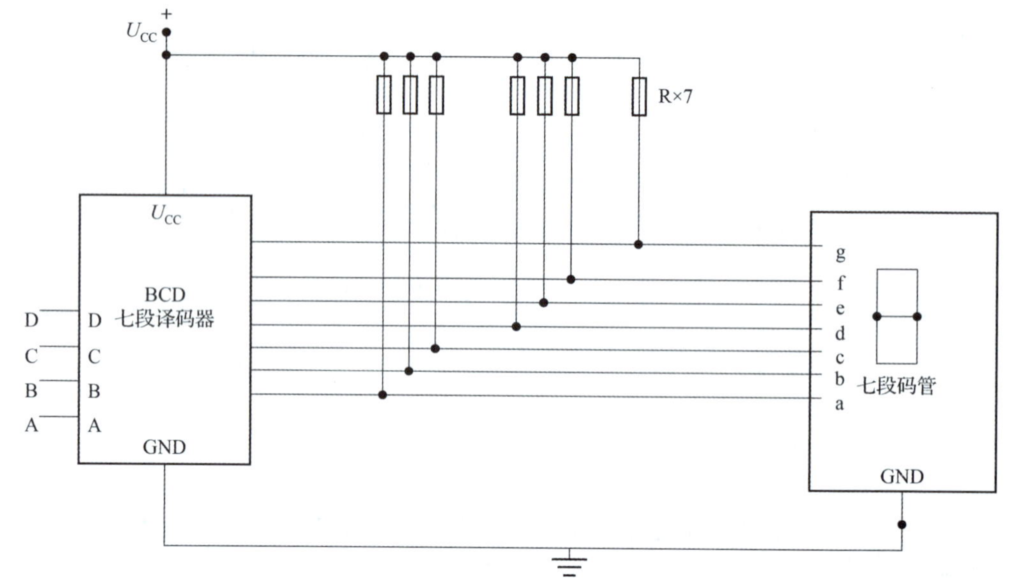

图 5.7　PLC 七段数码管驱动方案二

活动 3：设计输入/输出地址分配表

根据任务描述中的控制要求，本系统设计有 14 个输入、19 个输出。表 5.1 所示为输入/输出地址分配表。

表 5.1　输入/输出地址分配表

PLC 输入/输出	定义
PLC 输入端 I0.0	门厅上行 1 楼按钮
PLC 输入端 I0.1	门厅上行 2 楼按钮
PLC 输入端 I0.2	门厅下行 2 楼按钮
PLC 输入端 I0.3	门厅下行 3 楼按钮
PLC 输入端 I0.4	轿厢 1 楼内选开关
PLC 输入端 I0.5	轿厢 2 楼内选开关
PLC 输入端 I0.6	轿厢 3 楼内选开关
PLC 输入端 I0.7	轿厢内开门检测开关
PLC 输入端 I1.0	轿厢内关门检测开关
PLC 输入端 I1.1	楼层限位 1 楼
PLC 输入端 I1.2	楼层限位 2 楼
PLC 输入端 I1.3	楼层限位 3 楼
PLC 输入端 I1.4	开门到位检测开关
PLC 输入端 I1.5	关门到位检测开关

续表

PLC 输入/输出	定义
PLC 输出端 Q0. 0	1 楼上行门厅信号灯
PLC 输出端 Q0. 1	2 楼上行门厅信号灯
PLC 输出端 Q0. 2	2 楼下行门厅信号灯
PLC 输出端 Q0. 3	3 楼下行门厅信号灯
PLC 输出端 Q0. 4	轿厢内 1 楼信号灯
PLC 输出端 Q0. 5	轿厢内 2 楼信号灯
PLC 输出端 Q0. 6	轿厢内 3 楼信号灯
PLC 输出端 Q0. 7	开门
PLC 输出端 Q1. 0	关门
PLC 输出端 Q1. 1	电动机上行
PLC 输出端 Q1. 2	电动机下行
PLC 输出端 Q1. 3	电动机上下行低速
PLC 输出端 Q2. 0	七段数码管 a
PLC 输出端 Q2. 1	七段数码管 b
PLC 输出端 Q2. 2	七段数码管 c
PLC 输出端 Q2. 3	七段数码管 d
PLC 输出端 Q2. 4	七段数码管 e
PLC 输出端 Q2. 5	七段数码管 f
PLC 输出端 Q2. 6	七段数码管 g

活动 4：绘制 PLC 电路接线图

根据项目描述中的控制要求，画出 PLC 电路接线图，如图 5. 8 所示。

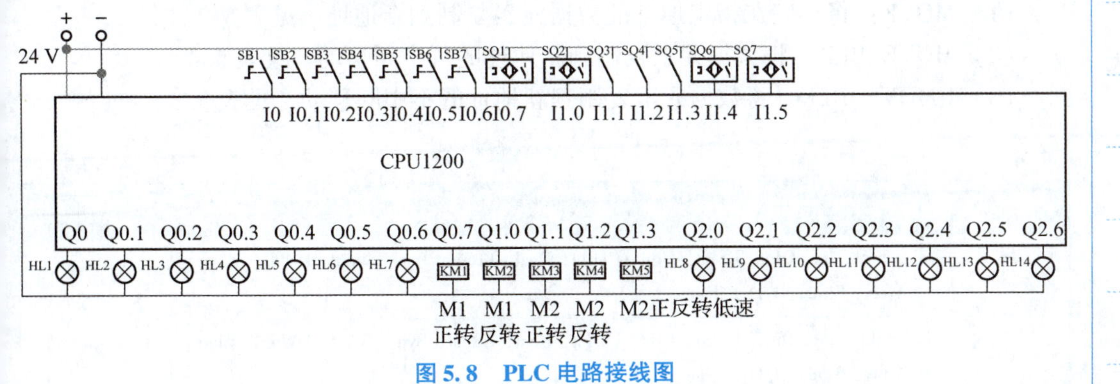

图 5. 8　PLC 电路接线图

任务二　电梯控制系统软件组态和程序设计

任务描述

本任务是根据电梯控制系统的控制要求，在 TIA 博途软件中创建项目、组态并完成程序设计。

任务目标

如果你是技术人员，你需要具备哪些相关知识和技能？以下是本任务的学习目标。

（1）掌握 S7－1200 PLC 的移动指令、移位指令、循环指令、程序控制类指令、中断指令的应用。

（2）完成电梯控制系统软件组态。

（3）完成 PLC 程序的编写。

（4）培养独立思考、分析问题和解决问题的能力。

任务实施

活动 1：认知移动指令、移位指令、循环指令、程序控制类指令、中断指令

一、移动指令

使用移动指令可以将数据元素复制到新的存储器地址并从一种数据类型转换为另一种数据类型（图 5.9）。在移动过程不会更改源数据。

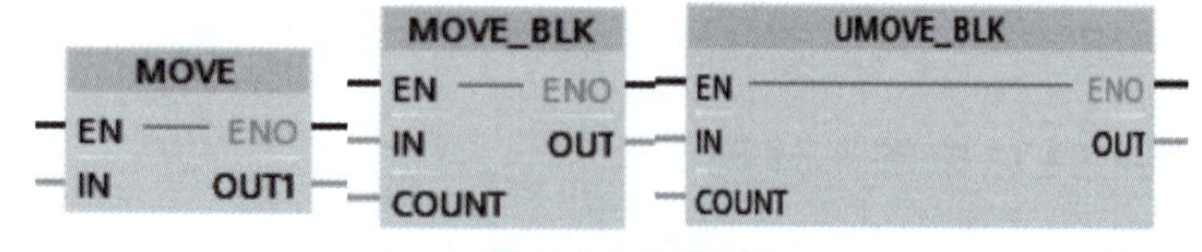

图 5.9　移动指令

（1）MOVE：将存储在指定地址的数据元素复制到新地址，见表 5.2。

（2）MOVE_BLK：将数据元素复制到新地址的可中断移动，见表 5.3。

（3）UMOVE_BLK：将数据元素复制到新地址的不中断移动，见表 5.3。

表 5.2　MOVE 指令

参数	数据类型	说明
IN	SInt，Int，DInt，USInt，UInt，UDInt，Real，LReal，Byte，Word，DWord，Char，Array，Struct，DTL，Time	源地址
OUT	SInt，Int，DInt，USInt，UInt，UDInt，Real，LReal，Byte，Word，DWord，Char，Array，Struct，DTL，Time	目标地址

表 5.3　MOVE_BLK 和 UMOVE_BLK 指令

参数	数据类型	说明
IN	SInt，Int，DInt，USInt，UInt，UDInt，Real，Byte，Word，DWord	源起始地址
COUNT	UInt	要复制的数据元素数
OUT	SInt，Int，DInt，USInt，UInt，UDInt，Real，Byte，Word，DWord	目标起始地址

MOVE 指令将单个数据元素从 IN 参数指定的源地址复制到 OUT 参数指定的目标地址。

MOVE_BLK 和 UMOVE_BLK 指令具有附加的 COUNT 参数。COUNT 参数指定要复制的数据元素个数。每个被复制数据元素的字节数取决于 PLC 变量表中分配给 IN 和 OUT 参数的变量名称的数据类型。

二、移位指令

移位指令用于将参数 IN 的位序列移位，将结果分配给参数 OUT（图 5.10）。参数 N 指定移位的位数：

（1）SHR：右移位序列；

（2）SHL：左移位序列。

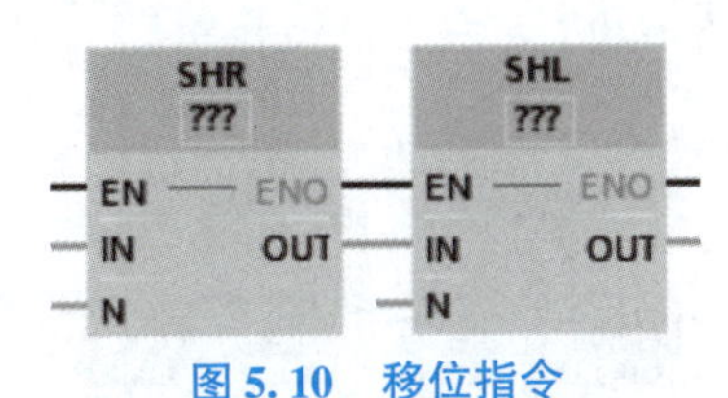

图 5.10　移位指令

在功能框名称下方单击，并从下拉列表中选择数据类型，见表 5.4。

表 5.4　移位指令参数

参数	数据类型	说明
IN	Byte，Word，DWord	要移位的位序列
N	UInt	要移位的位数
OUT	Byte，Word，DWord	移位操作后的位序列

（1）N =0 时，不进行移位，并将 IN 的值分配给 OUT。

（2）用“0”填充移位操作清空的位。

（3）如果要移位的位数（N）超过目标值中的位数（Byte 为 8 位，Word 为 16 位，DWord 为 32 位），则所有原始位值将被移出并用“0”代替（将“0”分配给 OUT）。

（4）对于移位操作，ENO 始终为 TRUE。

1. 右移指令

右移指令分为普通右移指令和循环右移指令两种，其中输入参数 IN 为被移动参数

变量，输入参数 N 为移动位数，输出参数 OUT 为移动后结果值，必须根据输入参数 IN 的数据类型选择对应的指令名称。

2. 左移指令

左移指令分为普通左移指令和循环左移指令两种，其中输入参数 IN 为被移动参数变量，输入参数 N 为移动位数，输出参数 OUT 为移动后结果值，示例见表 5.5。

表 5.5 左移指令示例

Word 大小数据的 SHL 示例：自左移入“0”			
IN	1110 0010 1010 1101	首次移位前的 OUT 值：	1110 0010 1010 1101
—		首次左移后：	1100 0101 0101 1010
—		第二次左移后：	1000 1010 1011 0100
—		第三次左移后：	0001 0101 0110 1000

三、循环指令

循环指令用于将参数 IN 的位序列循环移位，将结果分配给参数 OUT（图 5.11）。参数 N 定义循环移位的位数：

（1）ROR：循环右移位序列；

（2）ROL：循环左移位序列。

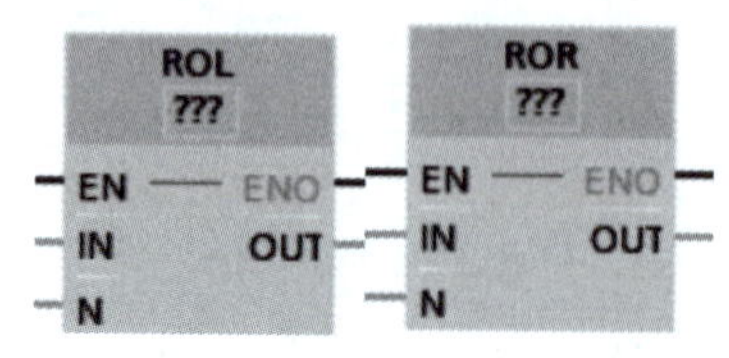

图 5.11 循环指令

在功能框名称下方单击，并从下拉列表中选择数据类型，见表 5.6。

表 5.6 循环指令参数

参数	数据类型	说明
IN	Byte，Word，DWord	要循环移位的位序列
N	UInt	要循环移位的位数
OUT	Byte，Word，DWord	循环移位操作后的位序列

（1）N =0 时，不进行循环移位，并将 IN 值分配给 OUT。

（2）从目标值一侧循环移出的位数据将循环移位到目标值的另一侧，因此原始位值不会丢失。

（3）如果要循环移位的位数（N）超过目标值中的位数（Byte 为 8 位，Word 为 16 位，DWord 为 32 位），则仍将执行循环移位。

（4）执行循环指令之后，ENO 始终为 TRUE。

右循环指令示例见表5.7。

表5.7　右循环指令示例

Word 大小数据的 ROR 示例：将各个位从右侧循环移出到左侧			
IN	0100 0000 0000 0001	首次循环移位前的 OUT 值：	0100 0000 0000 0001
—		首次循环右移后：	1010 0000 0000 0000
—		第二次循环右移后：	0101 0000 0000 0000

四、程序控制类指令

(1) JMP：如果有能流通过 JMP 线圈（LAD），或者 JMP 功能框的输入为真（FBD），则程序将从指定标签后的第一条指令继续执行（图5.12）。

Lable_name
—(JMP)—

图5.12　JMP 指令

(2) JMPN：如果没有能流通过 JMP 线圈（LAD），或者 JMP 功能框的输入为假（FBD），则程序将从指定标签后的第一条指令继续执行（图5.13）。

Lable_name
—(JMPN)—

图5.13　JMPN 指令

(3) 标签：JMP 或 JMPN 跳转指令的目标标签（图5.14），见表5.8。

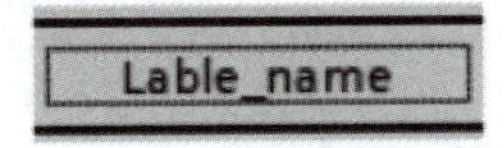

图5.14　标签指令

表5.8　标签指令参数

参数	数据类型	说明
Label_name	标签标识符	跳转指令以及相应跳转目标程序标签的标识符

通过在标签指令中直接输入来创建标签名称。可以使用参数助手图标选择 JMP 和 JMPN 标签名称域可用的标签名称，也可以在 JMP 或 JMPN 指令中直接输入标签名称。

①一个程序段中只能设置一个跳转标签。每个跳转标签可以跳转到多个位置。

②跳转标签遵守以下语法规则。

a. 可使用字母（a～z，A～Z）。

b. 使用字母和数字组合时需注意排列顺序，如首先是字母，然后是数字（a～z，A～Z，0～9）。

c. 不能使用特殊字符或反向排序字母与数字组合，如首先是数字，然后是字母（0～9，a～z，A～Z）。

五、中断指令

附加和分离指令如图 5.15 所示。

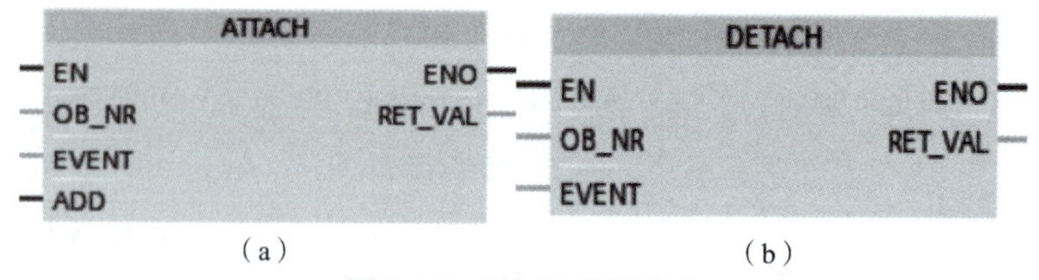

图 5.15　附加和分离指令

(a) 附加指令；(b) 分离指令

使用附加和分离指令可激活和禁用中断事件驱动的子程序，其参数见表 5.9。

(1) 附加指令启用响应硬件中断事件的中断 OB 子程序执行。

(2) 分离指令禁用响应硬件中断事件的中断 OB 子程序执行。

表 5.9　附加和分离指令参数

参数	参数类型	数据类型	说明
OB_NR	IN	Int	组织块标识符：从使用“添加新块”（Add new block）功能创建的可用硬件中断 OB 中进行选择。双击该参数域，然后单击参数助手图标可查看可用的 OB
EVENT	IN	DWord	事件标识符：从在 PLC 设备配置中为数字输入或高速计数器启用的可用硬件中断事件中进行选择。双击该参数域，然后单击参数助手图标可查看这些可用事件
ADD（仅 ATTACH）	IN	Bool	ADD = 0（默认）：该事件将取代先前为此 OB 附加的所有事件；ADD = 1：该事件将添加到先前为此 OB 附加的事件中
RET_VAL	OUT	Int	执行条件代码

活动 2：软件组态及 PLC 变量表设计

电梯控制系统的软件组态和程序设计

根据项目要求，设计的软件组态如图 5.16 所示，由于控制器模块 CPU 1214C 拥有的 I/O 点满足不了系统需求，所以增加一个 SM1223 数字量模块。电梯控制系统 PLC 变量表如图 5.17 所示。

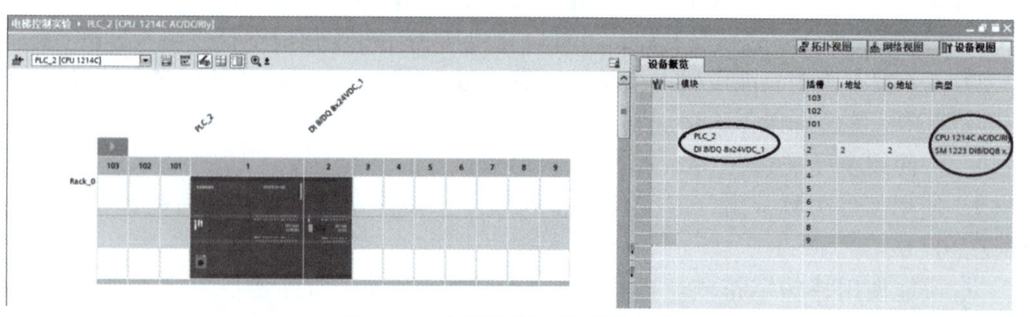

图 5.16　电梯控制系统软件组态

学习笔记

		名称	数据类型	地址 ▲
1		门厅上行1楼	Bool	%I0.0
2		门厅上行2楼	Bool	%I0.1
3		门厅下行2楼	Bool	%I0.2
4		门厅下行3楼	Bool	%I0.3
5		轿厢1楼	Bool	%I0.4
6		轿厢2楼	Bool	%I0.5
7		轿厢3楼	Bool	%I0.6
8		轿厢内开门	Bool	%I0.7
9		轿厢内关门	Bool	%I1.0
10		楼层限位1楼	Bool	%I1.1
11		楼层限位2楼	Bool	%I1.2
12		楼层限位3楼	Bool	%I1.3
13		开门到位	Bool	%I1.4
14		关门到位	Bool	%I1.5

		名称	数据类型	地址 ▲
15		1楼上行 门厅信号灯	Bool	%Q0.0
16		2楼上行 门厅信号灯	Bool	%Q0.1
17		2楼下行 门厅信号灯	Bool	%Q0.2
18		3楼下行 门厅信号灯	Bool	%Q0.3
19		轿厢内1楼信号灯	Bool	%Q0.4
20		轿厢内2楼信号灯	Bool	%Q0.5
21		轿厢内3楼信号灯	Bool	%Q0.6
22		开门	Bool	%Q0.7
23		关门	Bool	%Q1.0
24		电机上行	Bool	%Q1.1
25		电机下行	Bool	%Q1.2
26		电动机上下行低速	Bool	%Q1.3
27		数码管显示控制	Byte	%QB2
28		七段数码管a	Bool	%Q2.0
29		七段数码管b	Bool	%Q2.1
30		七段数码管c	Bool	%Q2.2
31		七段数码管d	Bool	%Q2.3
32		七段数码管e	Bool	%Q2.4
33		七段数码管f	Bool	%Q2.5
34		七段数码管g	Bool	%Q2.6

		名称	数据类型	地址 ▲
35		Tag_9	Bool	%M0.0
36		Tag_6	Bool	%M1.0
37		Tag_7	Bool	%M1.1
38		Tag_8	Bool	%M1.2
39		Tag_10	Bool	%M3.1
40		Tag_11	Bool	%M3.2
41		Tag_12	Bool	%M3.3
42		Tag_3	Bool	%M5.1
43		Tag_4	Bool	%M5.2
44		Tag_5	Bool	%M5.3
45		Tag_2	Bool	%M10.0
46		Tag_1	Bool	%M10.1
47		Tag_13	Bool	%M10.2
48		Tag_14	Bool	%M30.0
49		Tag_15	Bool	%M30.1
50		Tag_16	Bool	%M30.2
51		Tag_17	Bool	%M30.3

图 5.17　电梯控制系统 PLC 变量表

活动 3：编写 PLC 控制程序

打开 Main［OB1］程序块，按照控制要求编写 PLC 控制程序，电梯控制系统程序如图 5.18 所示。

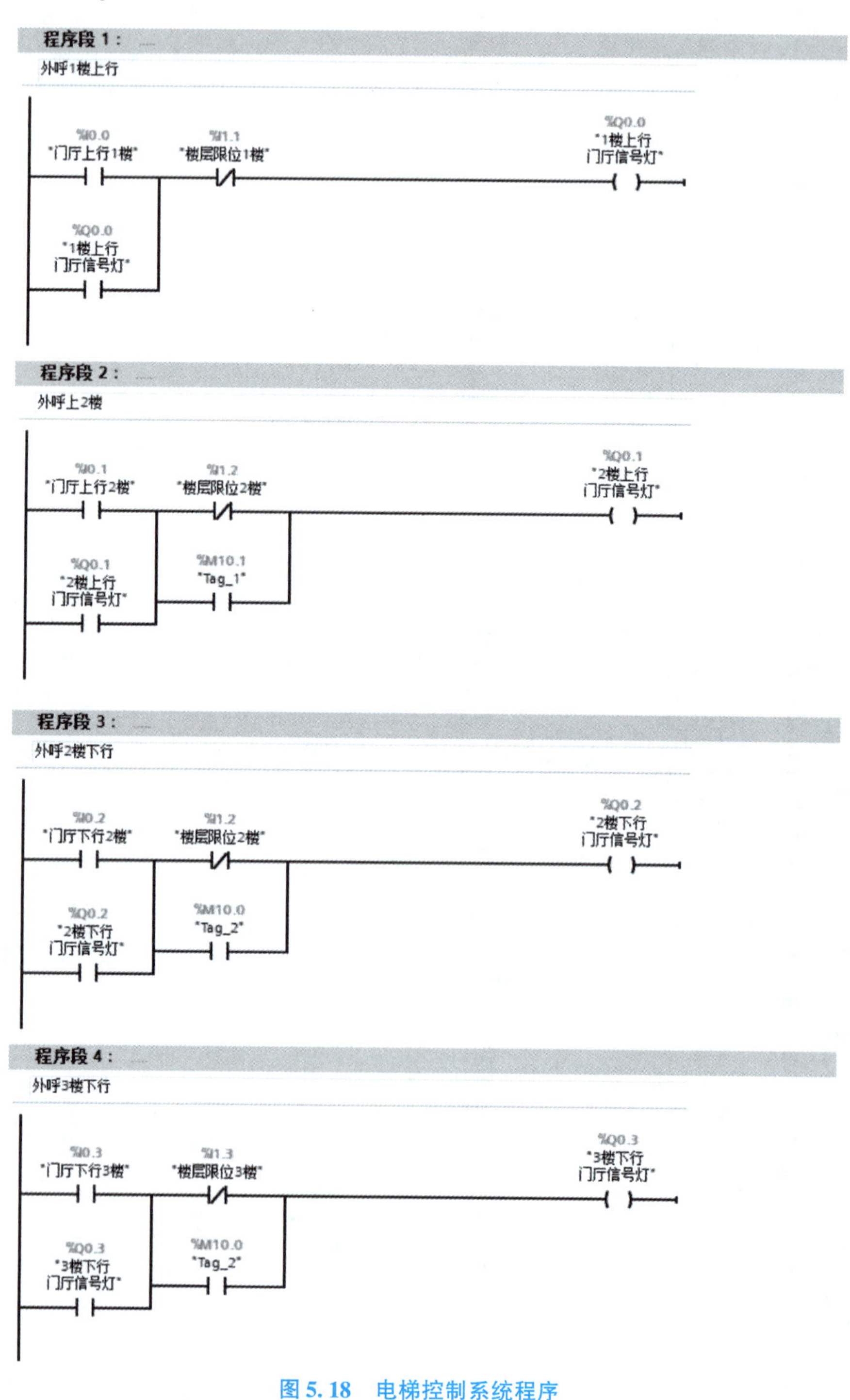

图 5.18　电梯控制系统程序

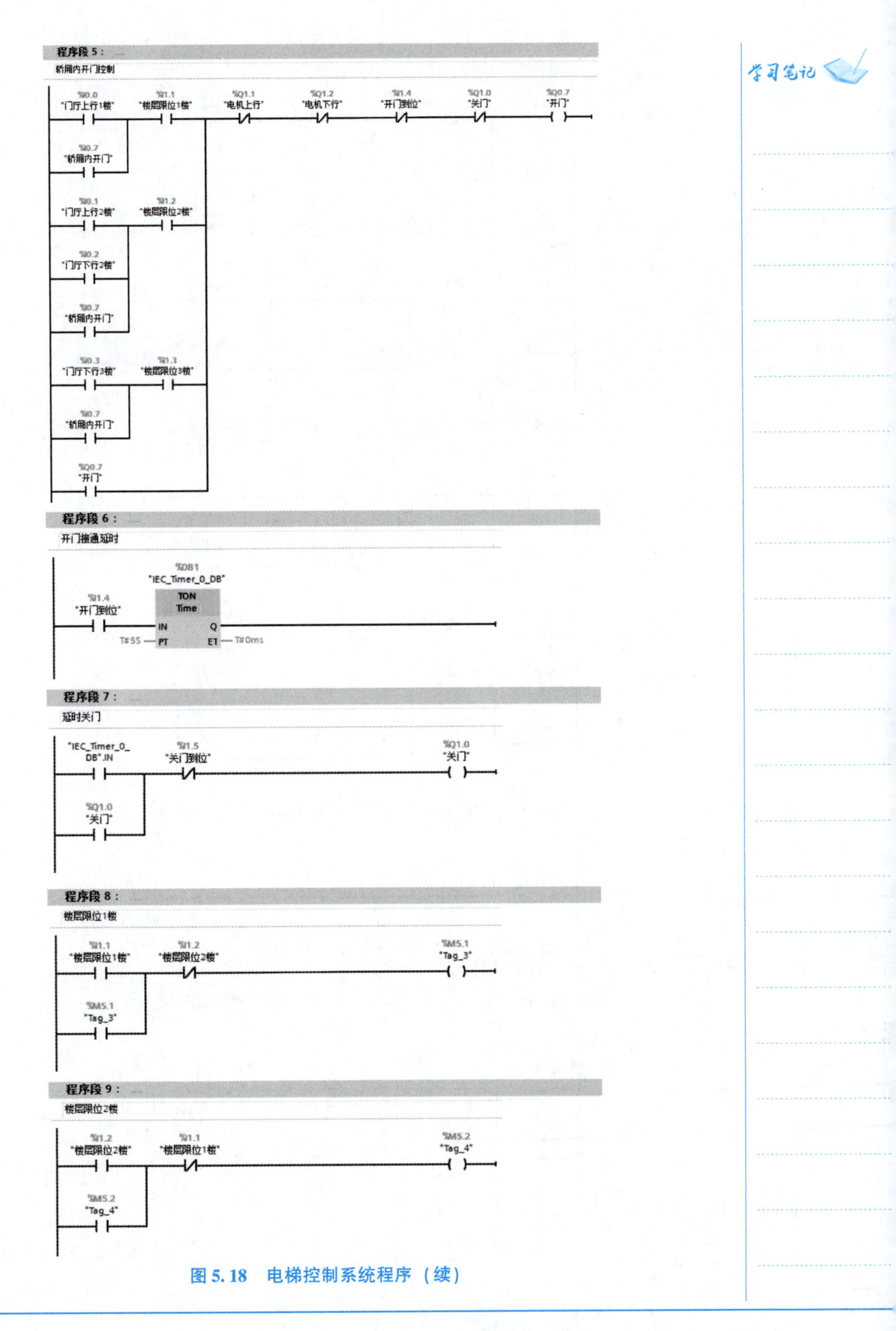

图5.18 电梯控制系统程序（续）

程序段 10：

楼层限位2楼

%I1.3
"楼层限位3楼"
%I1.2
"楼层限位2楼"
%M5.3
"Tag_5"
%M5.3
"Tag_5"

程序段 11：

轿厢1楼

%I0.4
"轿厢1楼"
%I1.1
"楼层限位1楼"
%M1.0
"Tag_6"
%M1.0
"Tag_6"
%Q0.4
"轿厢内1楼信号灯"

程序段 12：

轿厢2楼

%I0.5
"轿厢2楼"
%I1.2
"楼层限位2楼"
%M1.1
"Tag_7"
%M1.1
"Tag_7"
%Q0.5
"轿厢内2楼信号灯"

程序段 13：

轿厢3楼

%I0.6
"轿厢3楼"
%I1.3
"楼层限位3楼"
%M1.2
"Tag_8"
%M1.2
"Tag_8"
%Q0.6
"轿厢内3楼信号灯"

程序段 14：

1楼上行

%Q0.0
"1楼上行门厅信号灯"
%M3.1
"Tag_10"
%M1.0
"Tag_6"

程序段 15：

2楼上\下行

%Q0.1
"2楼上行门厅信号灯"
%M3.2
"Tag_11"
%Q0.2
"2楼下行门厅信号灯"
%M1.1
"Tag_7"

图 5.18　电梯控制系统程序（续）

学习笔记

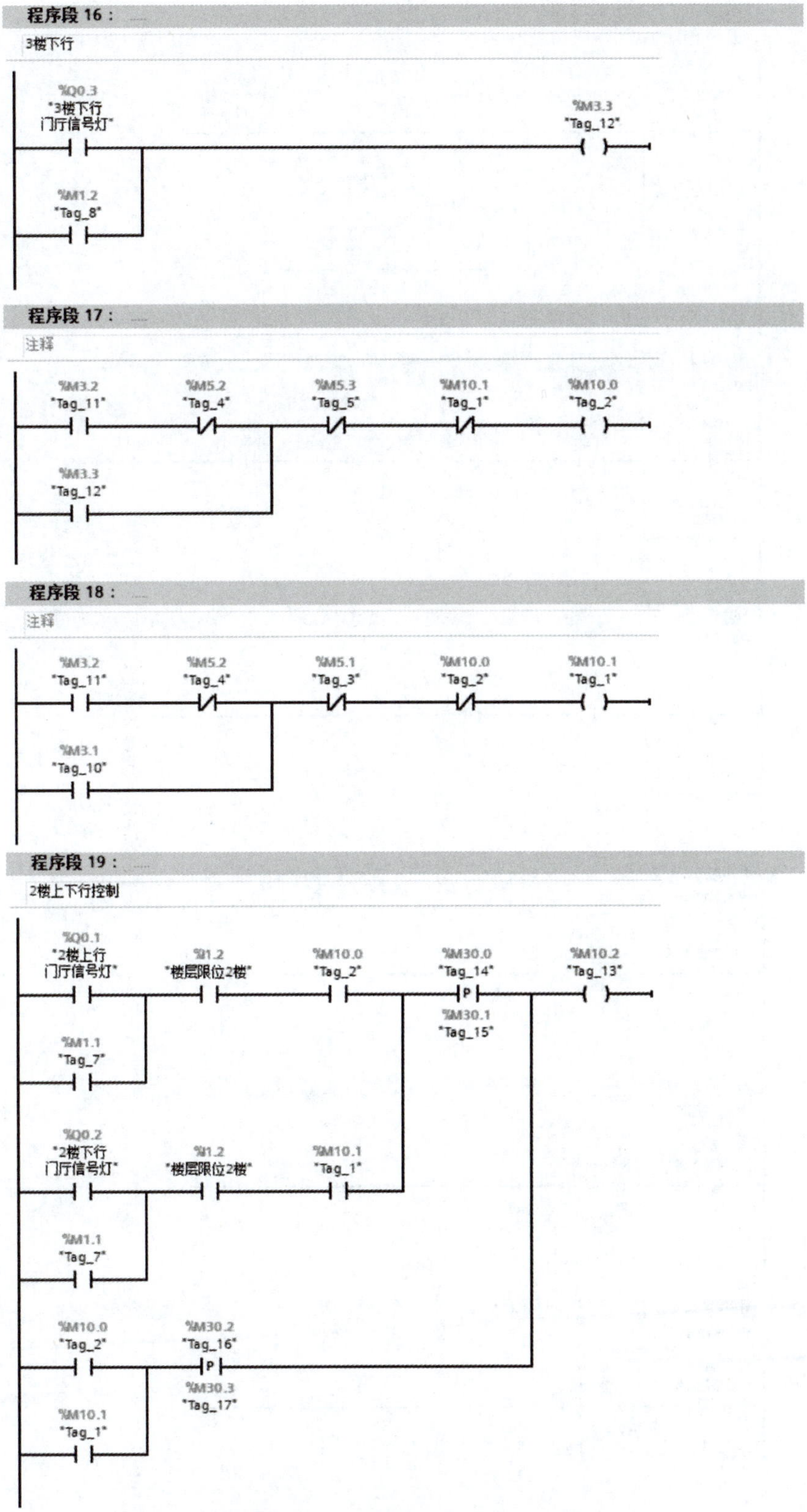

程序段 16：

3楼下行

程序段 17：

注释

程序段 18：

注释

程序段 19：

2楼上下行控制

图 5.18　电梯控制系统程序（续）

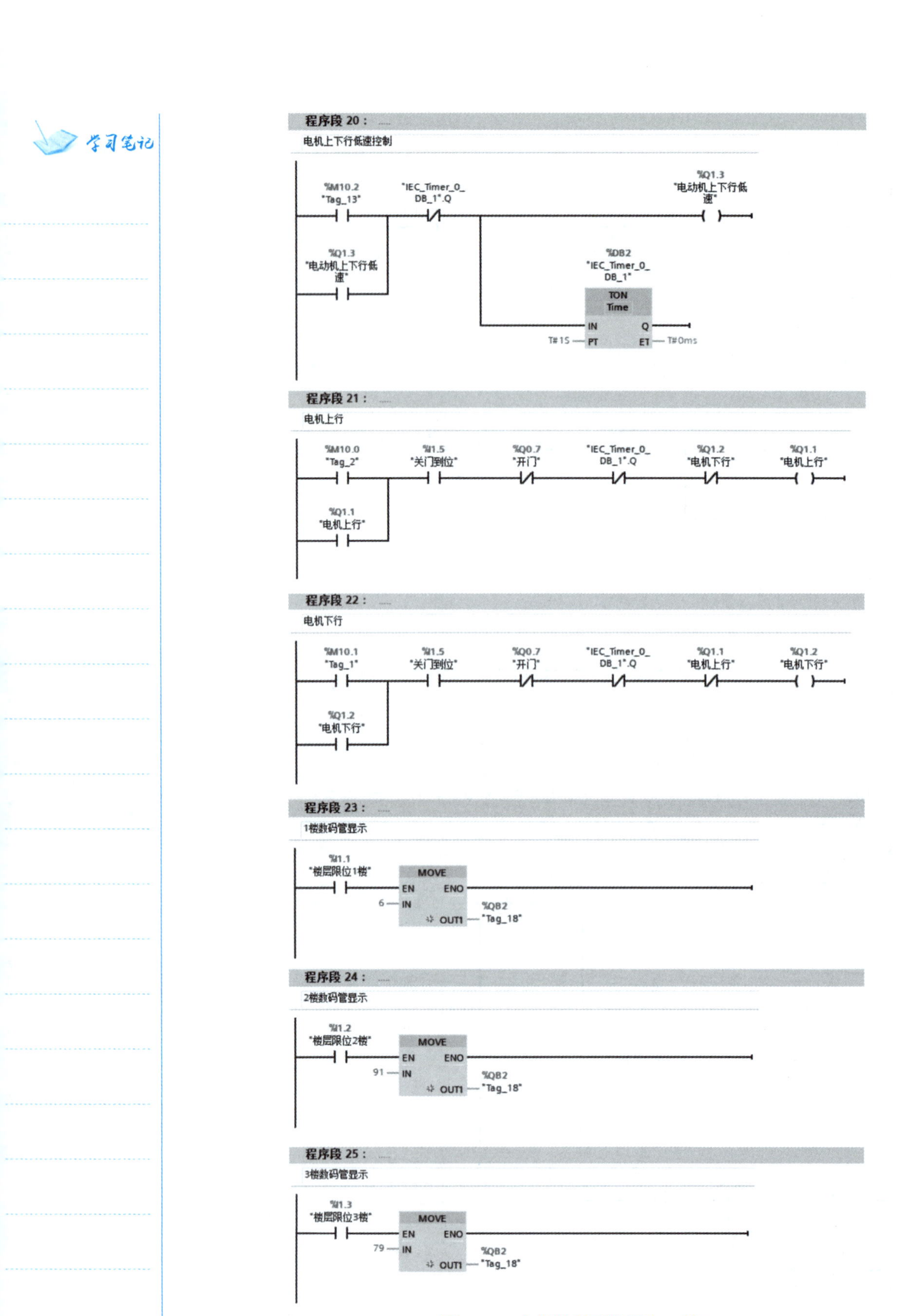

图 5.18　电梯控制系统程序（续）

任务三　电梯控制系统仿真与联机调试

学习笔记

任务描述

按照电梯控制系统的控制要求，完成电梯控制系统仿真与联机调试。

任务目标

如果你是技术人员，你需要具备哪些相关知识和技能？以下是本任务的学习目标。

（1）熟练掌握仿真软件的使用方法。

（2）掌握联机调试的方法和过程。

（3）培养严谨的科学态度，提高职业素养。

电梯控制系统的仿真与联机调试

任务实施

活动 1：电梯控制系统仿真

单机项目树下的“PLC_X”文件夹（X 一般表示第几个控制器，本项使用的是第 2 个，显示“PLC_2”），双击“监控与强制表”项，添加新控制表，生成“监控表_1”，如图 5.19 所示。在表中“名称”或“地址”栏添加所有输出变量。双击打开强制表，在“名称”或“地址”栏添加所有输入变量，如图 5.20 所示。利用强制表模拟信号输入顺序，通过监控表观察输出信号。

电梯控制实验 ▸ PLC_2 [CPU 1214C AC/DC/Rly] ▸ 监控与强制表 ▸ 监控表_1

	i	名称	地址	显示格式	监视值	修改值	
1		"1楼上行门厅信号灯"	%Q0.0	布尔型			
2		"2楼上行门厅信号灯"	%Q0.1	布尔型			
3		"2楼下行门厅信号灯"	%Q0.2	布尔型			
4		"3楼下行门厅信号灯"	%Q0.3	布尔型			
5		"轿厢内1楼信号灯"	%Q0.4	布尔型			
6		"轿厢内2楼信号灯"	%Q0.5	布尔型			
7		"轿厢内3楼信号灯"	%Q0.6	布尔型			
8		"开门"	%Q0.7	布尔型			
9		"关门"	%Q1.0	布尔型			
10		"电动机上行"	%Q1.1	布尔型			
11		"电动机下行"	%Q1.2	布尔型			
12		"电动机上下行低速"	%Q1.3	布尔型			
13		"数码管显示控制"	%QB2	二进制			

图 5.19　“PLC_2”中的监控表

通过任务栏快捷图标开启仿真，下载程序并运行，打开程序“启用/禁用监视”。观察窗口，若所有检查图示均为绿色，程序段左母线变成绿色，说明设备组态、编程以及仿真配置都正确，可以进行下一步，如图 5.21 所示。

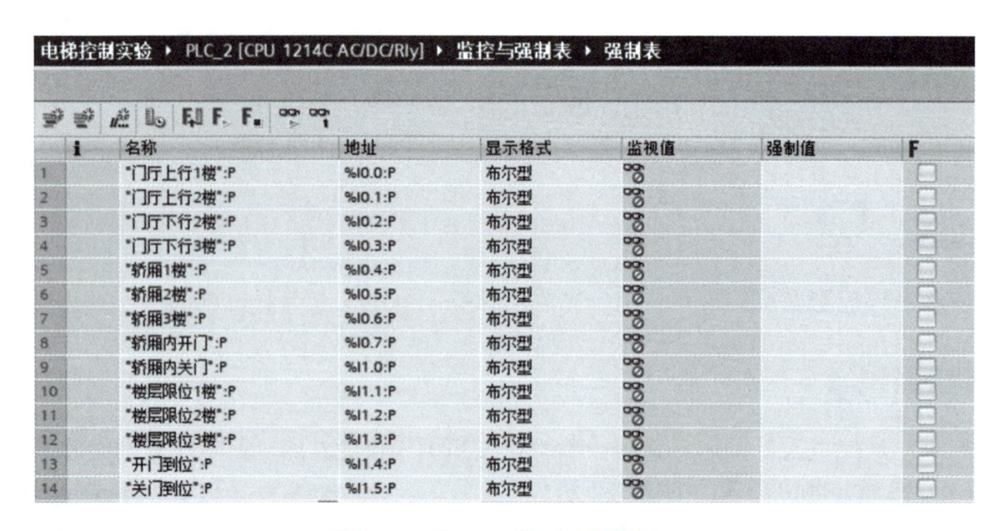

电梯控制实验 ▸ PLC_2 [CPU 1214C AC/DC/Rly] ▸ 监控与强制表 ▸ 强制表

	i	名称	地址	显示格式	监视值	强制值	F
1		"门厅上行1楼":P	%I0.0:P	布尔型			
2		"门厅上行2楼":P	%I0.1:P	布尔型			
3		"门厅下行2楼":P	%I0.2:P	布尔型			
4		"门厅下行3楼":P	%I0.3:P	布尔型			
5		"轿厢1楼":P	%I0.4:P	布尔型			
6		"轿厢2楼":P	%I0.5:P	布尔型			
7		"轿厢3楼":P	%I0.6:P	布尔型			
8		"轿厢内开门":P	%I0.7:P	布尔型			
9		"轿厢内关门":P	%I1.0:P	布尔型			
10		"楼层限位1楼":P	%I1.1:P	布尔型			
11		"楼层限位2楼":P	%I1.2:P	布尔型			
12		"楼层限位3楼":P	%I1.3:P	布尔型			
13		"开门到位":P	%I1.4:P	布尔型			
14		"关门到位":P	%I1.5:P	布尔型			

图 5.20 “PLC_2” 中的强制表

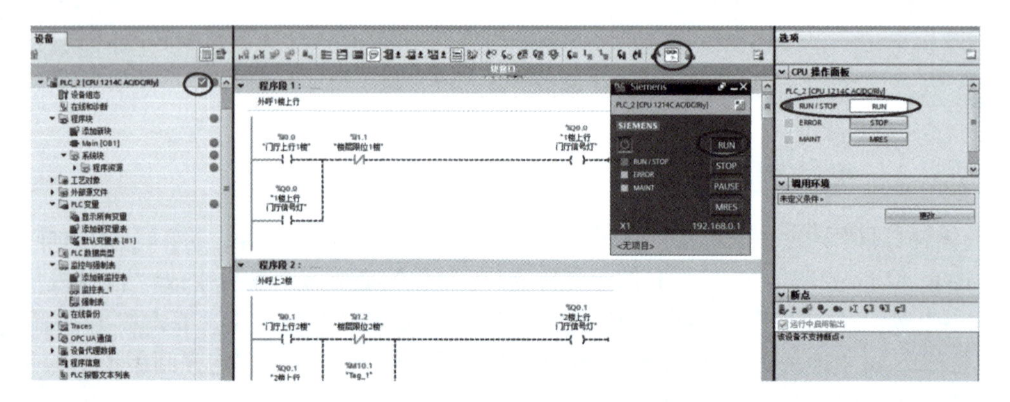

图 5.21 开启仿真

完成此项目需测试多种状态，限于篇幅，这里只介绍一种状态，其他状态可通过书中示例自行测试。示例仿真为测试 1 楼外呼上 2 楼的过程，电梯初始状态为在 1 楼，关门到位且楼层限位开关被触发，如图 5.22 所示。

电梯控制实验 ▸ PLC_2 [CPU 1214C AC/DC/Rly] ▸ 监控与强制表 ▸ 强制表

	i	名称	地址	显示格式	监视值	强制值	F
1		"门厅上行1楼":P	%I0.0:P	布尔型			
2		"门厅上行2楼":P	%I0.1:P	布尔型			
3		"门厅下行2楼":P	%I0.2:P	布尔型			
4		"门厅下行3楼":P	%I0.3:P	布尔型			
5		"轿厢1楼":P	%I0.4:P	布尔型			
6		"轿厢2楼":P	%I0.5:P	布尔型			
7		"轿厢3楼":P	%I0.6:P	布尔型			
8		"轿厢内开门":P	%I0.7:P	布尔型			
9		"轿厢内关门":P	%I1.0:P	布尔型			
10	F	"楼层限位1楼":P	%I1.1:P	布尔型		TRUE	☑
11		"楼层限位2楼":P	%I1.2:P	布尔型			
12		"楼层限位3楼":P	%I1.3:P	布尔型			
13		"开门到位":P	%I1.4:P	布尔型			
14	F	"关门到位":P	%I1.5:P	布尔型		TRUE	☑

图 5.22 电梯初始状态

在强制表中使能外呼按钮“门厅上行 1 楼”，通过监控表_1 可观察到控制器执行“开门”动作且数码管 bc 段输出显示 1 楼，由于电梯处在 1 楼，所以“1 楼上行门厅信号灯”没有输出，如图 5. 23 所示。

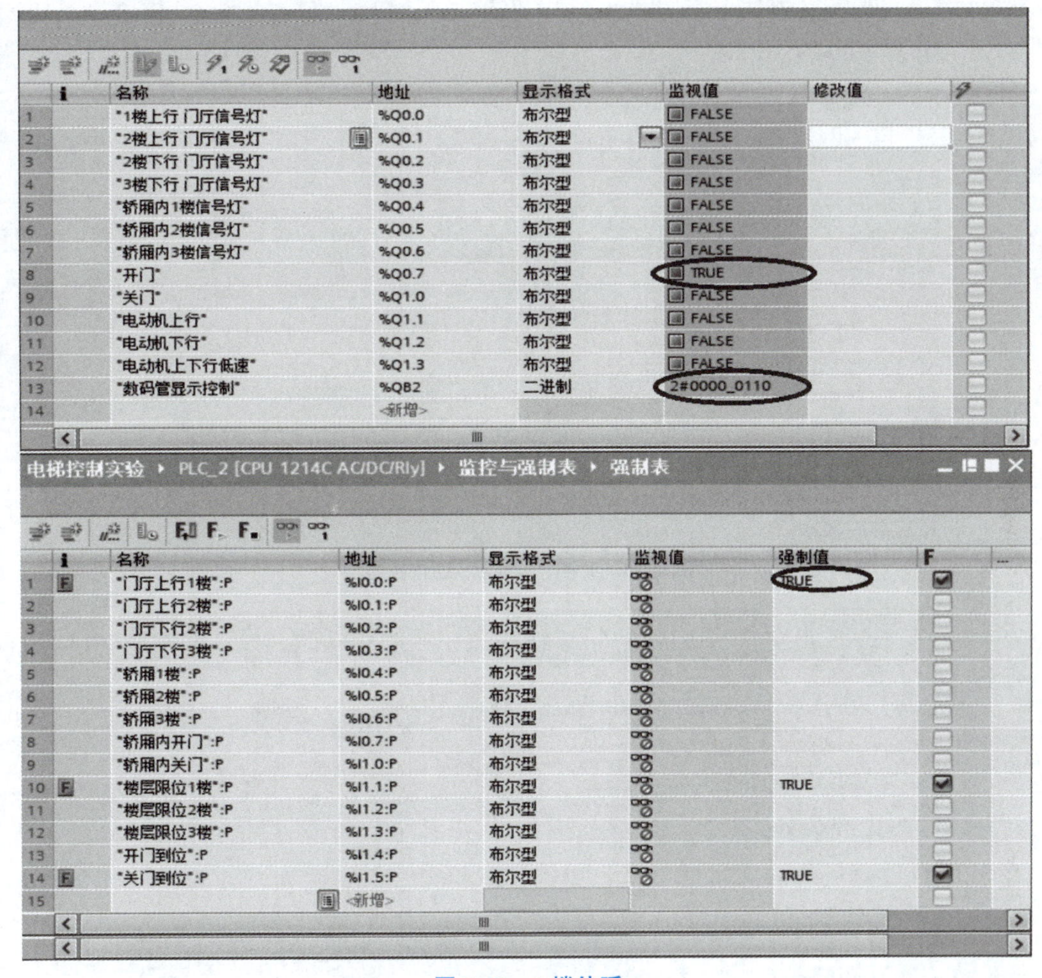

	i	名称	地址	显示格式	监视值	修改值	
1		"1楼上行门厅信号灯"	%Q0.0	布尔型	FALSE		
2		"2楼上行门厅信号灯"	%Q0.1	布尔型	FALSE		
3		"2楼下行门厅信号灯"	%Q0.2	布尔型	FALSE		
4		"3楼下行门厅信号灯"	%Q0.3	布尔型	FALSE		
5		"轿厢内1楼信号灯"	%Q0.4	布尔型	FALSE		
6		"轿厢内2楼信号灯"	%Q0.5	布尔型	FALSE		
7		"轿厢内3楼信号灯"	%Q0.6	布尔型	FALSE		
8		"开门"	%Q0.7	布尔型	TRUE		
9		"关门"	%Q1.0	布尔型	FALSE		
10		"电动机上行"	%Q1.1	布尔型	FALSE		
11		"电动机下行"	%Q1.2	布尔型	FALSE		
12		"电动机上下行低速"	%Q1.3	布尔型	FALSE		
13		"数码管显示控制"	%QB2	二进制	2#0000_0110		
14			<新增>				

电梯控制实验 ▸ PLC_2 [CPU 1214C AC/DC/Rly] ▸ 监控与强制表 ▸ 强制表

	i	名称	地址	显示格式	监视值	强制值	F
1	F	"门厅上行1楼":P	%I0.0:P	布尔型		TRUE	☑
2		"门厅上行2楼":P	%I0.1:P	布尔型			
3		"门厅下行2楼":P	%I0.2:P	布尔型			
4		"门厅下行3楼":P	%I0.3:P	布尔型			
5		"轿厢1楼":P	%I0.4:P	布尔型			
6		"轿厢2楼":P	%I0.5:P	布尔型			
7		"轿厢3楼":P	%I0.6:P	布尔型			
8		"轿厢内开门":P	%I0.7:P	布尔型			
9		"轿厢内关门":P	%I1.0:P	布尔型			
10	F	"楼层限位1楼":P	%I1.1:P	布尔型		TRUE	☑
11		"楼层限位2楼":P	%I1.2:P	布尔型			
12		"楼层限位3楼":P	%I1.3:P	布尔型			
13		"开门到位":P	%I1.4:P	布尔型			
14	F	"关门到位":P	%I1.5:P	布尔型		TRUE	☑
15			<新增>				

图 5. 23　1 楼外呼

传感器检测到“开门到位”，“开门”动作完成，5 s 后自动关门，执行“关门”动作，如图 5. 24 所示。

“开门到位”信号使能取消，传感器检测到“关门到位”，“关门”动作完成，如图 5. 25 所示。

“关门”动作完成后，使能内呼按钮“轿厢 2 楼”，此时“轿厢内 2 楼信号灯”点亮，执行“电动机上行”动作，如图 5. 26 所示。

电梯上行离开 1 楼，1 楼限位开关信号取消使能，如图 5. 27 所示。

电梯上行，到达 2 楼，2 楼限位开关信号使能，此时电动机切换为低速运行 1 s，数码管 abdeg 段被激活，显示数字“2”，如图 5. 28 所示。（若电动机模型不需要高低速切换，可使端口 Q1. 3 悬空）。

学习笔记

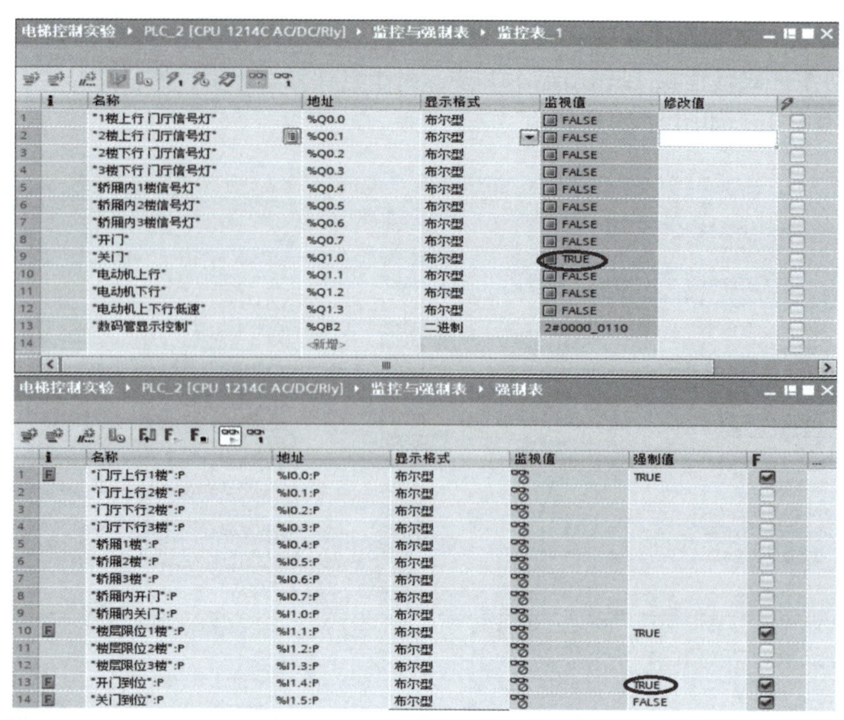

电梯控制实验 ▸ PLC_2 [CPU 1214C AC/DC/Rly] ▸ 监控与强制表 ▸ 监控表_1

	i	名称	地址	显示格式	监视值	修改值
1		"1楼上行 门厅信号灯"	%Q0.0	布尔型	FALSE	
2		"2楼上行 门厅信号灯"	%Q0.1	布尔型	FALSE	
3		"2楼下行 门厅信号灯"	%Q0.2	布尔型	FALSE	
4		"3楼下行 门厅信号灯"	%Q0.3	布尔型	FALSE	
5		"轿厢内1楼信号灯"	%Q0.4	布尔型	FALSE	
6		"轿厢内2楼信号灯"	%Q0.5	布尔型	FALSE	
7		"轿厢内3楼信号灯"	%Q0.6	布尔型	FALSE	
8		"开门"	%Q0.7	布尔型	FALSE	
9		"关门"	%Q1.0	布尔型	TRUE	
10		"电动机上行"	%Q1.1	布尔型	FALSE	
11		"电动机下行"	%Q1.2	布尔型	FALSE	
12		"电动机上下行低速"	%Q1.3	布尔型	FALSE	
13		"数码管显示控制"	%QB2	二进制	2#0000_0110	
14			<新增>			

电梯控制实验 ▸ PLC_2 [CPU 1214C AC/DC/Rly] ▸ 监控与强制表 ▸ 强制表

	i	名称	地址	显示格式	监视值	强制值	F
1	F	"门厅上行1楼":P	%I0.0:P	布尔型		TRUE	☑
2		"门厅上行2楼":P	%I0.1:P	布尔型			
3		"门厅下行2楼":P	%I0.2:P	布尔型			
4		"门厅下行3楼":P	%I0.3:P	布尔型			
5		"轿厢1楼":P	%I0.4:P	布尔型			
6		"轿厢2楼":P	%I0.5:P	布尔型			
7		"轿厢3楼":P	%I0.6:P	布尔型			
8		"轿厢内开门":P	%I0.7:P	布尔型			
9		"轿厢内关门":P	%I1.0:P	布尔型			
10	F	"楼层限位1楼":P	%I1.1:P	布尔型		TRUE	☑
11		"楼层限位2楼":P	%I1.2:P	布尔型			
12		"楼层限位3楼":P	%I1.3:P	布尔型			
13	F	"开门到位":P	%I1.4:P	布尔型		TRUE	☑
14	F	"关门到位":P	%I1.5:P	布尔型		FALSE	☑

图 5.24 1 楼“开门”动作完成

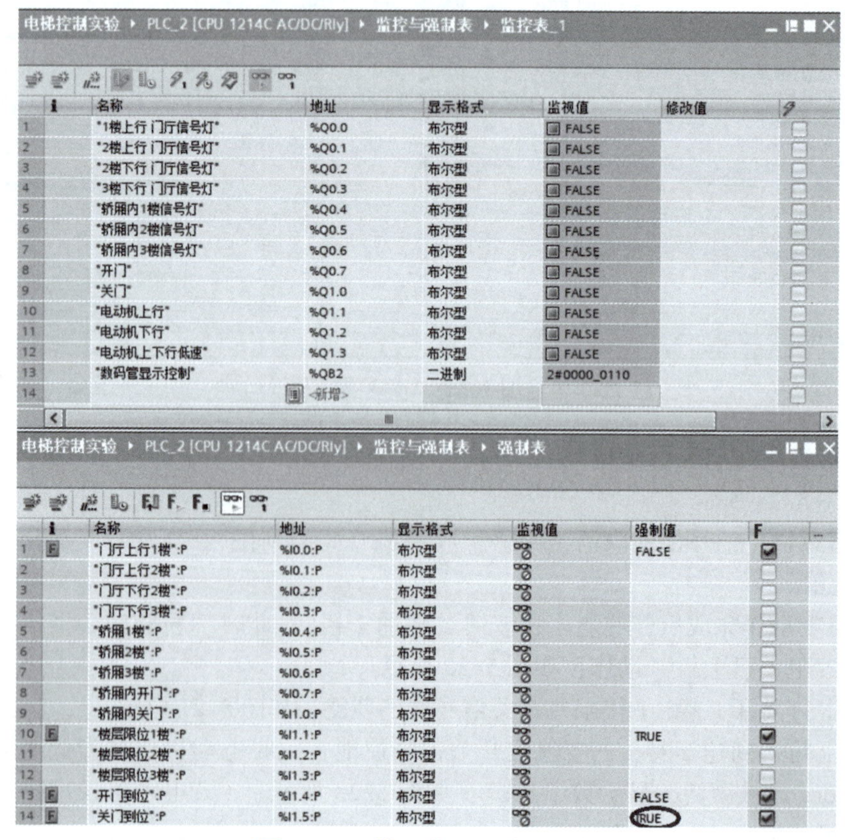

电梯控制实验 ▸ PLC_2 [CPU 1214C AC/DC/Rly] ▸ 监控与强制表 ▸ 监控表_1

	i	名称	地址	显示格式	监视值	修改值
1		"1楼上行 门厅信号灯"	%Q0.0	布尔型	FALSE	
2		"2楼上行 门厅信号灯"	%Q0.1	布尔型	FALSE	
3		"2楼下行 门厅信号灯"	%Q0.2	布尔型	FALSE	
4		"3楼下行 门厅信号灯"	%Q0.3	布尔型	FALSE	
5		"轿厢内1楼信号灯"	%Q0.4	布尔型	FALSE	
6		"轿厢内2楼信号灯"	%Q0.5	布尔型	FALSE	
7		"轿厢内3楼信号灯"	%Q0.6	布尔型	FALSE	
8		"开门"	%Q0.7	布尔型	FALSE	
9		"关门"	%Q1.0	布尔型	FALSE	
10		"电动机上行"	%Q1.1	布尔型	FALSE	
11		"电动机下行"	%Q1.2	布尔型	FALSE	
12		"电动机上下行低速"	%Q1.3	布尔型	FALSE	
13		"数码管显示控制"	%QB2	二进制	2#0000_0110	
14			<新增>			

电梯控制实验 ▸ PLC_2 [CPU 1214C AC/DC/Rly] ▸ 监控与强制表 ▸ 强制表

	i	名称	地址	显示格式	监视值	强制值	F
1	F	"门厅上行1楼":P	%I0.0:P	布尔型		FALSE	☑
2		"门厅上行2楼":P	%I0.1:P	布尔型			
3		"门厅下行2楼":P	%I0.2:P	布尔型			
4		"门厅下行3楼":P	%I0.3:P	布尔型			
5		"轿厢1楼":P	%I0.4:P	布尔型			
6		"轿厢2楼":P	%I0.5:P	布尔型			
7		"轿厢3楼":P	%I0.6:P	布尔型			
8		"轿厢内开门":P	%I0.7:P	布尔型			
9		"轿厢内关门":P	%I1.0:P	布尔型			
10	F	"楼层限位1楼":P	%I1.1:P	布尔型		TRUE	☑
11		"楼层限位2楼":P	%I1.2:P	布尔型			
12		"楼层限位3楼":P	%I1.3:P	布尔型			
13	F	"开门到位":P	%I1.4:P	布尔型		FALSE	☑
14	F	"关门到位":P	%I1.5:P	布尔型		TRUE	☑

图 5.25 1 楼“关门”动作完成

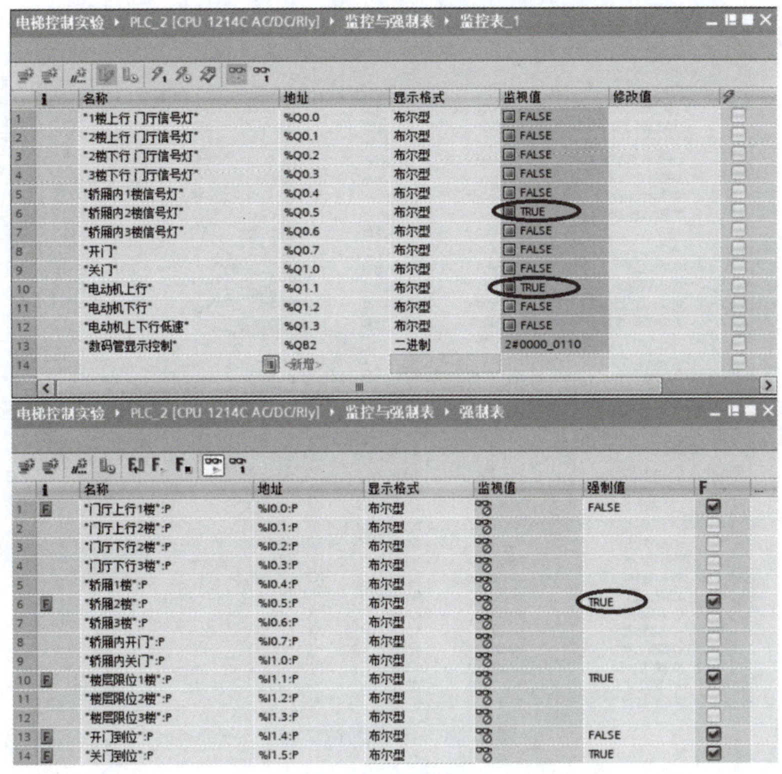

电梯控制实验 ▸ PLC_2 [CPU 1214C AC/DC/Rly] ▸ 监控与强制表 ▸ 监控表_1

	i	名称	地址	显示格式	监视值	修改值
1		"1楼上行门厅信号灯"	%Q0.0	布尔型	FALSE	
2		"2楼上行门厅信号灯"	%Q0.1	布尔型	FALSE	
3		"2楼下行门厅信号灯"	%Q0.2	布尔型	FALSE	
4		"3楼下行门厅信号灯"	%Q0.3	布尔型	FALSE	
5		"轿厢内1楼信号灯"	%Q0.4	布尔型	FALSE	
6		"轿厢内2楼信号灯"	%Q0.5	布尔型	TRUE	
7		"轿厢内3楼信号灯"	%Q0.6	布尔型	FALSE	
8		"开门"	%Q0.7	布尔型	FALSE	
9		"关门"	%Q1.0	布尔型	FALSE	
10		"电动机上行"	%Q1.1	布尔型	TRUE	
11		"电动机下行"	%Q1.2	布尔型	FALSE	
12		"电动机上下行低速"	%Q1.3	布尔型	FALSE	
13		"数码管显示控制"	%QB2	二进制	2#0000_0110	
14			<新增>			

电梯控制实验 ▸ PLC_2 [CPU 1214C AC/DC/Rly] ▸ 监控与强制表 ▸ 强制表

	i	名称	地址	显示格式	监视值	强制值	F
1	F	"门厅上行1楼":P	%I0.0:P	布尔型		FALSE	☑
2		"门厅上行2楼":P	%I0.1:P	布尔型			☐
3		"门厅下行2楼":P	%I0.2:P	布尔型			☐
4		"门厅下行3楼":P	%I0.3:P	布尔型			☐
5		"轿厢1楼":P	%I0.4:P	布尔型			☐
6	F	"轿厢2楼":P	%I0.5:P	布尔型		TRUE	☑
7		"轿厢3楼":P	%I0.6:P	布尔型			☐
8		"轿厢内开门":P	%I0.7:P	布尔型			☐
9		"轿厢内关门":P	%I1.0:P	布尔型			☐
10	F	"楼层限位1楼":P	%I1.1:P	布尔型		TRUE	☑
11		"楼层限位2楼":P	%I1.2:P	布尔型			☐
12		"楼层限位3楼":P	%I1.3:P	布尔型			☐
13	F	"开门到位":P	%I1.4:P	布尔型		FALSE	☑
14	F	"关门到位":P	%I1.5:P	布尔型		TRUE	☑

图 5.26　2 楼内呼

电梯控制实验 ▸ PLC_2 [CPU 1214C AC/DC/Rly] ▸ 监控与强制表 ▸ 监控表_1

	i	名称	地址	显示格式	监视值	修改值
1		"1楼上行门厅信号灯"	%Q0.0	布尔型	FALSE	
2		"2楼上行门厅信号灯"	%Q0.1	布尔型	FALSE	
3		"2楼下行门厅信号灯"	%Q0.2	布尔型	FALSE	
4		"3楼下行门厅信号灯"	%Q0.3	布尔型	FALSE	
5		"轿厢内1楼信号灯"	%Q0.4	布尔型	FALSE	
6		"轿厢内2楼信号灯"	%Q0.5	布尔型	TRUE	
7		"轿厢内3楼信号灯"	%Q0.6	布尔型	FALSE	
8		"开门"	%Q0.7	布尔型	FALSE	
9		"关门"	%Q1.0	布尔型	FALSE	
10		"电动机上行"	%Q1.1	布尔型	TRUE	
11		"电动机下行"	%Q1.2	布尔型	FALSE	
12		"电动机上下行低速"	%Q1.3	布尔型	FALSE	
13		"数码管显示控制"	%QB2	二进制	2#0000_0110	
14			<新增>			

电梯控制实验 ▸ PLC_2 [CPU 1214C AC/DC/Rly] ▸ 监控与强制表 ▸ 强制表

	i	名称	地址	显示格式	监视值	强制值	F
1	F	"门厅上行1楼":P	%I0.0:P	布尔型		FALSE	☑
2		"门厅上行2楼":P	%I0.1:P	布尔型			☐
3		"门厅下行2楼":P	%I0.2:P	布尔型			☐
4		"门厅下行3楼":P	%I0.3:P	布尔型			☐
5		"轿厢1楼":P	%I0.4:P	布尔型			☐
6	F	"轿厢2楼":P	%I0.5:P	布尔型		TRUE	☑
7		"轿厢3楼":P	%I0.6:P	布尔型			☐
8		"轿厢内开门":P	%I0.7:P	布尔型			☐
9		"轿厢内关门":P	%I1.0:P	布尔型			☐
10	F	"楼层限位1楼":P	%I1.1:P	布尔型		FALSE	☑
11		"楼层限位2楼":P	%I1.2:P	布尔型			☐
12		"楼层限位3楼":P	%I1.3:P	布尔型			☐
13	F	"开门到位":P	%I1.4:P	布尔型		FALSE	☑
14	F	"关门到位":P	%I1.5:P	布尔型		TRUE	☑

图 5.27　电梯离开 1 楼

学习笔记

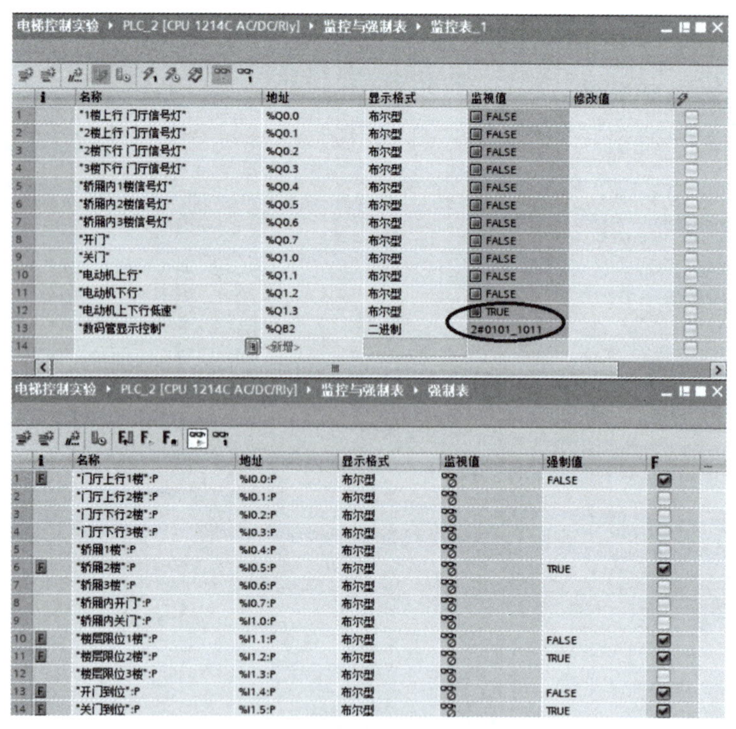
电梯控制实验 ▸ PLC_2 [CPU 1214C AC/DC/Rly] ▸ 监控与强制表 ▸ 监控表_1

	i	名称	地址	显示格式	监视值	修改值	
1		"1楼上行门厅信号灯"	%Q0.0	布尔型	FALSE		
2		"2楼上行门厅信号灯"	%Q0.1	布尔型	FALSE		
3		"2楼下行门厅信号灯"	%Q0.2	布尔型	FALSE		
4		"3楼下行门厅信号灯"	%Q0.3	布尔型	FALSE		
5		"轿厢内1楼信号灯"	%Q0.4	布尔型	FALSE		
6		"轿厢内2楼信号灯"	%Q0.5	布尔型	FALSE		
7		"轿厢内3楼信号灯"	%Q0.6	布尔型	FALSE		
8		"开门"	%Q0.7	布尔型	FALSE		
9		"关门"	%Q1.0	布尔型	FALSE		
10		"电动机上行"	%Q1.1	布尔型	FALSE		
11		"电动机下行"	%Q1.2	布尔型	FALSE		
12		"电动机上下行低速"	%Q1.3	布尔型	TRUE		
13		"数码管显示控制"	%QB2	二进制	2#0101_1011		
14			<新增>				

电梯控制实验 ▸ PLC_2 [CPU 1214C AC/DC/Rly] ▸ 监控与强制表 ▸ 强制表

	i	名称	地址	显示格式	监视值	强制值	F
1	F	"门厅上行1楼":P	%I0.0:P	布尔型		FALSE	☑
2		"门厅上行2楼":P	%I0.1:P	布尔型			
3		"门厅下行2楼":P	%I0.2:P	布尔型			
4		"门厅下行3楼":P	%I0.3:P	布尔型			
5		"轿厢1楼":P	%I0.4:P	布尔型			
6	F	"轿厢2楼":P	%I0.5:P	布尔型		TRUE	☑
7		"轿厢3楼":P	%I0.6:P	布尔型			
8		"轿厢内开门":P	%I0.7:P	布尔型			
9		"轿厢内关门":P	%I1.0:P	布尔型			
10	F	"楼层限位1楼":P	%I1.1:P	布尔型		FALSE	☑
11	F	"楼层限位2楼":P	%I1.2:P	布尔型		TRUE	☑
12		"楼层限位3楼":P	%I1.3:P	布尔型			
13	F	"开门到位":P	%I1.4:P	布尔型		FALSE	☑
14	F	"关门到位":P	%I1.5:P	布尔型		TRUE	☑

图 5.28　电梯到达 2 楼

电梯到达 2 楼后，使能内呼开门按钮“轿厢内开门”，“开门”动作执行，如图 5.29 所示。

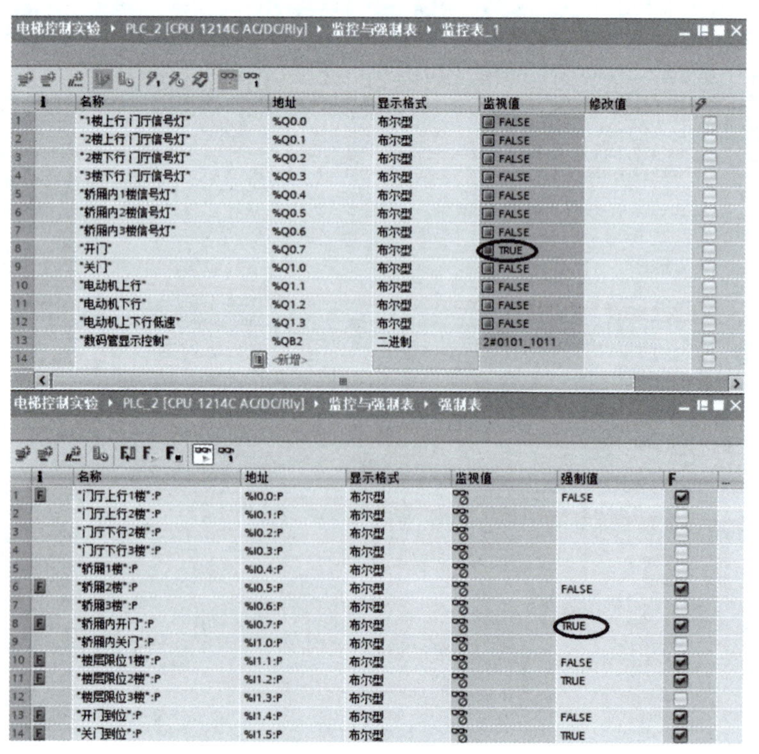
电梯控制实验 ▸ PLC_2 [CPU 1214C AC/DC/Rly] ▸ 监控与强制表 ▸ 监控表_1

	i	名称	地址	显示格式	监视值	修改值	
1		"1楼上行门厅信号灯"	%Q0.0	布尔型	FALSE		
2		"2楼上行门厅信号灯"	%Q0.1	布尔型	FALSE		
3		"2楼下行门厅信号灯"	%Q0.2	布尔型	FALSE		
4		"3楼下行门厅信号灯"	%Q0.3	布尔型	FALSE		
5		"轿厢内1楼信号灯"	%Q0.4	布尔型	FALSE		
6		"轿厢内2楼信号灯"	%Q0.5	布尔型	FALSE		
7		"轿厢内3楼信号灯"	%Q0.6	布尔型	FALSE		
8		"开门"	%Q0.7	布尔型	TRUE		
9		"关门"	%Q1.0	布尔型	FALSE		
10		"电动机上行"	%Q1.1	布尔型	FALSE		
11		"电动机下行"	%Q1.2	布尔型	FALSE		
12		"电动机上下行低速"	%Q1.3	布尔型	FALSE		
13		"数码管显示控制"	%QB2	二进制	2#0101_1011		
14			<新增>				

电梯控制实验 ▸ PLC_2 [CPU 1214C AC/DC/Rly] ▸ 监控与强制表 ▸ 强制表

	i	名称	地址	显示格式	监视值	强制值	F
1	F	"门厅上行1楼":P	%I0.0:P	布尔型		FALSE	☑
2		"门厅上行2楼":P	%I0.1:P	布尔型			
3		"门厅下行2楼":P	%I0.2:P	布尔型			
4		"门厅下行3楼":P	%I0.3:P	布尔型			
5		"轿厢1楼":P	%I0.4:P	布尔型			
6	F	"轿厢2楼":P	%I0.5:P	布尔型		FALSE	☑
7		"轿厢3楼":P	%I0.6:P	布尔型			
8	F	"轿厢内开门":P	%I0.7:P	布尔型		TRUE	☑
9		"轿厢内关门":P	%I1.0:P	布尔型			
10	F	"楼层限位1楼":P	%I1.1:P	布尔型		FALSE	☑
11	F	"楼层限位2楼":P	%I1.2:P	布尔型		TRUE	☑
12		"楼层限位3楼":P	%I1.3:P	布尔型			
13	F	"开门到位":P	%I1.4:P	布尔型		FALSE	☑
14	F	"关门到位":P	%I1.5:P	布尔型		TRUE	☑

图 5.29　2 楼内呼开门

传感器检测到“开门到位”，“开门”动作完成，5 s 后自动关门，执行“关门”动作，如图 5.30 所示。

电梯控制实验 ▸ PLC_2 [CPU 1214C AC/DC/Rly] ▸ 监控与强制表 ▸ 监控表_1

	i	名称	地址	显示格式	监视值	修改值	
1		"1楼上行 门厅信号灯"	%Q0.0	布尔型	FALSE		☐
2		"2楼上行 门厅信号灯"	%Q0.1	布尔型	FALSE		☐
3		"2楼下行 门厅信号灯"	%Q0.2	布尔型	FALSE		☐
4		"3楼下行 门厅信号灯"	%Q0.3	布尔型	FALSE		☐
5		"轿厢内1楼信号灯"	%Q0.4	布尔型	FALSE		☐
6		"轿厢内2楼信号灯"	%Q0.5	布尔型	FALSE		☐
7		"轿厢内3楼信号灯"	%Q0.6	布尔型	FALSE		☐
8		"开门"	%Q0.7	布尔型	FALSE		☐
9		"关门"	%Q1.0	布尔型	TRUE		☐
10		"电机上行"	%Q1.1	布尔型	FALSE		☐
11		"电机下行"	%Q1.2	布尔型	FALSE		☐
12		"电动机上下行低速"	%Q1.3	布尔型	FALSE		☐
13		"数码管显示控制"	%QB2	二进制	2#0101_1011		☐
14			<新增>				☐

电梯控制实验 ▸ PLC_2 [CPU 1214C AC/DC/Rly] ▸ 监控与强制表 ▸ 强制表

	i	名称	地址	显示格式	监视值	强制值	F
1	F	"门厅上行1楼":P	%I0.0:P	布尔型		FALSE	☑
2		"门厅上行2楼":P	%I0.1:P	布尔型			☐
3		"门厅下行2楼":P	%I0.2:P	布尔型			☐
4		"门厅下行3楼":P	%I0.3:P	布尔型			☐
5		"轿厢1楼":P	%I0.4:P	布尔型			☐
6	F	"轿厢2楼":P	%I0.5:P	布尔型		FALSE	☑
7		"轿厢3楼":P	%I0.6:P	布尔型			☐
8	F	"轿厢内开门":P	%I0.7:P	布尔型		TRUE	☑
9		"轿厢内关门":P	%I1.0:P	布尔型			☐
10	F	"楼层限位1楼":P	%I1.1:P	布尔型		FALSE	☑
11	F	"楼层限位2楼":P	%I1.2:P	布尔型		TRUE	☑
12		"楼层限位3楼":P	%I1.3:P	布尔型			☐
13	F	"开门到位":P	%I1.4:P	布尔型		TRUE	☑
14	F	"关门到位":P	%I1.5:P	布尔型		FALSE	☑

图 5.30　2 楼内呼“开门”动作完成

“关门”动作执行，“开门到位”信号使能取消，传感器检测到“关门到位”，“关门”动作完成，如图 5.31 所示。

通过仿真可知，程序可以按照电梯控制系统运行要求完成指定动作。

活动 2：电梯控制系统联机调试

（1）在断电情况下，根据电梯控制系统接线图正确接线，正确连接下载线。

（2）整个系统送电，打开 TIA 博途软件，将程序输入编程器，PLCSIM 软件要处于关闭状态。注意：在 PLCSIM 软件打开的情况下，所有下载/监控/上传的操作，都是针对 PLCSIM 软件进行的，与真实的 PLC 无关。

（3）首先进行硬件组态下载，下载成功后，再进行 PLC 站点下载。程序下载成功后，在 TIA 博途软件中运行 PLC。

（4）根据项目要求，测试电梯运行状况。如果不能满足要求，检查原因，修改程序，重新调试，直到满足要求为止。

学习笔记

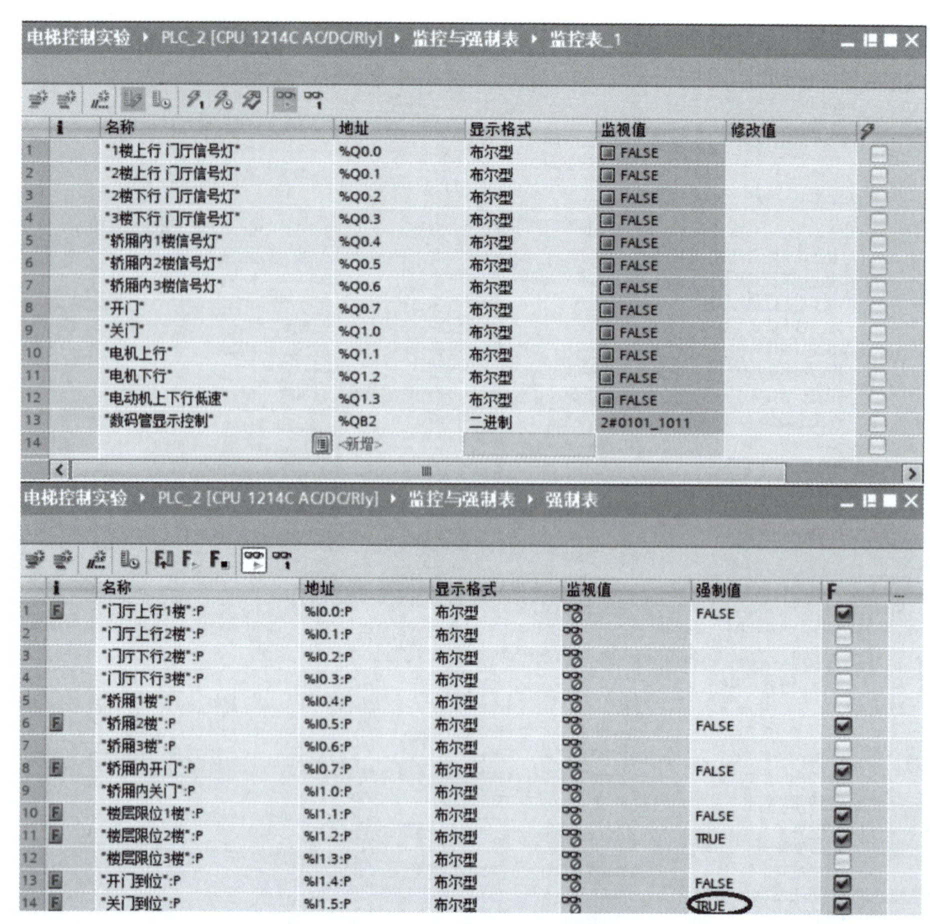

图 5.31　2 楼“关门”动作完成

项目五　“电梯控制系统设计与调试”评价表

任务	评分标准	评分标准	检查情况	得分
PLC 硬件系统组装	10	是否选用合适的 PLC 控制器模块，是否选用合适的 PLC 扩展模块		
硬件接线	20	是否能看懂 PLC 电路接线图，接线是否规范正确		
项目创建及组态	10	是否按照任务要求组态硬件		
PLC 程序编写	30	PLC 变量定义是否正确，PLC 程序的编写与编译是否正确，指令选择是否适当		
仿真	15	仿真模拟是否顺利执行		
联机调试	15	联机调试是否顺利执行		

任务总结

学习笔记

知识拓展

本项目中电梯到达指定楼层后自动开门应如何设计?

思考与练习

1. 传感器由______________、______________和______________三部分组成。

2. 数据左移后，右侧空缺填补二进制数______________。

3. 应用跳转指令后，PLC 从______________后第一条语句继续执行。

4. 设计彩灯循环 PLC 程序来控制 8 盏彩灯，使用 2 个按钮，一个作为移位按钮，一个为复位按钮，实现 8 盏彩灯单方向顺序逐个亮灭。当按下移位按钮时，彩灯从第一个灯开始向后逐个亮；当松开移位按钮时，彩灯从第一个灯开始向后逐个灭。间隔时间为 0.5 s。当按下复位按钮时，彩灯全灭。

5. 4 台水泵轮流运行 PLC 控制程序，由 4 台三相异步电动机 M1 ~ M4 驱动 4 台水泵。正常要求 2 台运行，2 台备用。为防止备用水泵长时间不用发生锈蚀，要求 4 台水泵中 2 台运行，并间隔 6 h 切换 1 台，使 4 台水泵轮流运行。

项目六　液面控制系统设计与调试

项目描述

某企业的生产工艺需用到水，该企业通过液罐储水保持和调节给水管网中的水量和水压。液面控制系统结构如图 6.1 所示。

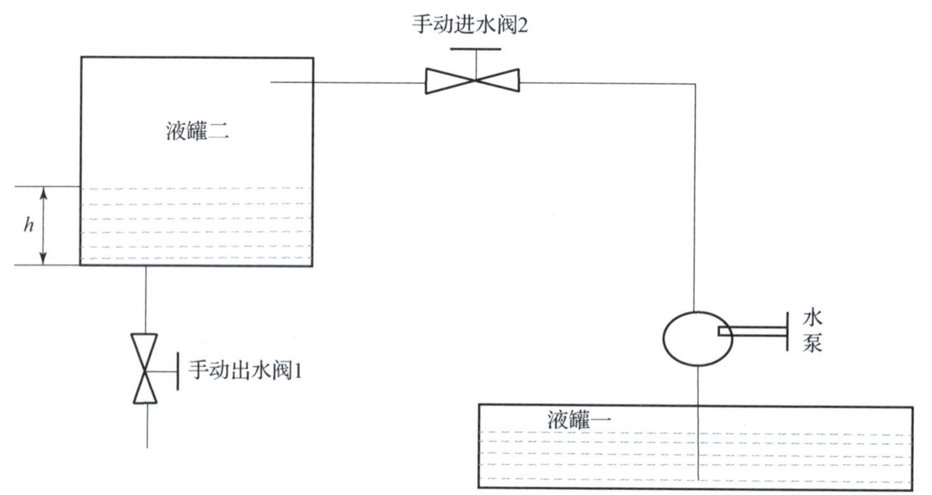

图 6.1　液面控制系统结构

液面控制系统要求如下。

(1) 液罐二由液罐一提供水，液位采用自动控制系统控制，该系统采用 PLC 进行自动控制，系统的操作可在 HMI 上进行，并可以在 HMI 中看到系统的监控界面。液面控制系统的启动和停止要求用手动方式控制，并且液罐的实时液位高度在 HMI 中可以直观显示。

(2) 在液罐二处设置了手动进水阀和手动出水阀，通过手动阀门可以进行出水量大小的调节。

(3) 该系统使用液位传感器检测液罐的液位高度 h，液位传感器与 PLC 的 A/D 模块通过液位变送器进行数据的传送，液罐的液位变化范围为 0～100 m，变送器的输出为 0～10 V。

(4) 液罐二水位低于设定值时，该系统启动后，水泵从液罐一抽水送至液罐二。当液罐二液位低于 20 m 时，在 HMI 中报警提示。

(5) 该系统使用的水泵电动机的转速可调，水量大小可以通过执行器输出电压进行调节。按下启动按钮后，水泵按照额定电压供电，供水量达到100%，当液位 h 达到设定值的80%以上时，水泵按照额定电压的50%供电，当液位 h 达到设定值时，水泵关闭，系统停止运行。

学习笔记

项目目标

（1）了解压力传感器的基本知识。
（2）了解 PLC 的模拟量 I/O。
（3）掌握数学运算指令及其应用。
（4）掌握模拟量标定指令及其应用。
（5）掌握 HMI 中 I/O 域的应用。
（6）掌握 HMI 液体动画制作方法。
（7）掌握 HMI 报警组态设置方法。
（8）能对液面控制系统的程序进行仿真和联机调试。
（9）培养良好的团队协作能力和沟通能力。
（10）培养多角度、多维度思考问题的习惯。
（11）培养严谨且规范的工作素养，增强标准意识。

任务一　液面控制系统硬件组态设计

任务描述

根据液面控制系统的应用需要，完成压力传感器的选用及接线、PLC 模块的选型，设计 PLC 输入/输出地址分配表，绘制 PLC 电路接线图。

任务目标

如果你是技术人员，你需要具备哪些相关知识和技能？以下是本任务的学习目标。
（1）了解压力传感器的工作原理及电气接线。
（2）掌握 S7－1200 PLC 模拟量 I/O 模块的选型及电气接线。
（3）提高电气绘图技能。
（4）培养严谨规范的工作素养，增强标准意识。

液面控制系统的硬件组态设计1.9

任务实施

活动1：了解压力传感器

在工业生产过程中有很多连续变化的模拟信号，例如水塔水位、泵出口压力、温度、流量、位移、速度等物理量。这些物理量需要利用传感器进行检测，检测出来的

信号为连续的电压信号或者电流信号，然后通过变送器将这些电压信号或者电流信号转换为标准的模拟信号，如 ±10 V、±5 V、±2.5 V、0~10 V、0~20 mA、4~20 mA 等，并将这些标准模拟信号送到模拟量模块，模拟量模块通过 A/D 转换器，将它们转换成数字量给 CPU 处理。

压力传感器由压力敏感元件和信号处理单元组成，输出信号类型有电流型（二线制）、电压型（三线制）以及 RS-485（四线制）三种类型。压力传感器外形及接线方式示例如图 6.2 所示。

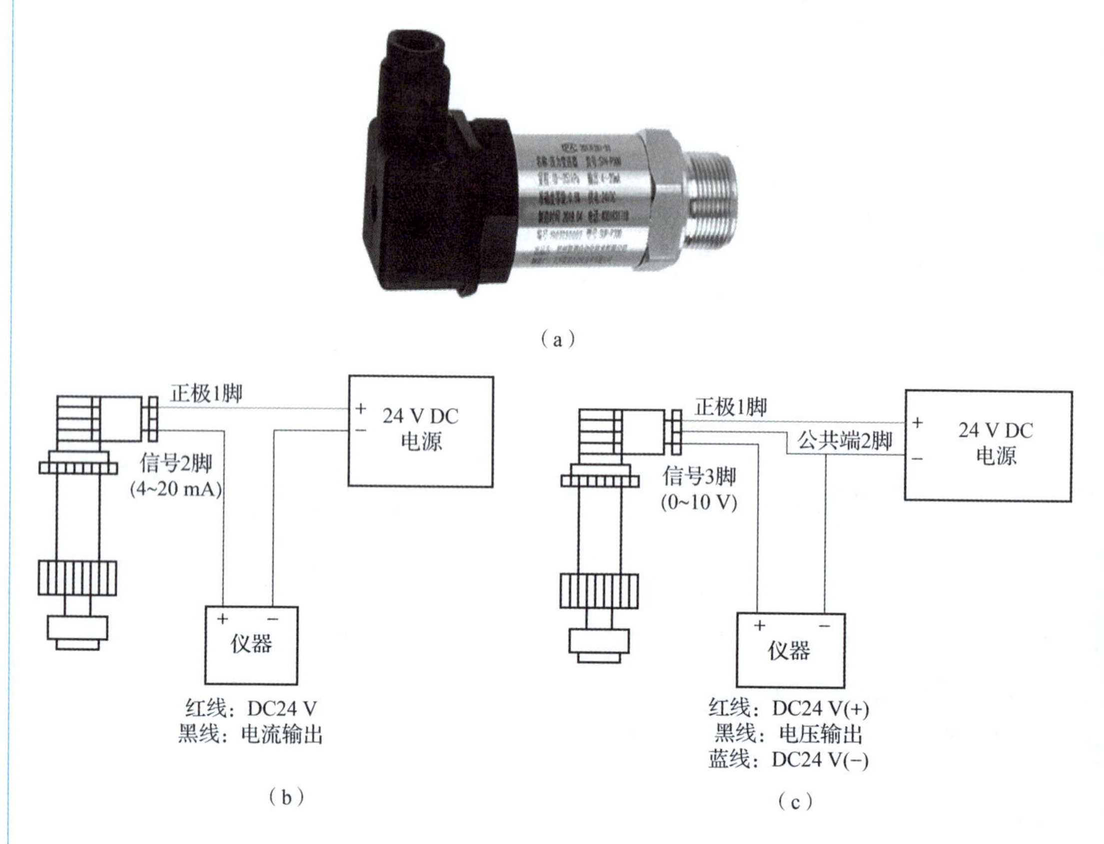

图 6.2　压力传感器外形及接线方式示例

（a）压力传感器外形；（b）二线制接线方式示例；（c）三线制接线方式示例

当压力传感器采用外部电源时，压力传感器的负极需和 PLC 模块的公共端 M 连接，以补偿共模电压。

本项目中应用的压力传感器型号为 CU-100A，采用三线制接线方式，输出电压为 0~10 V。

活动 2：了解 PLC 的模拟量 I/O

S7-1200 PLC 模拟 I/O 是以标准模块方式实现的，其 CPU 模块上自带 2 路模拟量输入，输入为电压信号，输入电压范围为 0~10 V，满量程范围为 0~27 468，默认地址为 IW64 和 IW66。

一、模拟量输入模块（AI）

学习笔记

模拟量输入模块用于将模拟信号转换为数字信号，其主要部分为 A/D 转换器。西门子提供了 SM1231 模拟量输入模块和 SB1231 模拟量输入信号板，可以将标准的电压信号或电流信号转换为数字信号，其具体型号、通道数和 A/D 转换器的位数如图 6.3 所示，技术参数如图 6.4 所示。

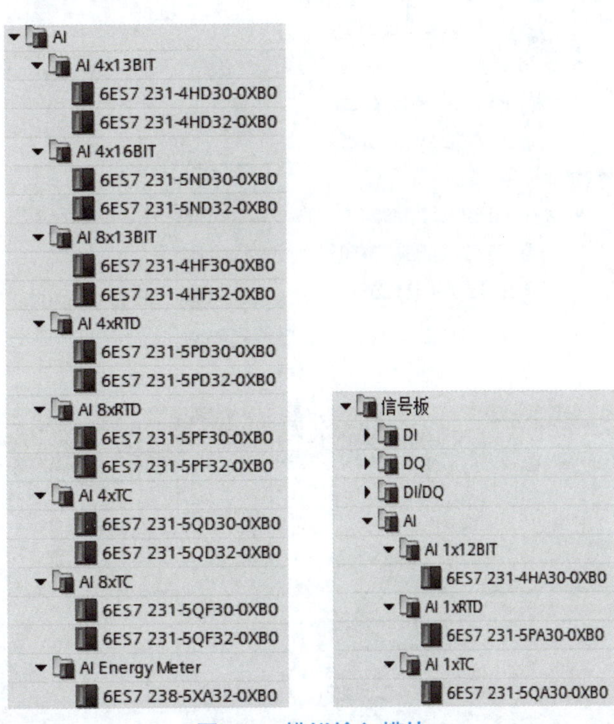

图 6.3　模拟输入模块

型号	SM 1231 AI 4x13 位	SM 1231 AI 8x13 位	SM 1231 AI 4 x 16 位
订货号（MLFB）	6ES7 231-4HD32-0XB0	6ES7 231-4HF32-0XB0	6ES7 231-5ND32-0XB0
常规			
尺寸 W x H x D（mm）	45 x 100 x 75	45 x 100 x 75	45 x 100 x 75
重量	180 g	180 g	180 g
功耗	2.2 W	2.3 W	2.0 W
电流消耗（SM 总线）	80 mA	90 mA	80 mA
电流消耗（24 V DC）	45 mA	45 mA	65 mA
模拟输入			
输入路数	4	8	4
类型	电压或电流（差动）：可 2 个选为一组		电压或电流（差动）
范围	±10 V、± 5 V、± 2.5 V 或 0 － 20 mA		±10 V、±5 V、±2.5 V、±1.25 V、 0 － 20 mA 或 4 mA － 20 mA
满量程范围（数据字）	-27,648 － 27,648		
过冲 / 下冲范围（数据字）	电压：32,511 － 27,649/-27,649 － -32,512 电流：32,511 － 27,649/0 － -4864		电压：32,511 － 27,649/-27,649 － -32,512 电流：(0-20 mA)：32,511 － 27,649/0 － -4,864， 4 － 20 mA：32511 － 27,649/-1 － -4,864
上溢 / 下溢（数据字）	电压：32,767 － 32,512/-32,513 － -32,768 电流：32,767 － 32,512/-4865 － -32,768		电压：32,767 － 32,512/-32,513 － -32,768 电流：0 － 20 mA：32,767 － 32,512/-4,865 － -32,768 4 － 20 mA：32,767 － 32,512/-4,865 － -32,768

图 6.4　模拟量输入模块技术参数

二、模拟量输出模块（AQ）

模拟量输出模块将 CPU 处理过的数字信号转换成成比例的电压信号或电流信号，对执行机构进行调节或控制。西门子提供了 SM1232 模拟量输出模块和 SB1232 模拟量

输出信号板。其具体型号、通道数和 A/D 转换器的位数如图 6.5 所示，模拟量输出模块技术参数如图 6.6 所示。

图 6.5　模拟量输出模块

型号	SM 1232 AQ 2x14 位	SM 1232 AQ 4x14 位
订货号（MLFB）	6ES7 232-4HB32-0XB0	6ES7 232-4HD32-0XB0
常规		
尺寸 W x H x D（mm）	45 x 100 x 75	45 x 100 x 75
重量	180 g	180 g
功耗	1.5 W	1.5 W
电流消耗（SM 总线）	80 mA	80 mA
电流消耗（24 V DC）	45 mA（无负载）	45 mA（无负载）
模拟输出		
输出路数	2	4
类型	电压或电流	
范围	±10 V 或 0 – 20 mA	
精度	电压：14 位；电流：13 位	
满量程范围（数据字）	电压：-27,648 – 27,648；电流：0 – 27,648	
精度（25 °C/0 – 55 °C）	满量程的 ±0.3 %/±0.6 %	
稳定时间（新值的 95 %）	电压：300 μS（R）、750 μS（1 uF）；电流：600 μS（1 mH）、2 ms（10 mH）	
负载阻抗	电压：≥ 1000 Ω；电流：≤ 600 Ω	

图 6.6　模拟量输出模块技术参数

三、模拟量输入/输出模块（AI/AQ）

模拟量输入/输出模块能同时把模拟量转化成数字量，也能把数字量转化成模拟量。西门子提供了 SM1232 模拟量输入/输出模块和 SB1232 模拟量输入/输出信号板。其具体型号、通道数和 A/D 转换器的位数如图 6.7 所示。

图 6.7　模拟量输入/输出模块

活动 3：设计输入/输出地址分配表

根据任务描述中的控制要求，本系统设计有 2 个数字量输入、2 个模拟量输入和 1 个模拟量输出。表 6.1 所示为输入/输出地址分配表。

学习笔记

表 6.1 输入/输出地址分配表

名称	数据类型	地址
启动按钮	Bool	I0.0
停止按钮	Bool	I0.1
液位检测值	Real	IW64
液位值设置旋钮	Real	IW66
执行器（控制泵）	Real	QW80

活动 4：绘制 PLC 电路接线图

综合考虑项目描述中的控制要求及硬件型号，本项目选择的 CPU 型号为 1211C，并采用具有一路模拟量输出的信号板 AQ1 - 232。画出 PLC 电路接线图，如图 6.8 所示。

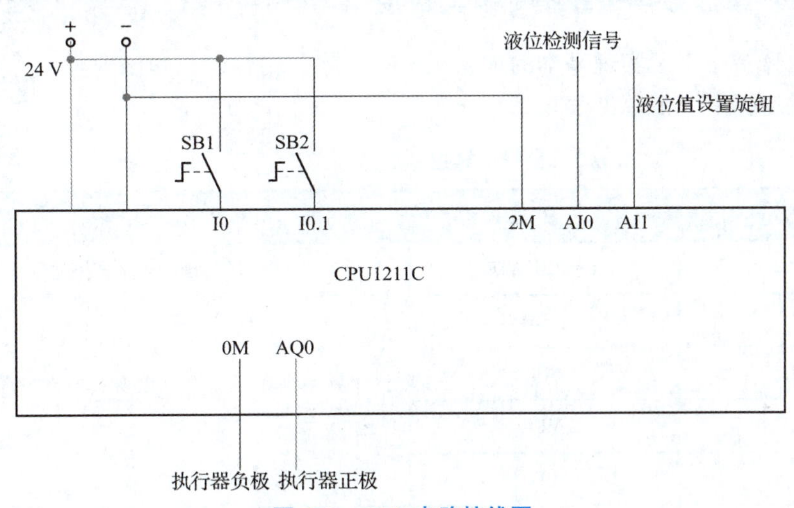

图 6.8 PLC 电路接线图

液面控制系统模拟量输入信号及“2 M”须分别连接 24 V 电源正、负极，模拟量端口“0”连接压力传感器信号输出，模拟量端口“1”连接液位值设置旋钮输出，模拟量端口“0”及“1”共用“2 M”并接 24 V 电源负极。模拟量输出端口“0 M”连接负载模拟量输入负极，端口“0”连接负载模拟量输入正极。

任务二 液面控制系统软件组态和程序设计

本任务是根据液面控制系统的控制要求，在 TIA 博图软件中创建项目、组态并完成程序设计。

如果你是技术人员，你需要具备哪些相关知识和技能？以下是本任务的学习目标。

（1）掌握 S7－1200 PLC 的数学运算指令及其应用、模拟量标定指令及其应用。

（2）掌握 HMI 中 I/O 域的应用、HMI 报警组态设置和液体动画制作方法。

（3）完成液面控制系统的硬件组态。

（4）完成 PLC 程序的编写。

（5）完成 HMI 程序的编写。

（6）培养多角度、多维度思考问题的习惯。

任务实施

活动 1：掌握数学运算指令及其应用

液面控制系统的软件组态

数学运算指令用于实现基本的加、减、乘、除、指数、三角函数等运算。数学运算指令汇总见表 6.2。

表 6.2　数学运算指令汇总

名称	指令	说明
计算	CALCULATE	用于自定义数学表达式
加	ADD	计算两个整数、浮点数变量或者常量的加、减、乘、除
减	SUB	
乘	MUL	
除	DIV	
返回除法的余数	MOD	计算两个整数变量或者常量做除法后的余数
取反	NEG	更改有符号整数、浮点数输入数据的运算符号
递增	INC	将参数 IN/OUT 的值加 1
递减	DEC	将参数 IN/OUT 的值减 1
计算绝对值	ABS	计算有符号整数、浮点数的绝对值
获取最小值	MIN	计算相同数据类型的变量或者常量的最小值、最大值。
获取最大值	MAX	
设置限制	LIMIT	将输入值限定在设定的范围内
计算平方	SQR	计算浮点数的平方、平方根
计算平方根	SQRT	
计算自然对数	LN	计算浮点数变量或者常量的自然对数

续表

学习笔记

名称	指令	说明
计算指数值	EXP	计算浮点数变量或者常量以自然常数 e 为底的指数
计算正弦值	SIN	计算浮点数变量或者常量的正弦值、余弦值、正切值
计算余弦值	COS	
计算正切值	TAN	
计算反正弦值	ASIN	计算浮点数变量或者常量的反正弦值、反余弦值、反正切值，输出角度为弧度制
计算反余弦值	ACOS	
计算反正切值	ATAN	
取幂	EXPT	计算以浮点数变量或者常量为底，以整数、浮点数变量或者常量为指数的值
返回小数	FTAC	计算浮点数变量或者常量的小数部分的值

活动 2：认知模拟量标定指令

模拟量输入信号的处理可以采用转换操作指令——NORM_X 标准化指令和 SCALE_X 缩放指令来实现。

一、NORM_X 标准化指令。

NORM_X 标准化指令通过将输入 VALUE 中变量的值映射到线性标尺对其进行标准化。可以使用参数 MIN 和 MAX 定义（应用于该标尺的）值范围的限值。输出 OUT 中的结果经过计算存储为浮点数，这取决于要标准化的值在该值范围中的位置。如果要标准化的值等于输入 MIN 中的值，则输出 OUT 将返回值“0.0”。如果要标准化的值等于输入 MAX 的值，则输出 OUT 需返回值“1.0”。NORM_X 标准化指令原理示意如图 6.9（a）所示。

NORM_X 标准化指令按以下公式进行计算：

$$OUT = (VALUE - MIN)/(MAX - MIN)$$

如果满足下列条件之一，则使能输出 ENO 的信号状态为“0”。

（1）使能输入 EN 的信号状态为“0”。

（2）输入 MIN 的值大于或等于输入 MAX 的值。

（3）根据 IEEE—754 标准，指定的浮点数的值超出了标准的数值范围。

（4）输入 VALUE 的值为 NaN（无效算术运算的结果）。

二、SCALE_X 缩放指令。

SCALE_X 缩放指令通过将输入 VALUE 的值映射到指定的值范围内来缩放该值。当执行 SCALE_X 缩放指令时，输入 VALUE 的浮点值会缩放到由参数 MIN 和 MAX 定义的值范围。缩放结果为整数，存储在输出 OUT 中。SCALE_X 缩放指令原理示意如图 6.9（b）所示。

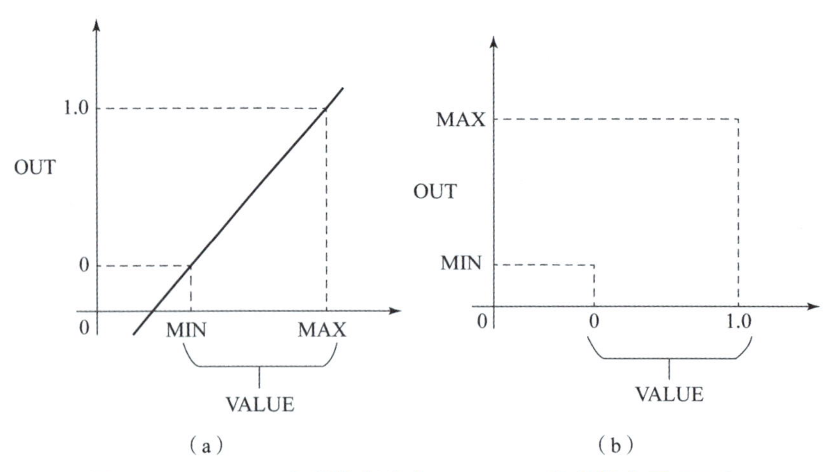

图 6.9　NORM_X 标准化指令和 SCALE_X 缩放指令原理示意

（a）NORM_X 标准化指令原理示意；（b）SCALE_X 标定指令原理示意

SCALE_X 缩放指令按以下公式进行计算：

$$OUT=[VALUE\times(MAX-MIN)]+MIN$$

如果满足下列条件之一，则使能输出 ENO 的信号状态为“0”。

（1）使能输入 EN 的信号状态为“0”。

（2）输入 MIN 的值大于或等于输入 MAX 的值。

（3）根据 IEEE—754 标准，指定的浮点数的值超出了标准的数值范围。

（4）发生溢出。

（5）输入 VALUE 的值为 NaN（无效算术运算的结果）。

活动 3：硬件组态及 PLC 变量表设计

根据项目要求，液面控制系统硬件组态如图 6.10 所示。由于控制器模块 CPU1211C 拥有的模拟量输出点数满足不了系统需求，所以增加一个通信板 SM1232 模拟量输出模块。PLC 变量表如图 6.11 所示。

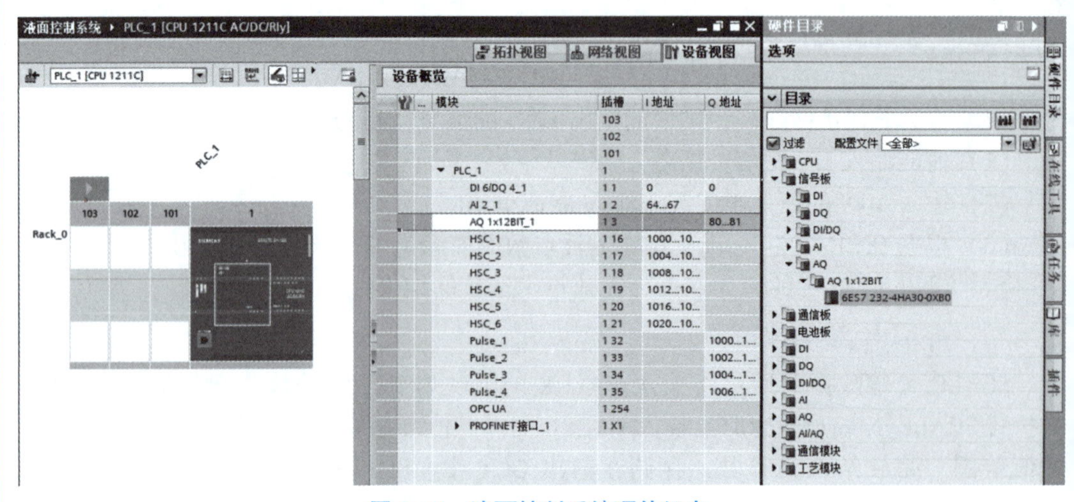

图 6.10　液面控制系统硬件组态

学习笔记

	名称	数据类型	地址 ▲
1	启动	Bool	%I0.0
2	停止	Bool	%I0.1
3	液位检测值	Int	%IW64
4	旋钮液位设置值	Int	%IW66
5	执行器	Int	%QW80
6	HMI启动	Bool	%M0.0
7	HMI停止	Bool	%M0.1
8	HMI/旋钮液位设置切换	Bool	%M0.2
9	系统运行标志	Bool	%M1.0
10	HMI泵运行标志	Bool	%M1.1
11	HMI仿真启停	Bool	%M1.2
12	Tag_1	Real	%MD6
13	Tag_2	Real	%MD10
14	HMI液位设置值	Int	%MW14
15	HMI流水	Int	%MW16
16	HMI水位变化	Int	%MW18
17	Tag_4	DWord	%MD20
18	Tag_3	DInt	%MD24
19	Tag_5	UDInt	%MD28
20	Tag_7	DInt	%MD32
21	HMI泵运行速率	UDInt	%MD36
22	Tag_6	Int	%MW38
23	HMI液位检测值仿真输入	Real	%MD40

图 6.11　PLC 变量表

液面控制系统的和程序设计

活动 4：编写 PLC 控制程序

打开 Main［OB1］程序块，按照控制要求编写 PLC 控制程序。液面控制系统程序如图 6.12 所示。

程序段 1：

控制系统运行与停止

%I0.0 "启动"　%I0.1 "停止"　%M0.1 "HMI停止"　%M1.0 "系统运行标志"

%M0.0 "HMI启动"

%M1.0 "系统运行标志"

程序段 2：

液位检测值输入并转换数据

%M1.0 "系统运行标志"　%M1.2 "HMI仿真启停"

NORM_X Int to Real　EN ENO　0 — MIN　%IW64 "液位检测值" — VALUE　27648 — MAX　OUT — %MD6 "Tag_1"

MUL Auto (Real)　EN ENO　%MD6 "Tag_1" — IN1　100.0 — IN2　OUT — %MD10 "Tag_2"

%M1.2 "HMI仿真启停"　MOVE　EN ENO　%MD40 "HMI液位检测值仿真输入" — IN　OUT1 — %MD10 "Tag_2"

图 6.12　液面控制系统程序

程序段 3：

HMI/旋钮液位设置值选择

%M1.0 "系统运行标志"
%M0.2 "HMI/旋钮液位设置切换"
MOVE EN ENO
%MW14 "HMI液位设置值" — IN OUT1 — %MD20 "Tag_4"

%M0.2 "HMI/旋钮液位设置切换"
MOVE EN ENO
%IW66 "旋钮液位设置值" — IN OUT1 — %MD20 "Tag_4"

程序段 4：

80%液位设置值

MUL Dint EN ENO
%MD20 "Tag_4" — IN1 OUT — %MD24 "Tag_3"
8 — IN2

DIV Auto (Dint) EN ENO
%MD24 "Tag_3" — IN1 OUT — %MD28 "Tag_5"
10 — IN2

DIV Auto (Dint) EN ENO
%MD24 "Tag_3" — IN1 OUT — %MD32 "Tag_7"
8 — IN2

程序段 5：

检测值<=80%设定值时，泵输出100%；，80%<检测值<100%设定值时，泵输出50%；检测值=设定值时，泵输出0；

%M1.0 "系统运行标志"

%MD10 "Tag_2" <= Real %MD28 "Tag_5"
MOVE EN ENO 27648 — IN OUT1 — %QW80 "执行器"
MOVE EN ENO 100 — IN OUT1 — %MD36 "HMI泵运行速率"

%MD10 "Tag_2" > Real %MD28 "Tag_5"
MOVE EN ENO 13824 — IN OUT1 — %QW80 "执行器"
MOVE EN ENO 50 — IN OUT1 — %MD36 "HMI泵运行速率"

%MD10 "Tag_2" >= Real %MD32 "Tag_7"
MOVE EN ENO 0 — IN OUT1 — %QW80 "执行器"
MOVE EN ENO 0 — IN OUT1 — %MD36 "HMI泵运行速率"

图 6.12　液面控制系统程序（续）

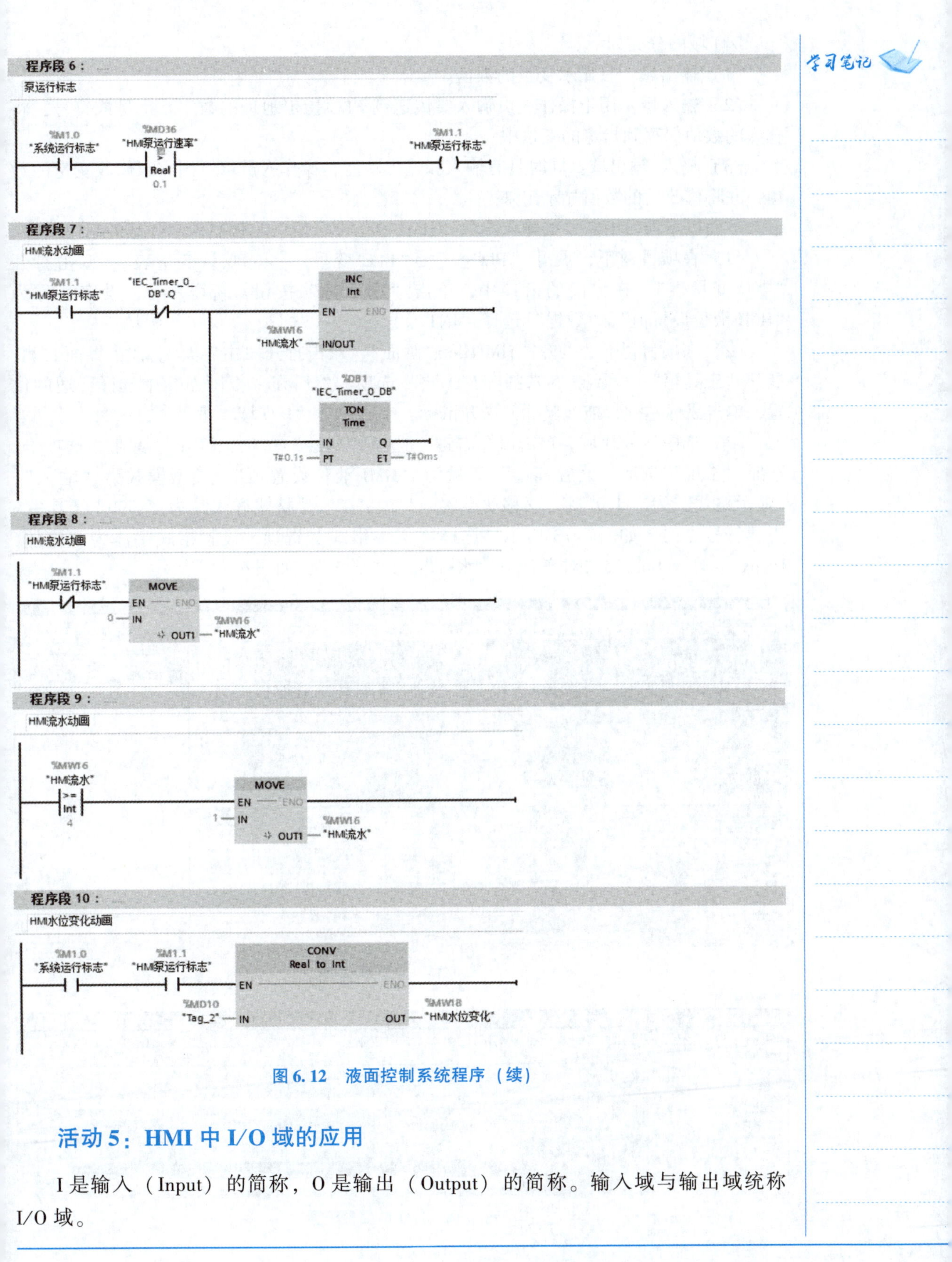

图 6.12 液面控制系统程序（续）

活动 5：HMI 中 I/O 域的应用

I 是输入（Input）的简称，O 是输出（Output）的简称。输入域与输出域统称 I/O 域。

I/O 域的分类如下。

（1）输出域：只显示变量的数值。

（2）输入域：用于操作人员输入要传送到 PLC 指定地址的数字、字母或符号，将输入的数值保存到指定的变量中。

（3）输入/输出域：同时具有输入和输出功能，操作人员可以用它来修改变量的数值，并将修改后的数值显示出来。

下面以本项目中需要的输入参数“HMI 液位设置值”为例展示 I/O 域的制作步骤。

（1）在项目树下，展开“PLC_1”→“PLC 变量”→“默认变量表”，双击打开“默认变量表”，在弹出的窗口中，单击“添加行”按钮，新增一行，设定名称为“HMI 液位设置值”，“数据”选择“INT”。

（2）在项目树下，展开“HMI1”→“画面”，双击打开“主界面”。在主界面右侧，展开“工具箱”→“元素”，选择“I/O 域”选项，然后在“根画面”中选择合适的位置，单击鼠标左键，拖拽鼠标，松开鼠标，生成一个“I/O 域”框。

（3）选中该 I/O 域，单击鼠标右键，选择“属性”选项，打开“属性”选项卡，选择“常规”选项，设置其过程变量为“HMI 液位设置值”，类型模式为“输入”，“显示格式”为“十进制”，“移动小数点”为“0”，“格式样式”为“s999”（其中 s 为“符号位”），如图 6.13 所示。选择“文本格式”选项，设置格式字体为“宋体，16 px，style = Bold”，“对齐”下“水平”为“居中”，如图 6.14 所示。

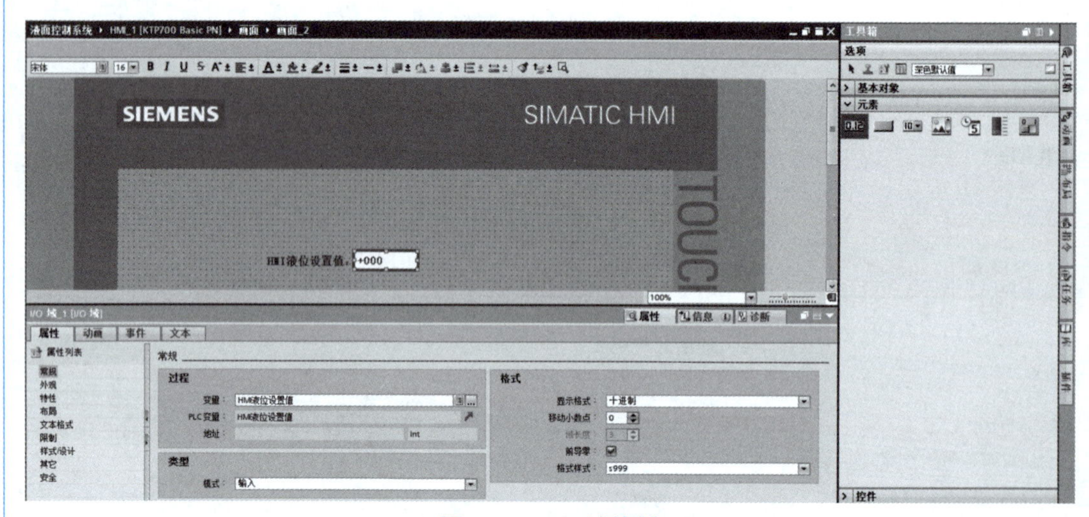

图 6.13　I/O 域绘制

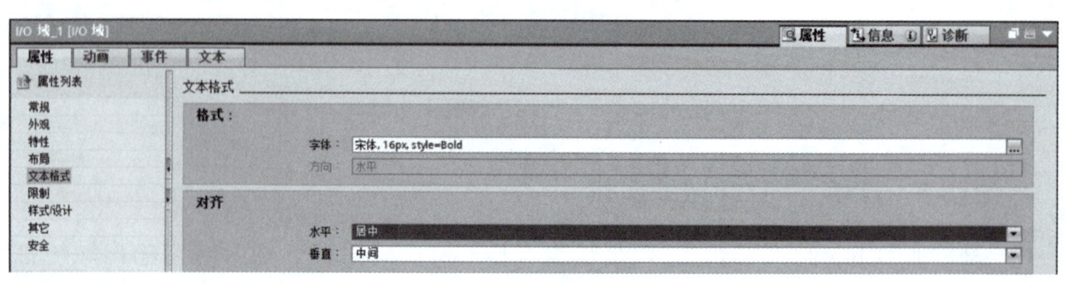

图 6.14　I/O 域属性设置

(4) 将 I/O 域下载至仿真器或 HMI 中，任务运行时，即可以在“I/O 域”框中输入预设定的参数。

学习笔记

活动 6：HMI 液体动画制作

为使设备运行时 HMI 显示生动形象，设计液体动画，模拟水在管道中流动。

一、变量设置及程序设计

(1) 在项目树下，展开“PLC_1”→“PLC 变量”→“默认变量表”，双击打开“默认变量表”，在弹出的窗口中，单击“添加行”按钮，新增一行，设置“名称”为“HMI 流水”，“数据”为“INT”。

(2) 在程序段中编写程序，实现“HMI 流水”变量数值从 1 到 3 变化，按顺序循环切换，如图 6.15 所示。

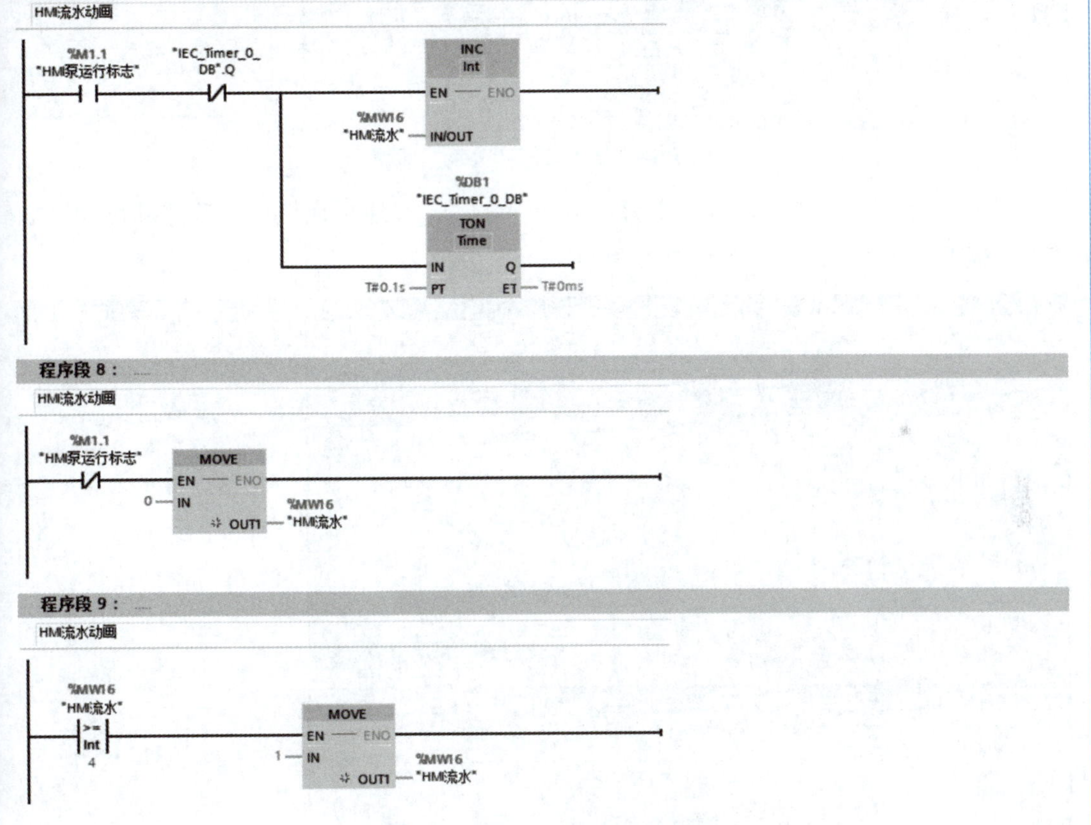

图 6.15 “HMI 流水” PLC 程序

二、画面制作

(1) 在项目树下，展开“HMI_1”→“画面”，双击打开“画面 1”，利用工具箱中的“线”工具，绘制一段短线“线_1”。打开其“属性”选项卡，选择“外观”选项，设置“宽度”为“8”，“颜色”为蓝色“0，0，255”，如图 6.16 所示。

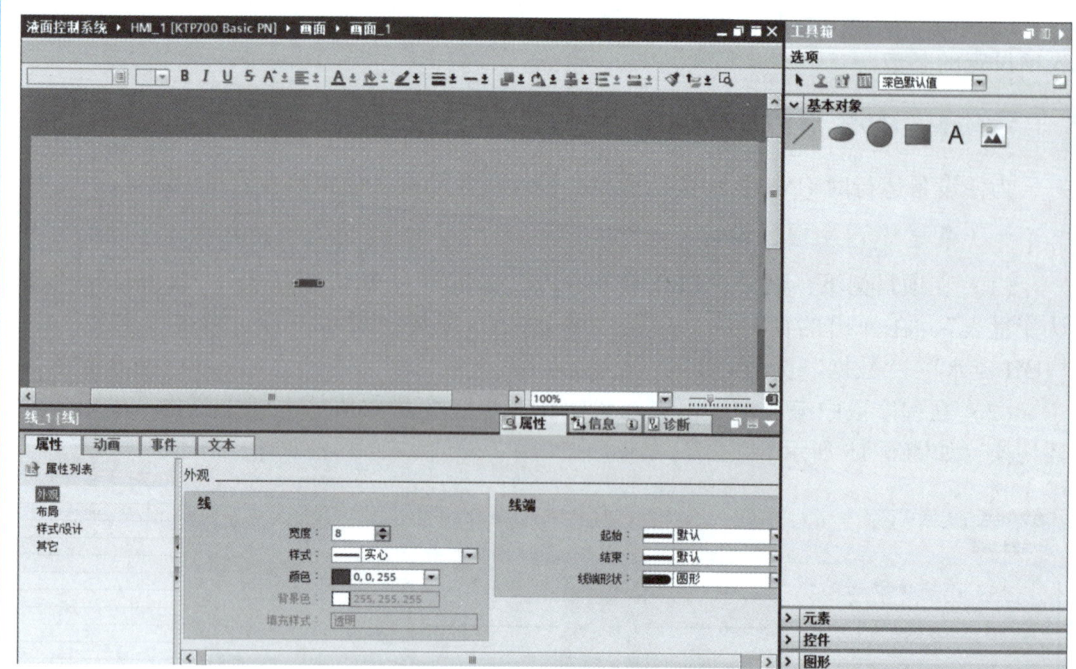

图 6.16　流水动画“外观”设置

选择“布局”选项，设置大小为“宽 0，高 6”，并通过拖拽鼠标调整其位置，如图 6.17 所示。

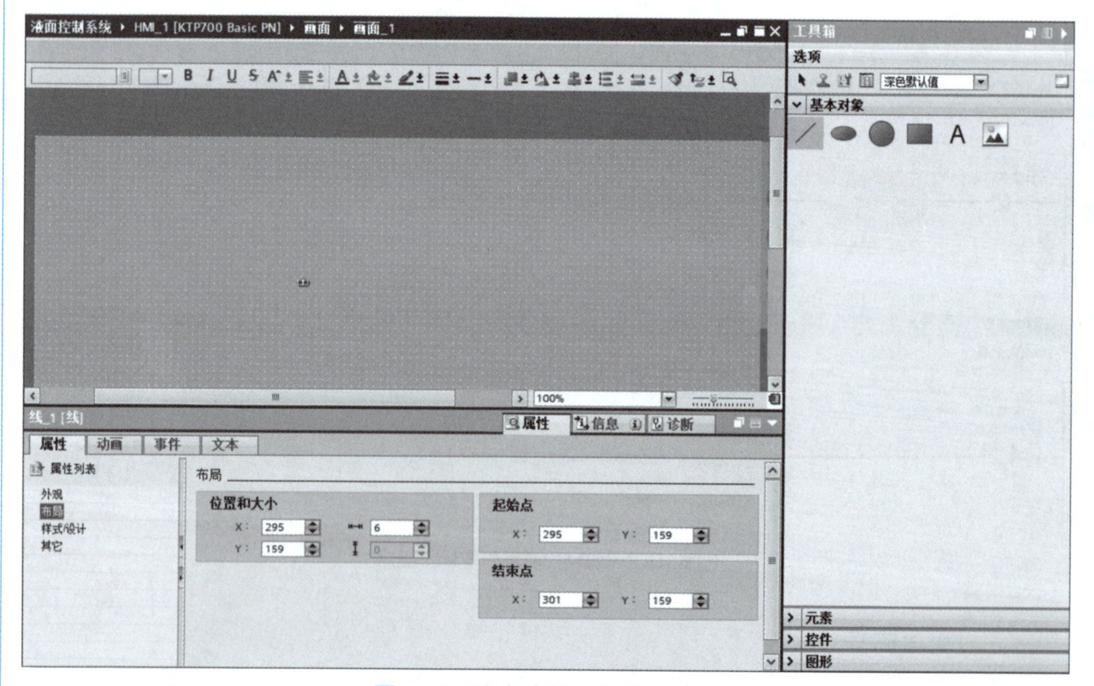

图 6.17　流水动画“布局”设置

打开“动画”选项卡，展开“显示”选项，双击“添加新动画”选项，在弹出的窗口中选择“可见性”选项，单击“确定”按钮，在“总览”界面中生成“可见性”。

选择“可见性”选项，设置其过程变量为“HMI 流水”，调整“范围”为从“1”到“1”，单击“可见”单选按钮，完成一滴“液体”的制作，如图 6.18 所示。

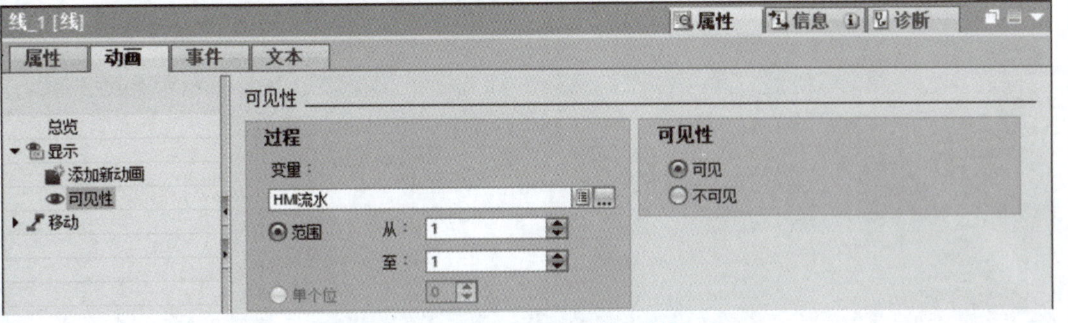

图 6.18　流水动画“可见性”设置（1）

（2）复制两滴制作好的“液体”，分别打开其“动画”选项卡，修改一个“范围”从“2”到“2”可见（图 6.19），一个“范围”为从“3”到“3”可见，完成纵向流动液体的制作。

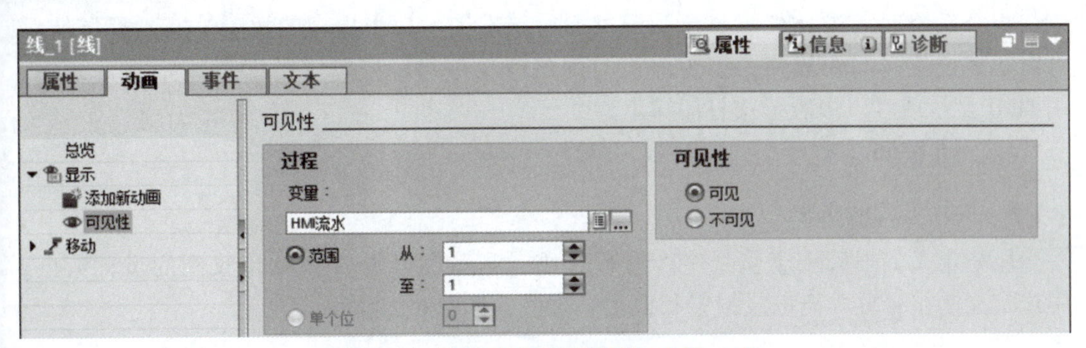

图 6.19　流水动画“可见性”设置（2）

（3）用同样的方法，制作横向流动液体，完成后管道内的液体形状如图 6.20 所示。

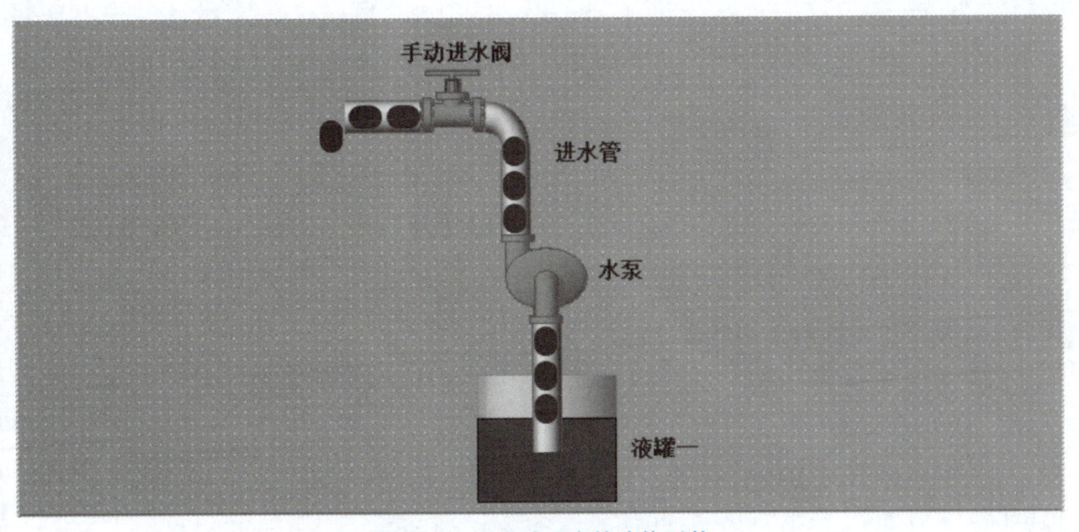

图 6.20　流水动画中的液体形状

三、采样周期修改

在项目树下，展开“HMI 变量”，双击打开“默认变量表”，修改“HMI 流水”的采样周期为“100 ms”，如图 6.21 所示。

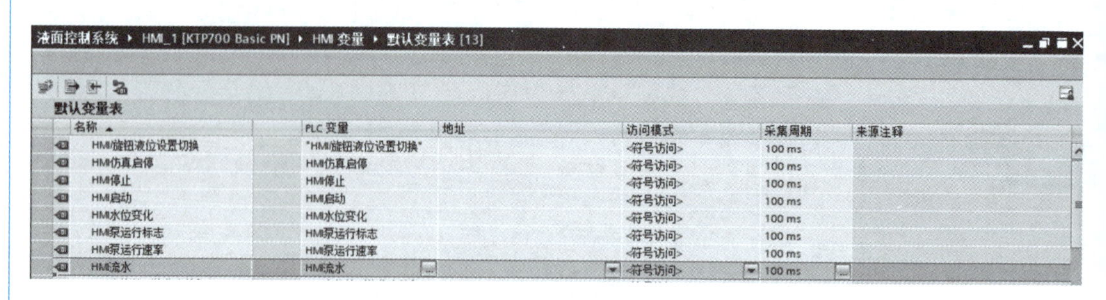

图 6.21 流水动画变量的采样周期

活动 7：HMI 报警组态设置

报警系统用来在 HMI 上显示和记录运行状态和工厂中出现的故障。通过报警信息可以迅速定位和清除故障，缩短停机时间或避免停机。报警事件保存在报警记录中，用 HMI 显示或者以报表形式打印输出。

一、报警的分类

1. 用户定义的报警

用户定义的报警用于监视生产过程，或者测量和报告从 PLC 接收到的过程数据。用户定义的报警分为离散量报警和模拟量报警，如图 6.22 所示。

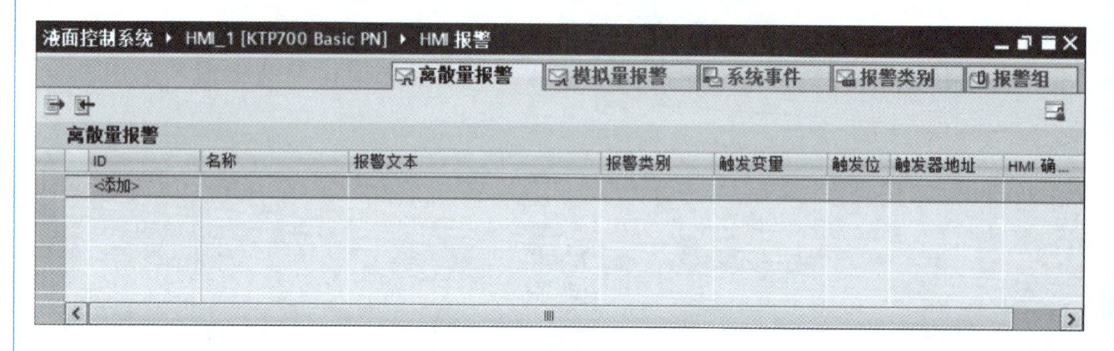

图 6.22 用户定义的报警

（1）离散量报警：离散量对应二进制数中的 1 位，电动机的启停、故障信号的出现和消失都可以用来触发离散量报警。

（2）模拟量报警：模拟量的值超出上、下限时，将触发模拟量报警。

2. 系统定义的报警

（1）系统事件是 HMI 产生的，系统报警指示系统状态，以及 HMI 和系统之间的通信错误。

(2) 系统定义的报警由 S7 诊断报警和系统故障组成，前者显示 S7 控制器中的状态和事件，无须确认。

学习笔记

二、报警的状态

1. 到达

满足触发报警的条件时，报警的状态为“到达”。操作人员确认报警后，该报警的状态为“(到达) 确认”。

2. 离开

当触发报警的条件消失时，报警的状态为“(到达) 离开”。

3. 确认

为了确保操作人员获得报警信息，可以组态为一直显示到操作人员对报警进行确认。确认后可能的状态有“(到达) 确认”“(到达离开) 确认”和“(到达确认) 离开”。

三、确认报警的方法

HMI 系统提供 4 种类别的报警，如图 6.23 所示，对于“Errors”和“Acknowledgement”报警，需要在 HMI 上单击“确认”按钮，而“Warnings”和“No Acknowledgment”报警无须确认。

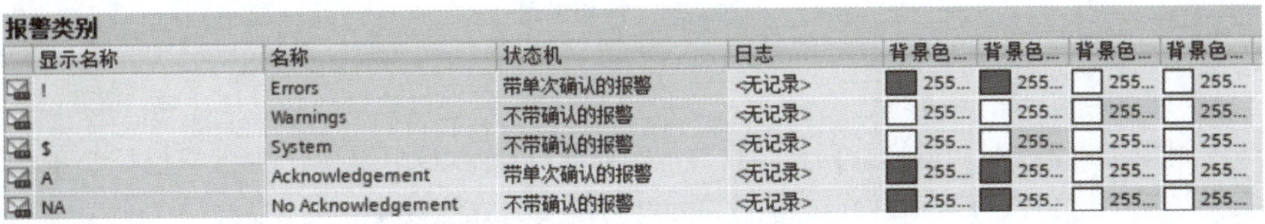

报警类别

显示名称	名称	状态机	日志	背景色...	背景色...	背景色...	背景色...
!	Errors	带单次确认的报警	<无记录>	255...	255...	255...	255...
	Warnings	不带确认的报警	<无记录>	255...	255...	255...	255...
$	System	不带确认的报警	<无记录>	255...	255...	255...	255...
A	Acknowledgement	带单次确认的报警	<无记录>	255...	255...	255...	255...
NA	No Acknowledgement	不带确认的报警	<无记录>	255...	255...	255...	255...

图 6.23　HMI 系统报警类别

用户可根据组态用下列方式之一手动确认报警：使用 HMI 上的“确认”按钮；使用报警视图中的“确认”按钮；使用组态的功能键或画面中的按钮；PLC 控制程序置位指定的变量中的一个特定位 (确认离散量报警)；通过函数列表或脚本中的系统函数。

四、运行系统中报警的显示

1. 报警视图

报警视图 (图 6.24) 用于显示报警缓冲区或报警记录中的报警或事件。报警视图在画面中组态，可以组态具有不同内容的多个报警视图。根据组态，可以同时显示多个报警消息。

2. 报警窗口

报警窗口在“全局画面”编辑器中组态。指定报警类别的报警处于激活状态时，报警窗口自动打开。报警窗口关闭的条件与组态有关。报警窗口保存在它自己的层上，组态其他画面时它被隐藏。

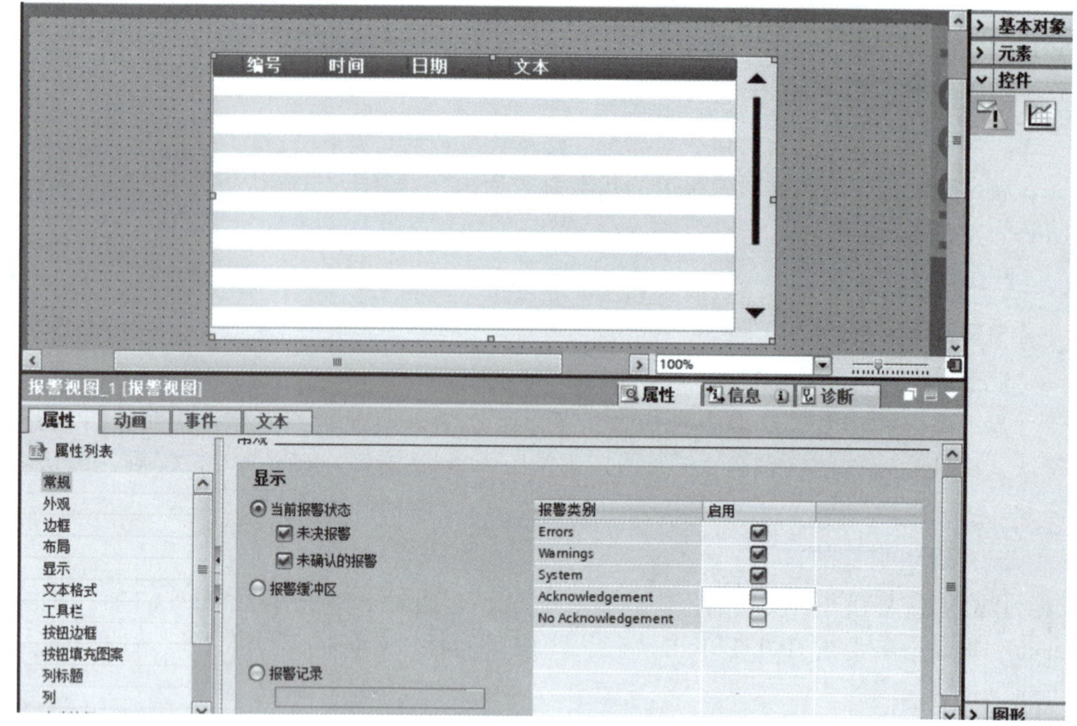

图 6.24　报警视图

3. 报警指示器

报警指示器是一个图形符号，在“全局画面”编辑器中组态。在指定报警类别的报警被激活时，该符号出现在屏幕上，可以用拖拽的方法改变它的位置。

4. 电子邮件通知

带有特定报警类别的报警到达时，若要通知操作人员之外的人员，某些 HMI 可以将特定的报警类别发送给指定的电子邮件地址。

5. 系统函数

报警事件发生时，在运行系统中执行组态的函数。

五、报警记录

报警用来指示系统的运行状态和故障。通常由 PLC 触发报警，在 HMI 画面中显示报警。除了在报警视图和报警窗口中实时显示报警事件以外，WinCC 还允许用户用报警记录来记录报警。可以在一个报警记录中记录多个报警类别的报警，也可以用别的应用程序（例如 Excel）来查看报警记录。某些 HMI 不能使用报警记录。

除了数据源（报警缓冲区或报警记录）以外，还可以根据报警类别对报警记录进行过滤。记录的数据可以保存在文件或数据库中，保存的数据可以在其他程序中进行处理，例如用于分析。来自报警缓冲区的报警事件可以以报表的形式打印输出。

学习笔记

活动 8：编写 HMI 程序

创建项目，组态硬件，建立 PLC 和 WinCC 之间的通信。

一、组态按钮

根据任务要求和仿真要求，设置 4 个按钮，分别设置按钮文本为“启动”“停止”“HMI/旋钮液位设置切换”和“仿真启停”。“启动”按钮“属性”选项卡的“事件”中的“按下”和“释放”分别应用“置位位”和“复位位”函数，“变量”选择“HMI 启动”。用同样的方法设置“停止”按钮，“变量”选择“HMI 停止”。“HMI/旋钮液位设置切换”按钮“属性”选项卡“事件”中的“单击”应用“取反位”函数，“变量”选择“HMI/旋钮液位设置切换”。用同样的方法设置“仿真启停”按钮，“变量”选择“HMI 仿真启停”。设置后界面如图 6. 25 所示。

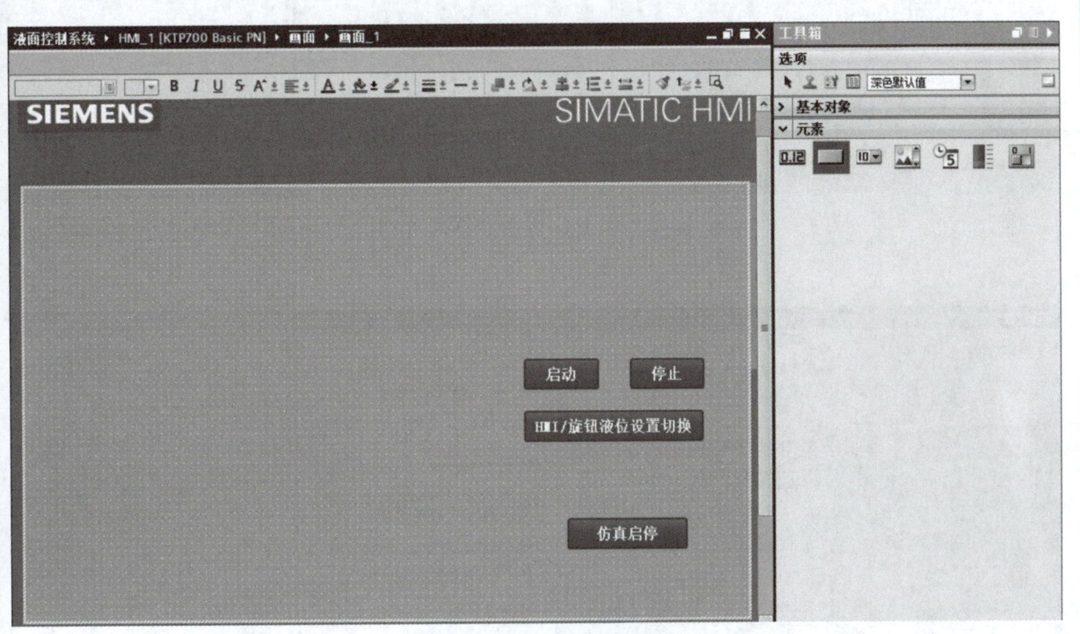

图 6. 25　按钮组态界面

二、组态 I/O 域

本项目需要 3 个 I/O 域用于数据的模拟量输入或输出，分别为“液位检测值”“进水速率”和“HMI 液位设定”。

“液位检测值”的显示数据由液位传感器的信号输出经过转换得到，考虑到组态仿真，本显示需通过手动赋值，因此类型模式由“输出”更改为“输入/输出”。在“属性列表”的“常规”选项中，设置过程变量为“HMI 液位检测值仿真输入”，类型模式为“输入/输出”，“显示格式”为“十进制”，“格式样式”为“999. 9”，如图 6. 26 所示。

“进水速率”为水泵当前运行速率的显示，为输出数据。在“属性列表”的“常规”选项中，设置过程变量为“HMI 泵运行速率”，类型模式为“输出”，“显示格式”为“十进制”，如图 6. 27 所示。

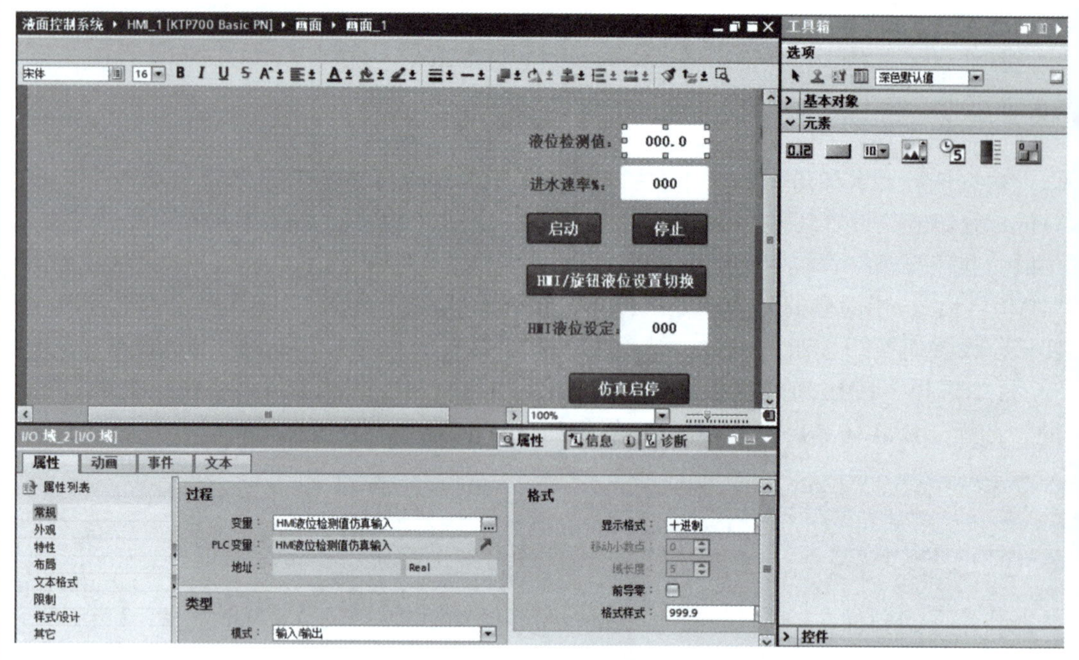

图 6.26　I/O 域组态界面（1）

图 6.27　I/O 域组态界面（2）

“HMI 液位设定”为液位设置值输入窗口，为输入数据。在“属性列表”的“常规”选项中，设置过程变量为“HMI 液位设置值”，类型模式为“输入”，“显示格式”为“十进制”，“格式样式”为“999”，如图 6.28 所示。

学习笔记

图 6.28　I/O 域组态界面（3）

由于液位设定值在 0 ~ 100 中选择，所以需要设定输入值的限制范围。展开项目树下的“HMI 变量”，双击打开“默认变量表”，选择变量“HMI 液位设置值”，打开“属性列表”，在“范围”中设置上限和下限，在“上限 2”框中输入“100”，在“下限 2”框中输入“0”，如图 6.29 所示。

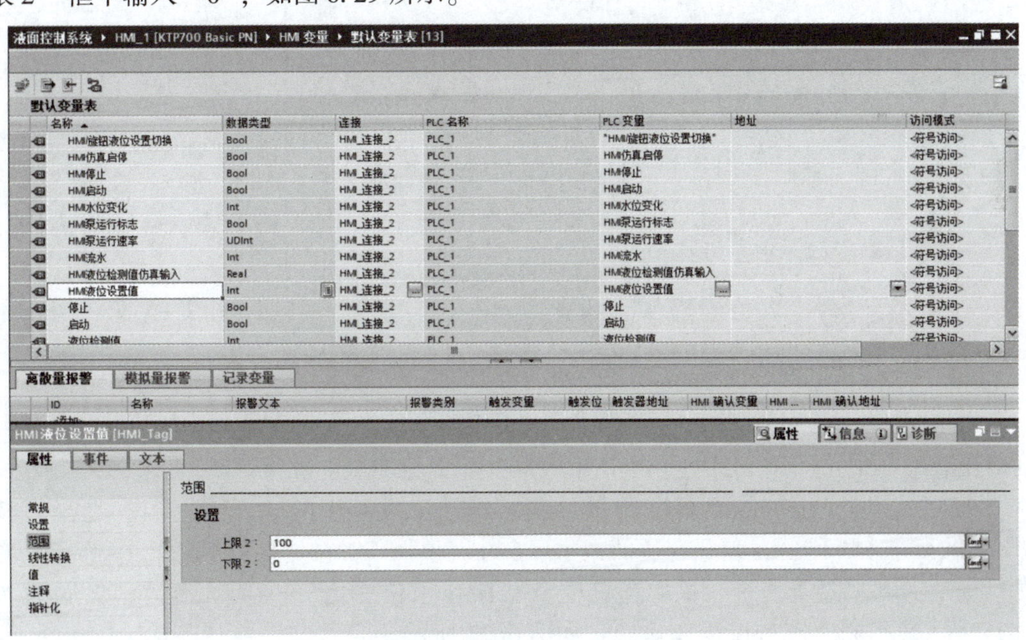

图 6.29　变量上、下限设置

可通过设置背景使输入输出区域具有区分度，本项目使用矩形框作为背景，如图 6.30 所示。

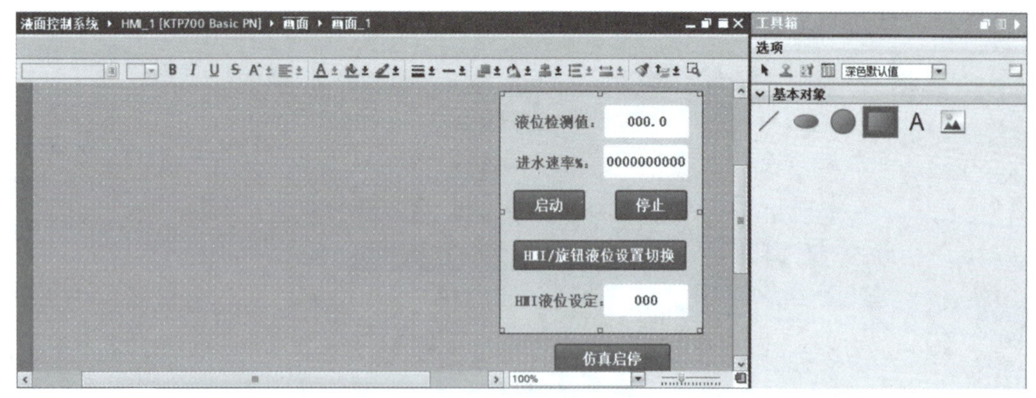

图 6.30　矩形框背景设置

三、组态液罐和传感器

展开工具箱中的“图形”组，在“WinCC 图形文件夹”→“Equipment”→“Automation［EMF］”→“Tanks”→“Parts”中，找到液罐图像（第 2 行最后一列），将其拖入工作区，设置合适的大小，并用文本标注，如图 6.31 所示。

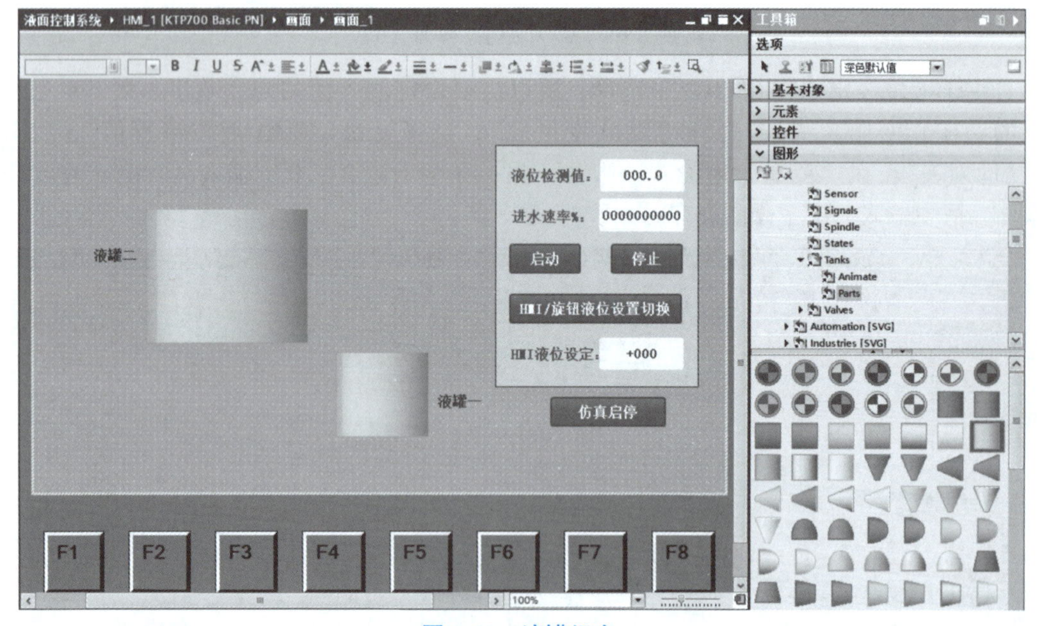

图 6.31　液罐组态

在液罐一中，应用工具箱中的“矩形框”工具绘制液体图案。

在液罐二中，添加液面高度测量尺度。展开工具箱中的“元素”组，选择“棒图”，将其拖入工作区，设置合适的大小后选中“棒图”，在“属性列表”中选择“常规”选项，在“过程变量”框中连接变量“HMI 水位变化”，“最大刻度值”设置为“100”，“最小刻度值”设置为“0”，如图 6.32 所示。

展开工具箱中的“图形”组，在“WinCC 图形文件夹”→“Equipment”→“Automation［EMF］”→“Sensor”中找到传感器图形（第 2 行第 4 列），将其拖入工作区，设置合适的大小，并用文本标注，如图 6.33 所示。

学习笔记

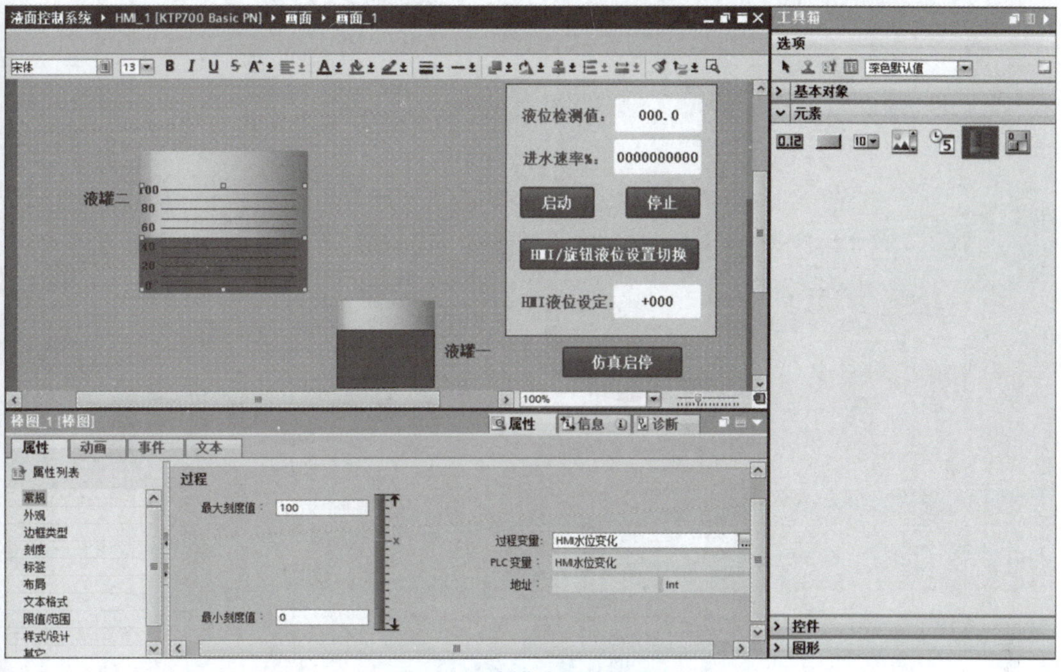

图 6.32 液罐液面动画组态

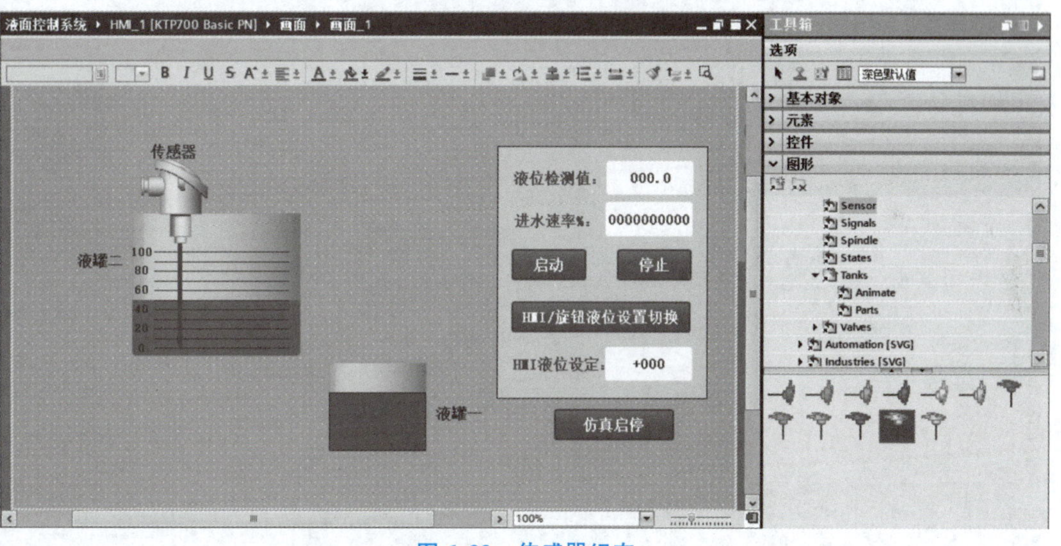

图 6.33 传感器组态

四、组态水管、水泵和阀门

展开工具箱中的“图形”组，在“WinCC 图形文件夹”→“Equipment”→“Automation [EMF]”→“Pumps”中找到水泵图形（第 18 行第 4 列），将其拖入工作区，设置合适的大小，并用文本标注，如图 6.34 所示。

展开工具箱中的“图形”组，在“WinCC 图形文件夹”→“Equipment”→“Automation [EMF]”→“Valves”中找到阀门图形（第 4 行第 7 列），将其拖入工作区，设置合适的大小，并用文本标注，如图 6.35 所示。

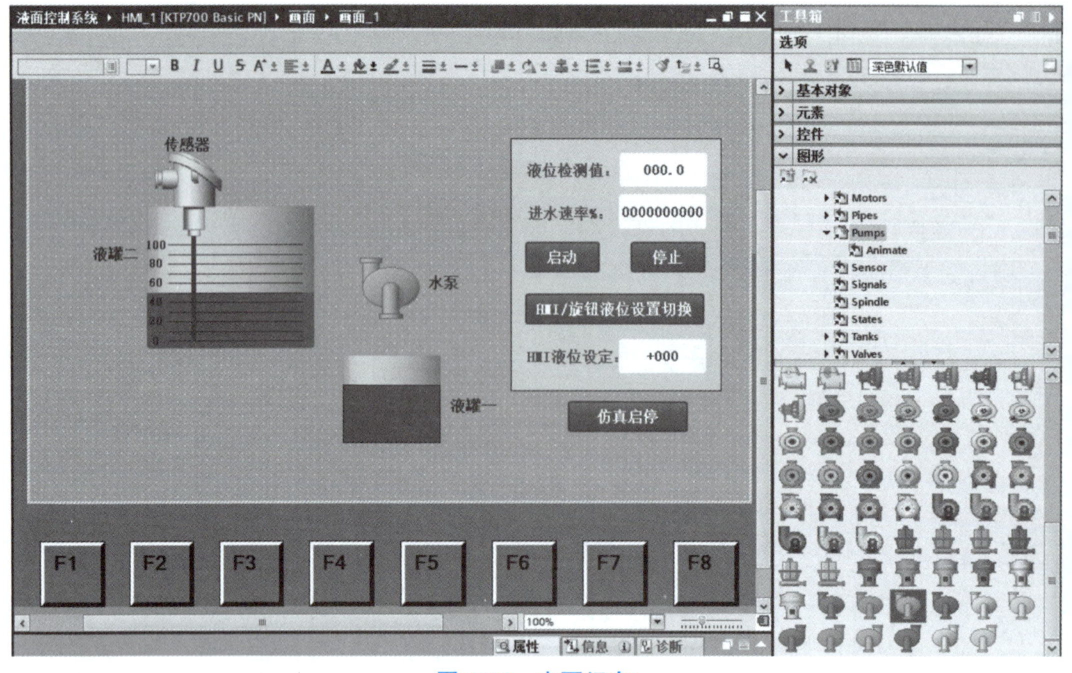

图 6.34　水泵组态

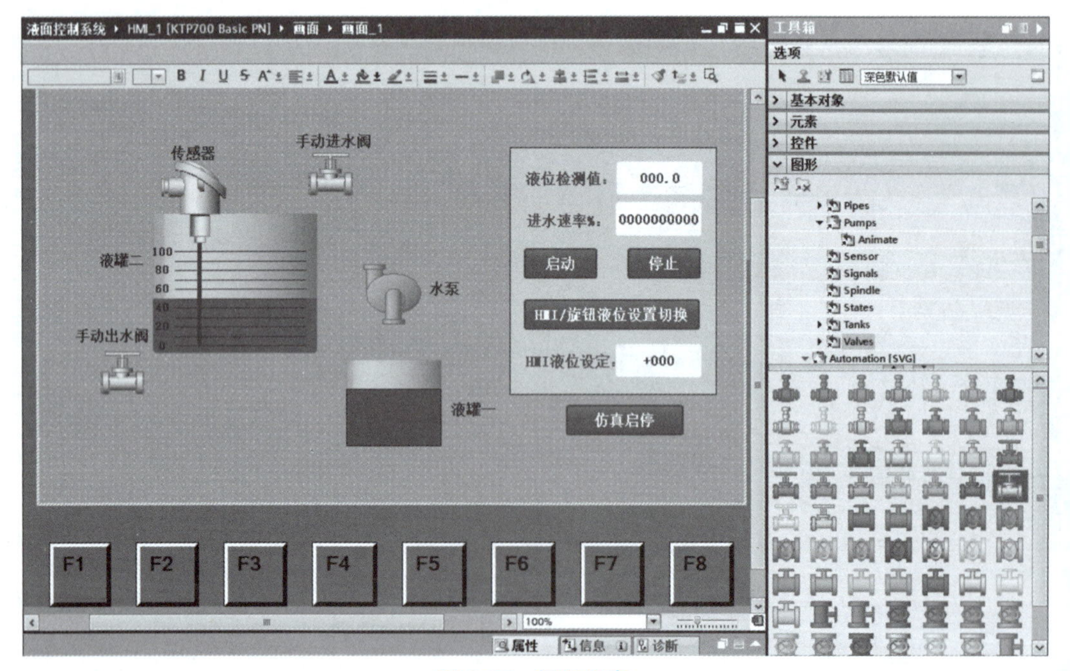

图 6.35　阀门组态

展开工具箱中的“图形”组，在“WinCC 图形文件夹”→“Equipment”→“Automation [EMF]”→“Pipes”中选择合适的水管图形连接水泵、液罐和阀门，将其拖入工作区，设置合适的大小，如图 6.36 所示。

为了使水泵和手动进水阀呈现工作动画，可以通过不同形状、不同颜色的图形变化来实现。

学习笔记

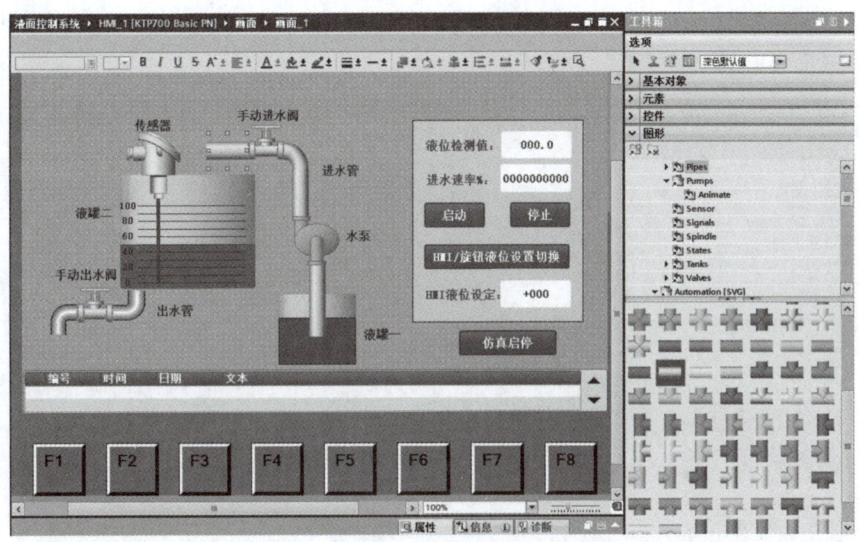

图 6.36　管道组态

选中水泵图形，选择“属性”→“动画”→“显示”→“添加新动画”命令，在巡视窗口的“可见性”右侧单击 按钮，在左侧显示区打开“可见性”窗口，在该窗口中“变量”选择“HMI 泵运行标志”，“范围”为从“0”至“0”，如图 6.37 所示。

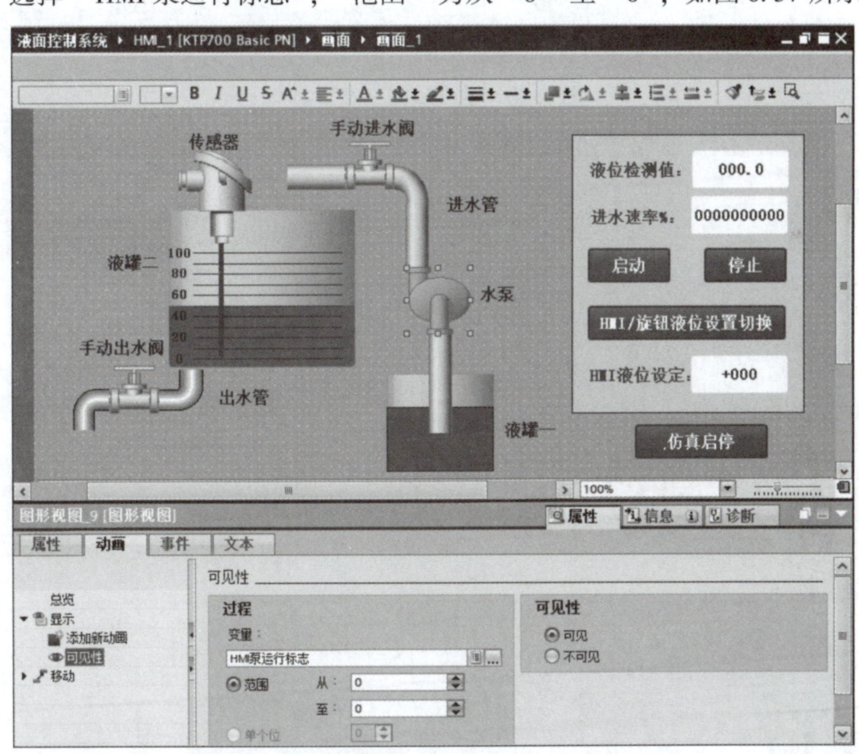

图 6.37　水泵动画组态（1）

在工具箱找到绿色水泵图形（第 18 行第 4 列），将其拖入工作区，设置合适的大小以覆盖灰色水泵。仿照灰色水泵属性设置，在“可见性”窗口中“变量”选择

学习笔记

"HMI 泵运行标志"，"范围" 为从 "1" 至 "1"，如图 6.38 所示。手动进水阀的动画设置步骤与水泵一样，如图 6.39 所示。

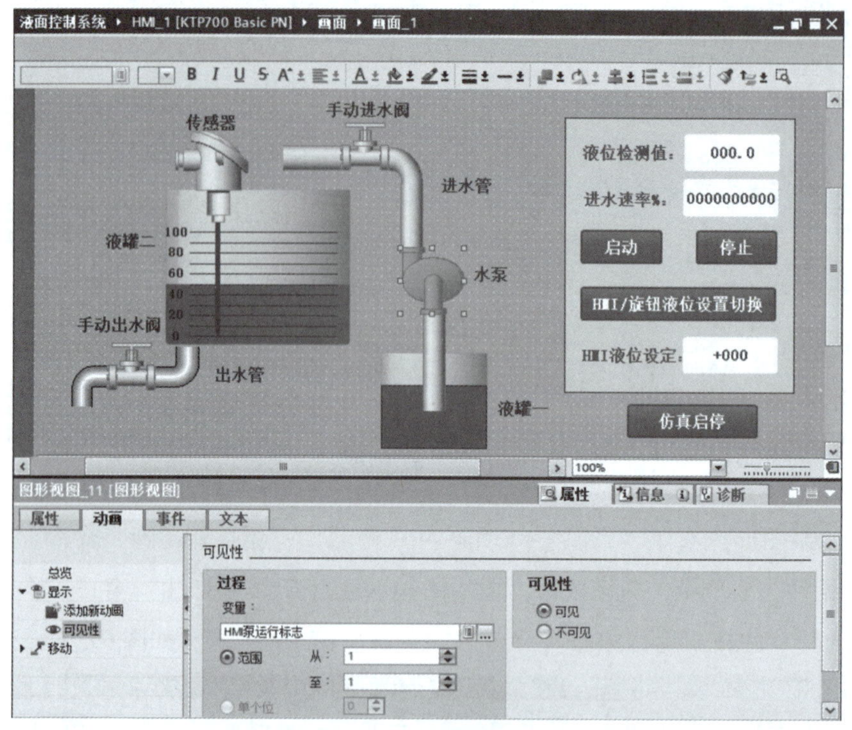

图 6.38　水泵动画组态（2）

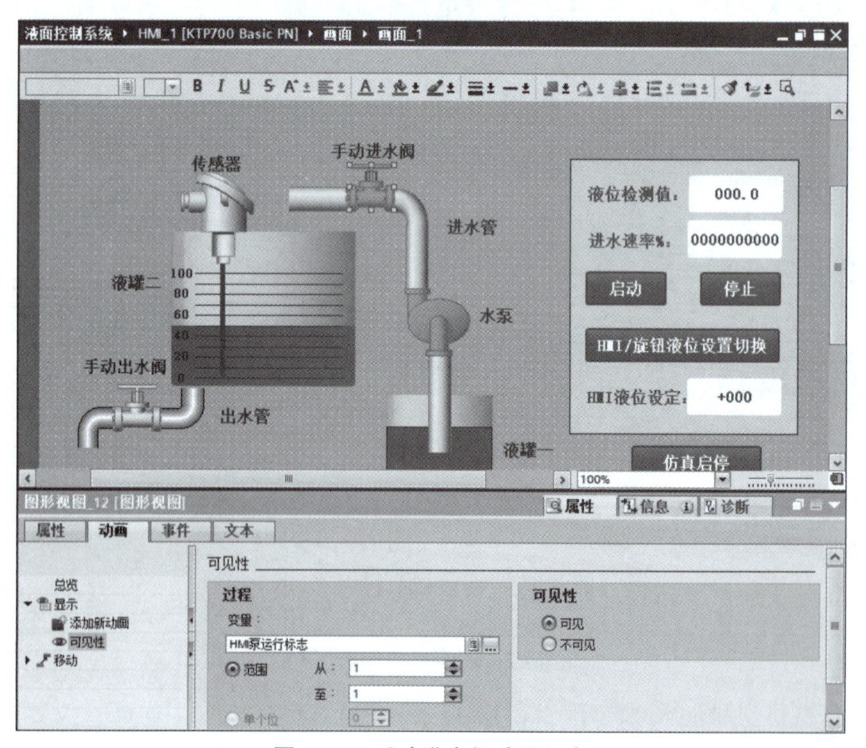

图 6.39　手动进水阀动画组态

五、组态水流

依照本项目活动 6 的内容可以实现水流动画组态，如图 6.40 所示。

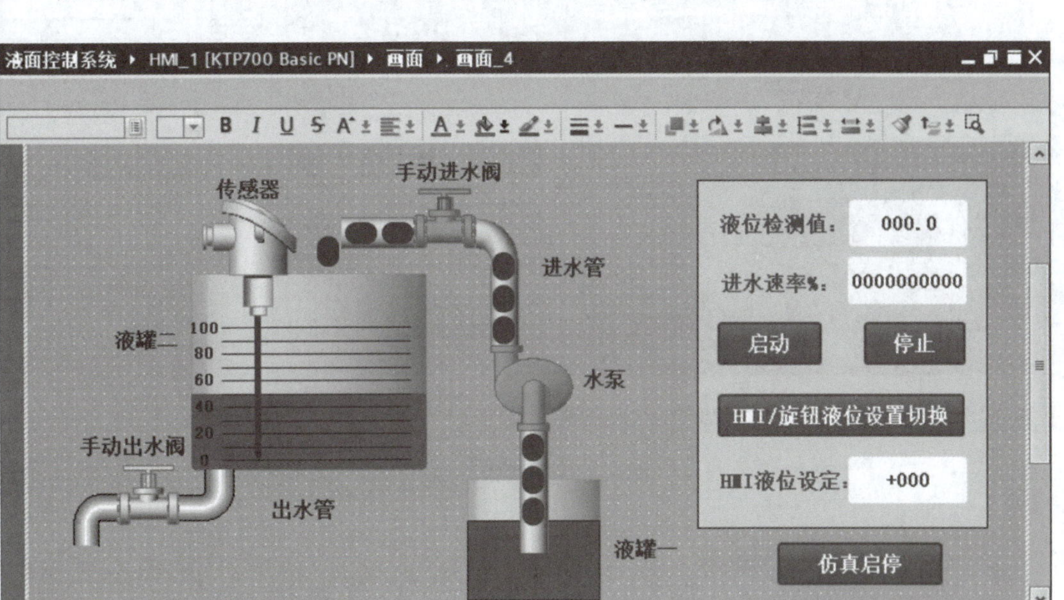

图 6.40　水流动画组态

六、组态报警

当液罐二的液位低于 20% 时，在画面中报警提示。

在项目树下展开“HMI1”→“HMI 报警”并双击打开，在工作视图中单击“模拟量报警”→“添加”按钮，生成 ID 为 1 的模拟量报警，输入报警文本“液位过低”，“报警类别”选择“Warnings”，“触发变量”联机时选择“液位检测值”，仿真时选择“HMI 液位检测值仿真输入”，“限制”选择“const”并输入“20”，“限制模式”选择“小于”，如图 6.41 所示。

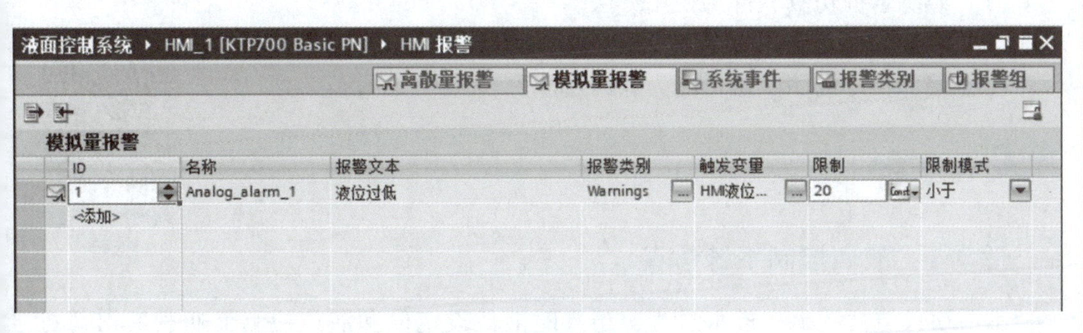

图 6.41　模拟量报警组态

在项目树下展开“HMI1”→“画面”，双击打开“主界面”。在主界面右侧展开工具箱→“控件”，选中“报警视图”，然后在“画面 - 1”中选择合适的位置，单击鼠标左键，拖拽鼠标，调节至合适的尺寸，如图 6.42 所示。

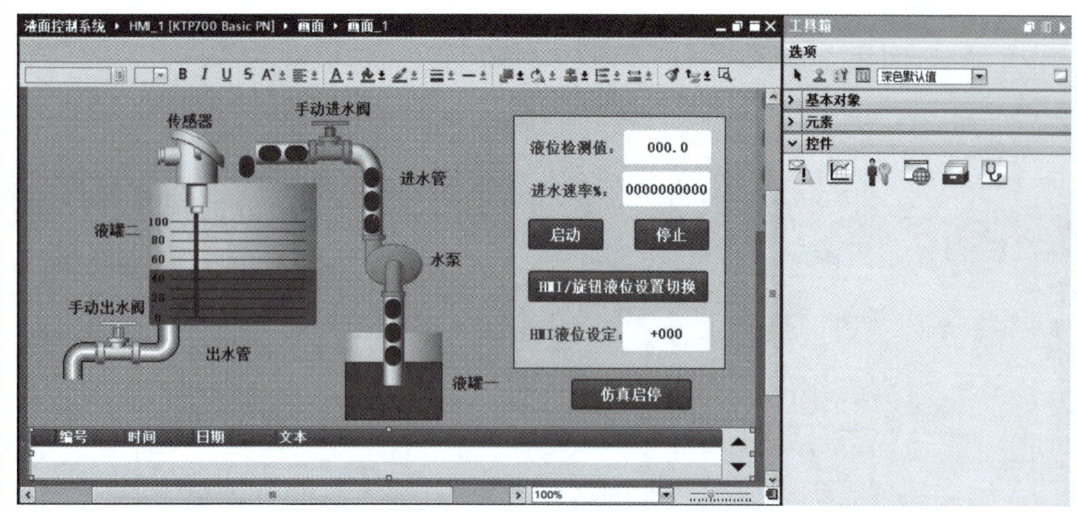

图 6.42　报警控件组态

任务三　液面控制系统仿真与联机调试

任务描述

按照液面控制系统的控制要求，完成液面控制系统仿真与联机调试。

任务目标

如果你是技术人员，你需要具备哪些相关知识和技能？以下是本任务的学习目标。

（1）熟练掌握仿真软件的使用方法。

（2）掌握联机调试的方法和过程。

（3）培养良好的团队协作能力和沟通能力。

液面控制系统的仿真

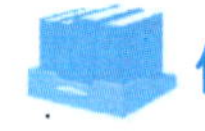

任务实施

活动 1：液面控制系统仿真

本活动只仿真液罐二进水过程，仿真时液位设定值和液位检测值通过 HMI 给定，运行仿真器来检查 HMI 的功能，PLC 程序仿真下载和 HMI 画面仿真下载参考项目三活动 2 的相关内容。将 PLC 仿真器 CPU 模式切换到“RUN”，在 PLC 的 OB1 中启用监视功能，PLC 仿真运行 OBI 初始界面如图 6.43 所示，WinCC 仿真运行初始界面如图 6.44 所示。

学习笔记

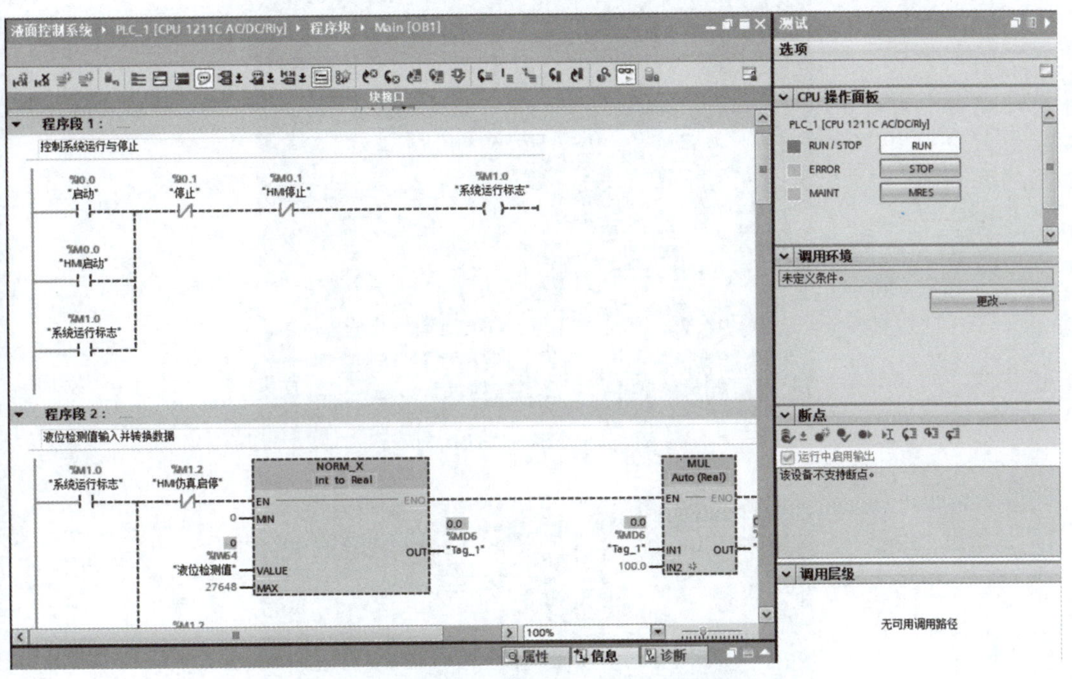

图 6.43　PLC 仿真运行 OB1 初始界面

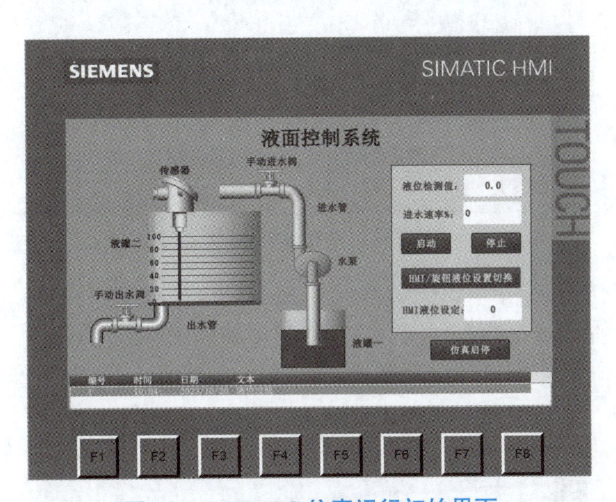

图 6.44　WinCC 仿真运行初始界面

在 WinCC 仿真界面，单击“启动”按钮，液面控制系统开始运行；单击“仿真启停”按钮，启动仿真模式，在“HMI 液位设定”I/O 域输入设定值“100”，此时水泵和手动进水阀出现颜色变化，管道内出现水流动画，进水速率为 100%，表示液罐二正在进水，由于“液位检测值”处于仿真模式，初始值为 0，所以界面底部出现报警提示，如图 6.45 所示。

手动输入“液位检测值”I/O 域数值“50.0”，用来模拟液位传感器检测到的信号，此时液位检测值达到设定值的 50%，进水速率为 100%，液罐二继续进水，液罐二的液位出现增长变化，报警提示消失，如图 6.46 所示。

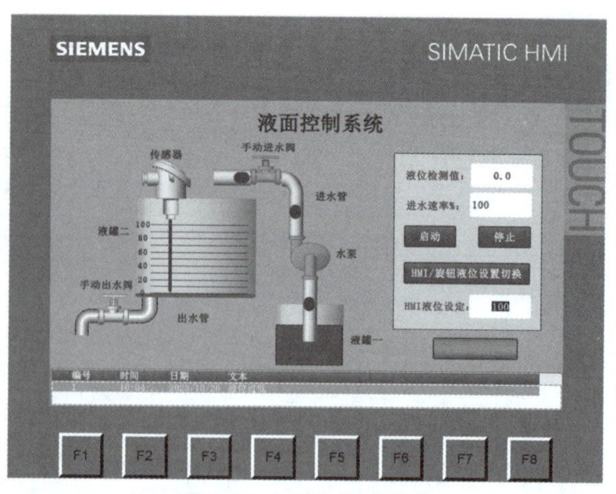

图 6.45 系统启动仿真

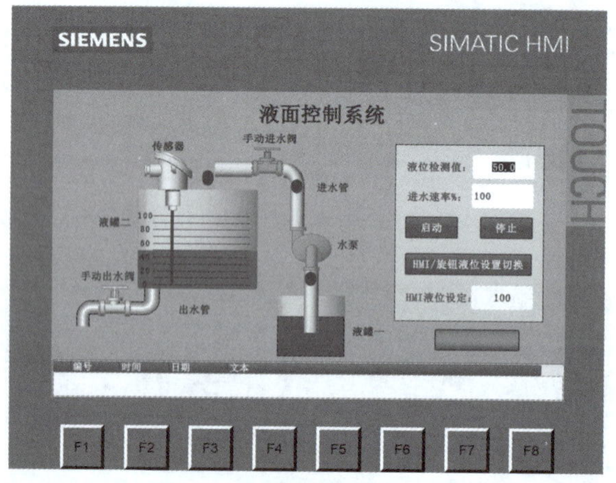

图 6.46 液位检测值为 50

手动输入“液位检测值”I/O 域数值“80.0”，用来模拟液位传感器检测到的信号，此时液位检测值达到设定值的80%，进水速率为100%，液罐二继续进水，液罐二的液位出现增长变化，如图 6.47 所示。

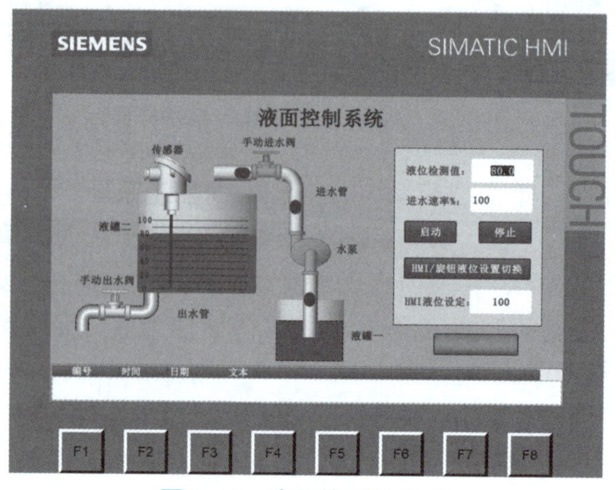

图 6.47 液位检测值为 80

学习笔记

根据系统要求，当液位达到设定值的80%以上时，水泵按照额定电压的50%供电。手动输入“液位检测值”I/O域数值“80.1”，用来模拟液位传感器检测到的信号，此时液位检测值超过设定值的80%，进水速率为50%，液罐二继续进水，液罐二的液位出现增长变化，如图6.48所示。

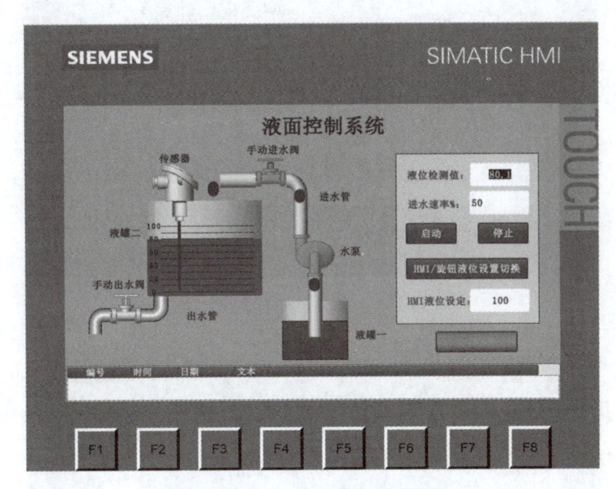

图6.48　液位检测值为80.1

手动输入“液位检测值”I/O域数值“99.9”，此时液位检测值超过设定值的80%，进水速率为50%，液罐二继续进水，液罐二的液位出现增长变化，如图6.49所示。

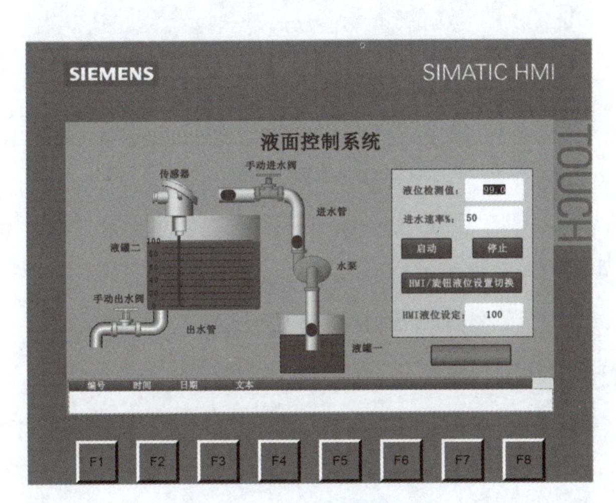

图6.49　液位检测值为99

手动输入“液位检测值”I/O域数值“100”，此时液位检测值等于设定值，进水速率为0%，液罐二停止进水，液罐二的液位保持不变，如图6.50所示。

接下来测试报警组态。根据系统要求，当液罐二液位值低于20时，在画面中出现报警提示。手动输入“液位检测值”I/O域数值“20”，此时液罐二液位值等于20，界面中未出现报警提示。结合前面的示例可知，当液罐二液位值大于等于20时，HMI不提示报警文本，如图6.51所示。

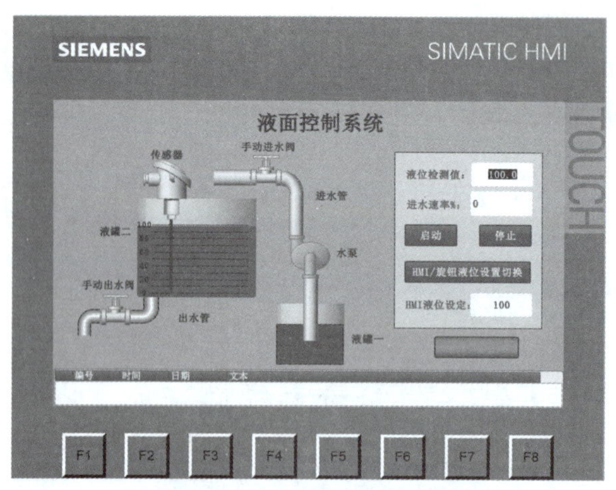

图 6.50　液位检测值为 100

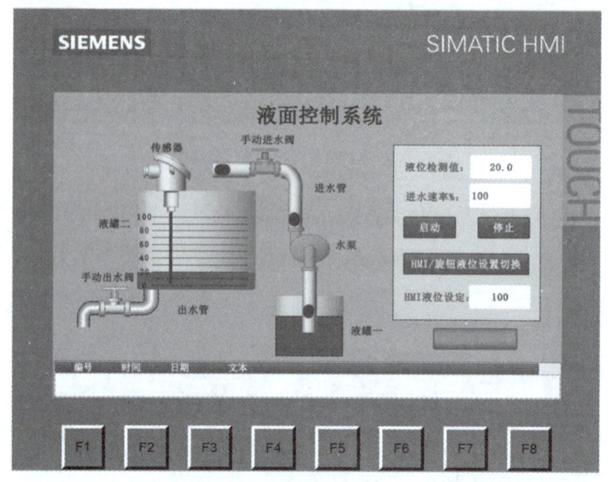

图 6.51　液位控制系统报警组态测试（1）

手动输入“液位检测值”I/O 域数值“19.9”，此时液罐二液位值小于 20，界面底部出现报警提示，如图 6.52 所示。

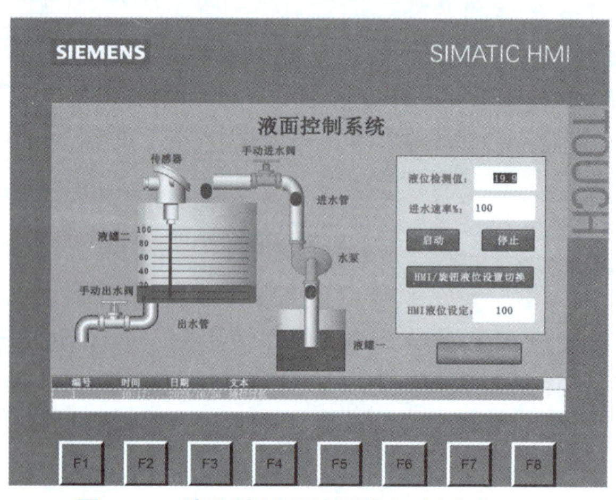

图 6.52　液位控制系统报警组态测试（2）

学习笔记

活动 2：液面控制系统联机调试

（1）在断电情况下，根据液面控制系统接线图正确接线，正确连接下载线。

电梯控制系统联机调试

（2）整个系统送电，打开 TIA 博途软件，将 PLC 程序和 WinCC 程序分别输入任务区。

（3）进行 PLC 站点下载和 WinCC 站点下载，程序下载成功后，在 TIA 博途软件中运行 PLC。

（4）根据项目要求，测试液面控制系统运行状况。检查液罐一和液罐二的水量是否足够满足运行条件，打开手动进水阀后运行系统，若运行过程不能满足项目要求，检查原因，修改程序，重新调试，直到满足要求为止。

项目评价

项目六 “液面控制系统设计”评价表

任务	评分标准	评分标准	检查情况	得分
PLC 和 HMI 硬件系统组装	10	是否选用合适的 PLC 模块，是否选用合适的 HMI 模块		
硬件接线	20	是否能看懂 PLC 电路接线图，接线是否规范正确		
项目创建及组态	10	是否按照条件要求组态硬件，HMI 和 PLC 通信连接的建立是否正确		
PLC 程序编写	20	PLC 变量定义是否正确，PLC 程序的编写和编译是否正确		
HMI 监控画面设计	20	定义变量是否正确，画面组态是否正确		
仿真与联机调试	20	仿真模拟是否顺利执行，联机调试是否顺利执行		

任务总结

知识拓展

思考与练习

1. 压力传感器的输出电流为多少？
2. 模拟量标定指令的作用是什么？
3. PLC 模拟量通道可输出 0～10 V，其量程范围（数据字）为________～________。
4. HMI 中 I/O 域的类型模式有________、________和________。
5. 离散量报警中，引用的变量________（可以/不可以）为 Bool 类型。
6. HMI 系统中需要进行确认的两种报警类别是________和________。

参考文献

[1]廖常初. S7－1200 PLC 编程及应用[M]. 北京:机械工业出版社,2021.
[2]西门子有限公司. 深入浅出西门子 S7－1200 PLC[M]. 北京:北京航空航天大学出版社,2009.
[3]周柏青,李方园. PLC 控制系统设计与应用:西门子 S7－200/1200[M]. 北京:中国电力出版社,2015.
[4]李林涛. 西门子 S7－1200/1500 PLC 从入门到精通[M]. 北京:机械工业出版社,2022.
[5]廖常初. 西门子人机界面(触摸屏)组态与应用技术[M]. 3 版. 北京:机械工业出版社,2018.
[6]侍寿永,王玲. 西门子触摸屏组态与应用[M]. 北京:机械工业出版社,2023.

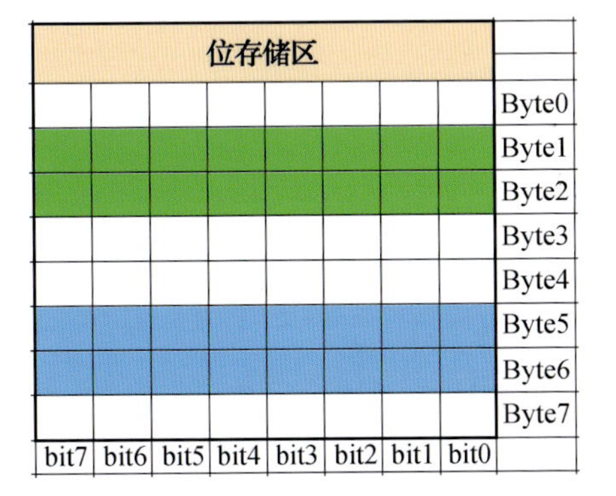

图 2.6　按字寻址

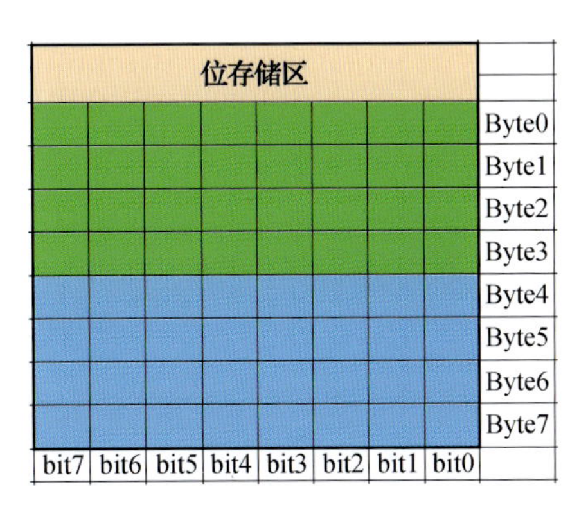

图 2.7　按双字寻址

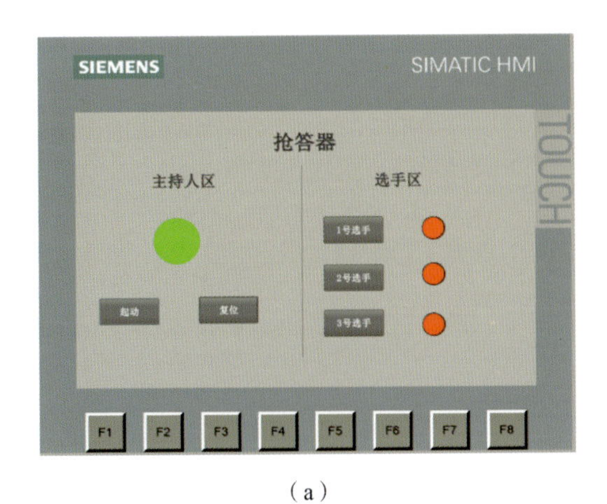

(a)

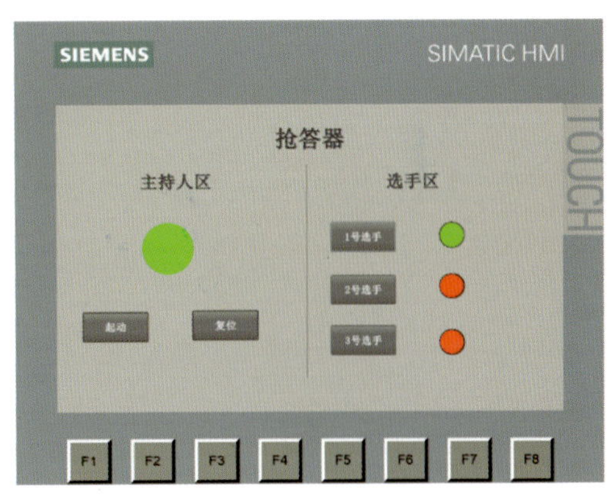

(b)

图 3.27　操作 HMI 调试界面

图 3.28　PLC 仿真器调试界面